空间碎片学术著作丛书

空间碎片超高速撞击试验与数值仿真

柳 森 黄 洁 李 毅 等著

科 学 出 版 社

北 京

内 容 简 介

本书主要介绍了作者团队在空间碎片超高速撞击地面试验和数值仿真领域的研究成果及应用。全书共7章,内容包括:空间碎片超高速撞击试验中的超高速发射技术、测试技术、典型航天器部件超高速撞击试验结果,以及空间碎片超高速撞击数值仿真方法、软件和应用。本书既有空间碎片防护地面试验与仿真研究现状和发展趋势的介绍,又兼顾科学原理阐述和工程实践的平衡。

本书可以作为爆炸力学、航空航天科学与技术、兵器科学与技术等专业高年级本科生和研究生的教材,也可作为相关领域科研和技术工作人员的参考书。

图书在版编目(CIP)数据

空间碎片超高速撞击试验与数值仿真 / 柳森等著. —北京:科学出版社,2023.6
(空间碎片学术著作丛书)
ISBN 978-7-03-075682-4

Ⅰ.①空… Ⅱ.①柳… Ⅲ.①太空垃圾—超高速碰撞—计算机仿真 Ⅳ.①V445-39

中国国家版本馆CIP数据核字(2023)第102161号

责任编辑:徐杨峰 / 责任校对:谭宏宇
责任印制:黄晓鸣 / 封面设计:殷 靓

科学出版社 出版
北京东黄城根北街16号
邮政编码:100717
http://www.sciencep.com
南京展望文化发展有限公司排版
广东虎彩云印刷有限公司印刷
科学出版社发行 各地新华书店经销
*
2023年6月第 一 版 开本:B5(720×1000)
2024年5月第二次印刷 印张:16 3/4
字数:328 000

定价:150.00元
(如有印装质量问题,我社负责调换)

空间碎片学术著作丛书

专家委员会

空间碎片超高速撞击试验与数值仿真

编写组

组　长

柳　森

副组长

黄　洁　李　毅

组　员

（以姓名笔画为序）

马兆侠　王马法　王宗浩　文　肯　文雪忠
石安华　石佳伟　兰胜威　任磊生　李　晶
李　毅　邹胜宇　宋　强　陈　萍　陈　鸿
罗　庆　罗锦阳　周　浩　周智炫　赵君尧
柯发伟　柳　森　郭运佳　黄　洁　梁世昌
焦德志　谢爱民

丛书序

空间碎片是指地球轨道上的或重返大气层的无功能人造物体，包括其残块和组件。自1957年苏联发射第一颗人造地球卫星以来，经过60多年的发展，人类的空间活动取得了巨大的成就，空间资产已成为人类不可或缺的重要基础设施。与此同时，随着人类探索、开发和利用外层空间的步伐加快，空间环境也变得日益拥挤，空间活动、空间资产面临的威胁和风险不断增大，对人类空间活动的可持续发展带来不利影响。

迄今，尺寸大于10 cm的在轨空间碎片数量已经超过36 000个，大于1 cm的碎片数量超过百万，大于1 mm的碎片更是数以亿计。近年来，世界主要航天国家加速部署低轨巨型卫星星座，按照当前计划，未来全球将部署十余个巨型卫星星座，共计超过6万颗卫星，将大大增加在轨碰撞和产生大量碎片的风险，对在轨卫星和空间站的安全运行已经构成现实性威胁，围绕空间活动、空间资产的空间碎片环境安全已日益成为国际社会普遍关注的重要问题。

发展空间碎片环境治理技术，是空间资产安全运行的重要保证。我国国家航天局审时度势，于2000年正式启动“空间碎片行动计划”，并持续支持到今。发展我国独立自主的空间碎片环境治理技术能力，需要从开展空间碎片环境精确建模研究入手，以发展碎片精准监测预警能力为基础，以提升在轨废弃航天器主动移除能力和寿命末期航天器有效减缓能力为关键，以增强在轨运行航天器碎片高效安全防护能力为重要支撑，逐步稳健打造碎片环境治理的“硬实力”。空间碎片环境治理作为一项人类共同面对的挑战，需世界各国联合起来共同治理，而积极构建空间交通管理的政策规则等“软实力”，必将为提升我国在外层空间国际事务中的话语权、切实保障我国的利益诉求提供重要支撑，为太空人类命运共同体的建设做出重要贡献。

在国家航天局空间碎片专项的支持下，我国在空间碎片领域的发展成效明显，技术能力已取得长足进展，为开展空间碎片环境治理提供了坚实保障。自2000年正式启动以来，经过20多年的持续研究和投入，我国在空间碎片监测、预警、防护、减缓方向，以及近些年兴起的空间碎片主动移除、空间交通管理等研究方向，均取得了一大批显著成果，在推动我国空间碎片领域跨越式发展、夯实空间碎片环境治理基础的同时，也有效支撑了我国航天领域的全方位快速发展。

为总结汇聚多年来空间碎片领域专家的研究成果、促进空间碎片环境治理发展，2019年，“空间碎片学术著作丛书”专家委员会联合科学出版社围绕“空间碎片”这一主题，精心策划启动了空间碎片领域丛书的编制工作。组织国内空间碎片领域知名专家，结合学术研究和工程实践，克服三年疫情的种种困难，通过系统梳理和总结共同编写了“空间碎片学术著作丛书”，将空间碎片基础研究和工程技术方面取得的阶段性成果和宝贵经验固化下来。丛书的编写体现学科交叉融合，力求确保具有系统性、专业性、创新性和实用性，以期为广大空间碎片研究人员和工程技术人员提供系统全面的技术参考，也力求为全方位牵引领域后续发展起到积极的推动作用。

丛书记载和传承了我国20多年空间碎片领域技术发展的科技成果，凝结了众多专家学者的智慧，将是国际上首部专题论述空间碎片研究成果的学术丛书。期望丛书的出版能够为空间碎片领域的基础研究、工程研制、人才培养和国际交流提供有益的指导和帮助，能够吸引更多的新生力量关注空间碎片领域技术的发展并投身于这一领域，为我国空间碎片环境治理事业的蓬勃发展做出力所能及的贡献。

感谢国家航天局对于我国空间碎片领域的长期持续关注、投入和支持。感谢长期从事空间碎片领域的各位专家的加盟和辛勤付出。感谢科学出版社的编辑，他们的大胆提议、不断鼓励、精心编辑和精品意识使得本套丛书的出版成为可能。

“空间碎片学术著作丛书”专家委员会

2023年3月

前　言

空间碎片对人类航天活动构成了日益严重的威胁。空间碎片的超高速撞击会对航天器造成什么样的结构损伤和功能降阶？目前大量采用的各类防护屏对空间碎片超高速撞击的防护效果如何？回答这些问题，都需要依赖于超高速撞击地面试验和超高速撞击数值仿真。

根据钱学森等老一辈科学家20世纪60年代制定的规划，中国空气动力研究与发展中心(China Aerodynamics Research and Development Center, CARDC)超高速空气动力研究所(简称气动中心超高速所或超高速所)在20世纪70~80年代陆续研制成功7.62 mm、16 mm、37 mm、50 mm口径二级轻气炮和相应的超高速弹道靶设备，主要用于再入飞行器动态气动力试验、粒子云侵蚀试验、气动物理现象研究等。20世纪90年代，超高速所开始关注二级轻气炮和超高速弹道靶在空间碎片研究领域的应用问题；同一时期，哈尔滨工业大学也针对空间碎片问题发展了小口径二级轻气炮。

进入21世纪，在国家航天局“空间碎片行动计划”的支持下，我国的空间碎片防护研究得到快速发展。除了气动中心超高速所和哈尔滨工业大学，中国空间技术研究院总体部和总装与环境工程部、北京理工大学、西北核技术研究所等单位也都发挥各自技术优势，开始了空间碎片超高速撞击试验和计算研究，发展了先进的超高速撞击试验手段和流体代码软件，并在我国载人航天工程“天宫”目标飞行器防护构型研制、机构间空间碎片协调委员会(Inter-Agency Space Debris Coordination Committee, IADC)的国际联合测试，以及我国空间站防护构型研制中得到有效应用。

然而，过去20余年的研究工作成果主要体现在诸多的内部报告和零散的学术论文中，没有系统地整理出来公开出版。近期，中国空间技术研究院李明研究员牵头组织编写“空间碎片学术著作丛书”，给了我们系统梳理过去的工作、并将其整理出版与国内同仁共享的机会。

本书介绍了空间碎片防护领域里的超高速撞击地面试验和数值仿真技术现状，及其在先进防护构型、航天器部件撞击损伤效应、在轨撞击感知技术等方面的应用。

第1章简要介绍了超高速撞击地面试验和数值仿真在空间碎片防护技术中的作用。第2章重点介绍了以二级轻气炮为代表的几类超高速发射技术。第3章介绍了空间碎片超高速撞击试验中的主要测试技术，包括弹丸速度与完整性、碎片云形貌、光辐射、动量传递、在轨撞击感知，以及弹道极限参数测量等。第4章给出了典型超高速撞击试验结果，包括典型防护构型弹道极限试验、压力容器、单机盒等典型航天器部件的撞击损伤试验、光辐射和微波辐射试验测量、撞击感知与定位试验结果等。第5章介绍了空间碎片超高速撞击现象数值仿真的主要方法、代表性流体代码计算软件。第6章介绍了典型流体代码在防护屏碎片云和航天器撞击解体模型研究中的应用。

本书的成稿是中国空气动力研究与发展中心超高速所超高速弹道靶研究室同事们辛勤努力的结果，也得到了哈尔滨工业大学高速碰撞研究中心、“空间碎片学术著作丛书”专家委员会、科学出版社的大力支持，北京理工大学张庆明教授和哈尔滨工业大学庞宝君教授在成稿过程中提出了许多宝贵意见，在此表示衷心感谢！

由于作者水平有限，文中可能有疏漏或不妥之处，欢迎各位读者不吝赐教斧正！

柳　森

2022年12月

目　录

第 1 章 空间碎片超高速撞击概述

超高速撞击现象广泛存在于宇宙之中。从早期宇宙形成过程中大量的天体撞击事件，到 20 世纪 50~60 年代人类开始关注的微流星体对航天器的撞击损伤，乃至 20 世纪 80 年代美国“星球大战”计划开始的动能武器，以及 21 世纪初开始受到重视的空间碎片对航天器和舱外活动航天员的撞击问题等都属于超高速撞击现象。

在天体撞击事件的研究中，早期的关注点在于太阳系形成过程的撞击事件，例如对柯伊伯带成因的研究。近些年来的天体撞击研究热点有：月球形成的超高速撞击说、小行星超高速撞击现象等。过去 20 余年中，除了自然天体之间的超高速撞击问题，人造航天器与小天体之间的超高速撞击问题也成为研究的重要内容。例如美国国家航空航天局（National Aeronautics and Space Administration, NASA）的“深度撞击”（Deep Impact）计划，利用人造航天器对小天体实施超高速撞击来研究小天体的材料组成、构造形式等；NASA 的“双小行星重定向测试”（Double Asteroid Redirection Test, DART）计划，利用人造航天器对潜在威胁小行星（potentially hazardous asteroid, PHA）进行超高速撞击来改变其运行轨道等。

在超高速动能武器的研制中，主要关心的是目标弹头或卫星在动能战斗部超高速撞击下的材料与结构响应。美国开展了大量的超高速撞击试验和数值仿真计算，研究不同弹丸/动能战斗部质量、长径比、脱靶距离等参数对毁伤效果的影响规律，改进完善超高速动能武器的设计。为了对动能反导毁伤效果进行实时准确的评估，美国在过去的十几年中一直在进行动能反导超高速撞击过程中的光辐射效应研究，并将由此发展的天基毁伤评估系统（Space-baed Kill Assessment, SKA）搭载在“铱星”上开展了试验。20 世纪 80~90 年代，NASA 联合美国空军阿诺德工程发展中心（Arnold Engineering Development Center, AEDC）实施了卫星-空间碎片撞击测试（Satellite Orbital Debris Characterization Impact Test, SOCIT）计划，在 AEDC 的超高速弹道靶 G 靶上针对模拟/真实的卫星构型靶标开展超高速撞击试验。该计划建立了目前广泛使用的 NASA 航天器撞击解体模型，模型包括 40 J/g 的灾难性解体阈值和解体碎片尺寸-数量等关系[1]。随着卫星结构形式的不断改进和复合材料的大量应用，原 NASA 撞击解体模型逐渐显露出其在描述卫星构型和材料影响方面的不足。为此，NASA 联合 AEDC 和其他单位实施了“碎片星”（DebriSat）计划，于 2014 年在 G 靶上再次开展了针对高仿真卫星的超高速撞击试验，以对原解体模型进行改进[2]。与 SOCIT 计划相比，DebriSat 计划在靶标和弹丸尺寸、撞击速度，以及撞击过程的测量、碎片数据处理，都得到大幅度拓展。

图 1－1　美国天文学家 F. L. Whipple

在空间碎片的超高速撞击问题中，最初关心的是航天器防护屏能否抵御典型轨道环境中空间碎片的撞击。1947 年，美国天文学家 F. L. Whipple（图 1－1）提出防护屏概念，即在航天器舱壁外面一定距离放置一块薄板做成的防护屏（Whipple 防护屏或 Whipple 屏）。对 Whipple 屏的改善包括把简单的单层铝板厚度减薄、层数增加，以及更进一步地把中间层的铝板换成复合材料或其他材料织物（图 1－2），这些手段都提高了结构的防护效果。在空间碎片超撞击防护的研究中，主要采用超高速撞击试验和数值仿真方法，研究各种构型的防护性能，力争从材料、几何构型等方面设计出满足重量和尺寸要求的先进防护结构。随着工作的不断深入，逐步开始研究防护屏以外的航天器部件超高速撞击损伤和失效问题，空间碎片超高速撞击研究对象已经从防护屏拓展到太阳能帆板、多层隔热材料（multi-layer insulation, MLI）、单机盒、电池、燃料储箱等[3]。在过去几十年里，航天器的空间碎片在轨撞击感知技术也得到重视和发展，并逐步开展了空间应用试验。

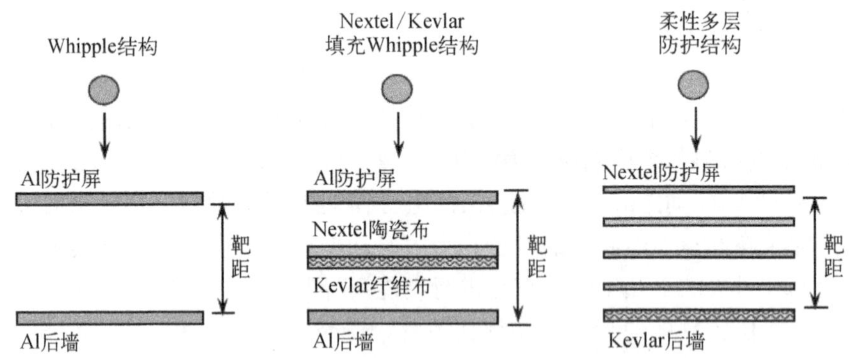

图 1－2　Whipple 结构、Nextel/Kevlar 填充 Whipple 结构和柔性多层防护结构示意[4]

1.1　超高速撞击现象的本质和特点

超高速撞击本质的特征是撞击所产生的冲击压力远大于弹丸和靶材的强度，

在撞击过程最初阶段,材料的性态类似于可压缩流体。超高速撞击现象的本质是由于极高的冲击压力导致弹/靶材料遵从流体力学而非固体力学的规律。

一般来说,在低速撞击时,研究的问题属于结构动力学问题。此时,局部侵彻与结构的总体变形效应紧密地耦合在一起。在稍高撞击速度下,撞击点附近区域材料性质是密度和强度起主要作用,结构效应退居次要地位。撞击速度继续提高到超高速范围时,材料的惯性效应、可压缩性效应和相变效应开始发挥主导作用,弹-靶接触部位及其附近的材料将发生形变、成坑、贯穿、熔化甚至气化等过程,撞击产生超高速时特有的碎片云,材料内部冲击波、稀疏波所引起的冲击-卸载作用也成为材料和结构宏观损伤的主要因素。

以铝弹丸撞击厚铝板为例,铝球中心压力和温度随撞击速度的提高而不断升高,如图 1-3 所示。当撞击速度低于 3 km/s 时,撞击效应由材料强度主导,主要表现为弹性和塑性变形,且随着撞击速度的提高,撞击产生的冲击压力逐步逼近材料强度极限;当撞击速度超过 3 km/s 后,冲击导致铝球中心温度超过其熔点,流体动力学机制主导撞击过程,表现为压缩性、破碎和部分液化;当速度提高到 7.5 km/s 以上时,冲击导致铝球中心温度超过其沸点,流体动力学效应进一步强化,将包含相变、完全液化,甚至气化现象。

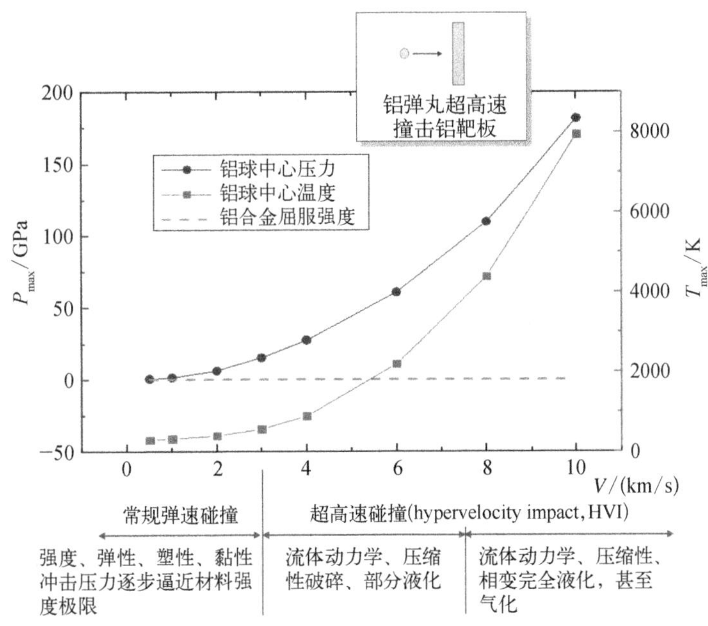

图 1-3　铝球中心压力和温度随撞击速度的变化

按照弹丸和受撞击靶体的相对尺寸大小,超高速碰撞问题可以抽象为三类:半无限靶超高速撞击、薄靶超高速撞击、中厚靶超高速撞击。

半无限靶指靶体尺寸和厚度远大于弹丸,其超高速撞击现象有两大特点:一是半球形弹坑,其形成过程包括瞬态接触阶段、稳定侵彻阶段、成坑阶段和恢复阶段;二是伴随撞击过程形成的反溅碎片云。图 1-4(a)是半无限靶成坑过程仿真结果。流星体、小行星对地球的撞击属于典型的半无限靶超高速撞击问题。

薄靶指厚度小于弹体特征尺寸的靶件,在入射波和稀疏波的共同作用下,弹体和靶板碎裂成固体颗粒,部分材料甚至熔融/气化,以"碎片云"的形式抛出,如图 1-4(b)所示[5]。图中正撞击速度 5.52 km/s、斜撞击速度 6.02 km/s。空间碎片撞击 Whipple 屏就是典型的薄靶超高速撞击问题。

中厚靶的靶体厚度介于半无限靶和薄靶之间,撞击面的损伤形貌与半无限靶类似,同时靶板背侧存在变形、龟裂或剥落损伤,图 1-4(c)即为典型的中厚靶超高速撞击实例[4]。

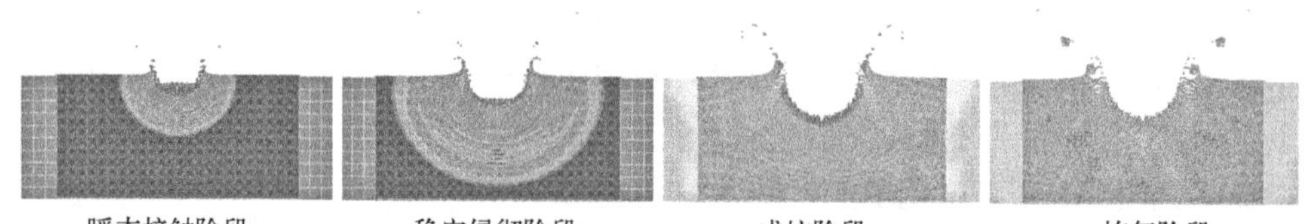

瞬态接触阶段　稳定侵彻阶段　成坑阶段　恢复阶段

(a) 半无限靶超高速撞击:半无限靶成坑过程仿真结果

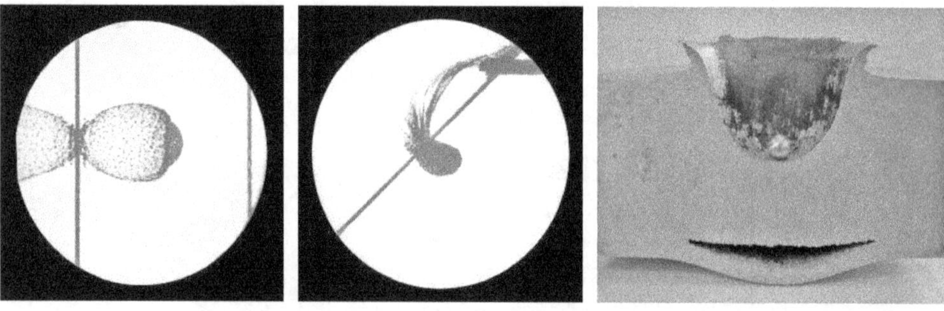

(b) 薄靶超高速撞击:撞击碎片云的激光阴影照片(铝球撞击铝板,板厚/直径=0.42)[5]

(c) 中厚靶超高速撞击:靶板背侧存在变形、龟裂或剥落损伤(速度7 km/s)[4]

图 1-4　超高速撞击问题分类

超高速撞击现象与低速撞击有本质的差别。对于不同的弹丸和靶材,其达到超高速撞击现象的速度是不同的,很难有一个普适的速度阈值来区别超高速撞击与高速/低速撞击。在以撞击速度来确定一个撞击是否为超高速撞击时,必须考虑参与撞击的具体物质。对于空间碎片撞击现象中常见的铝质弹丸撞击铝质靶材问题,在速度约 3 km/s 时会出现超高速撞击的特征。而如果是铅质弹丸撞击铅质靶材,则在相对较低的 1 km/s 速度时就会呈现超高速撞击的典型特征。

1.2 空间碎片的超高速撞击问题

1.2.1 空间碎片环境

1957 年 10 月 4 日,苏联成功发射第一颗人造卫星“Sputnik-1”,人类开启了航天时代。至今,地球轨道上的航天器数量已接近 5 000 颗。每发射一次卫星,火箭末级、整流罩等其他物体也会随着进入轨道,这导致目前地球轨道上卫星和地面可跟踪碎片数多达 20 000 个。图 1-5 为美国空间监视网络跟踪的地球轨道物体数量变化情况。大量的空间碎片增加了航天任务的安全风险。此外,自然界的流星环境影响也不容忽视,在一些深空探测任务中还需要重点考虑,如 NASA 的阿波罗任务、欧洲空间局(European Space Agency, ESA)探测哈雷彗星的乔托任务等。

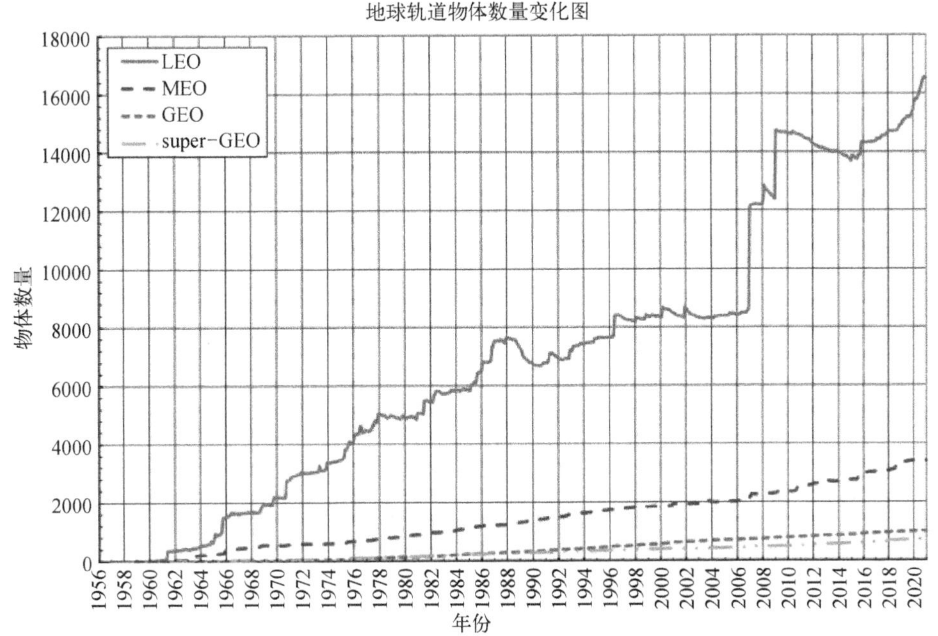

图 1-5 美国空间监视网络跟踪的地球轨道物体数量变化情况

LEO, low earth orbit,低地球轨道;MEO, middle earth orbit,中地球轨道;GEO, geostationary orbit,对地静止轨道;super-GEO, super-geostationary orbit,超级对地静止轨道

在过去的航天飞行任务中,已收集到大量航天器遭受超高速撞击的明确证据,例如在欧洲可回收载具(European Retrievable Carrier, EURECA)任务、NASA 长时间暴露设施(long duration exposure facility, LDEF)、哈勃空间望远镜和航天飞机(图 1-6)的表面都存在不同程度的撞击损伤。图 1-6 中显示了撞击损伤的位置和损伤直径。

空间碎片撞击损伤会对航天器产生广泛的影响。对电子设备盒盖的撞击会产

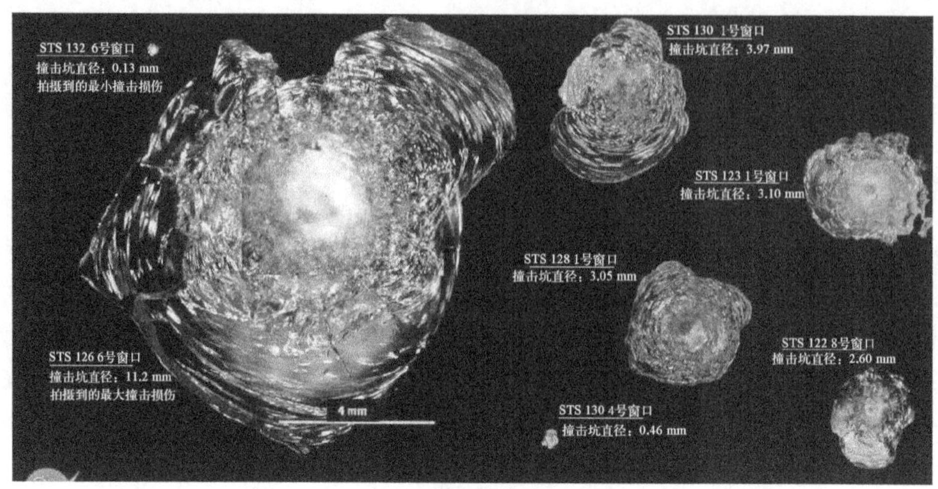

图 1-6　空间碎片对航天飞机舷窗的撞击损伤(同一比例尺下的照片)

STS, Space Transportation System,太空运输系统

生内部碎片,从而导致敏感电子设备的致命损伤。压力容器可能泄漏或破裂,导致任务提前终止,并可能产生更多碎片。

国际空间站长期暴露在空间碎片环境中,相当好地经受住了考验,没有因空间碎片撞击而出现硬件故障的报告。但是,通过检查空间站硬件的表面,以及乘组人员的直接观察,已经发现了空间碎片对国际空间站外表面造成的超高速撞击损伤。例如,2002 年 2 月 20 日,乘组人员报告了对 DC-DC 转换器装置上的撞击坑(直径 3~5 mm)。在微型加压后勤舱(mini-pressurized logistics module, MPLM)表面也发现了直接证据。图 1-7(a)为工作人员在任务后对 MPLM 做撞击损伤检测。2004 年,MPLM 共执行了 5 次给空间站运输物资的任务(搭载航天飞机往返地球),每次任务大约有 6 天停靠在国际空间站暴露在空间轨道碎片环境中,这 5 次任务中在

(a) 工作人员对任务后MPLM做撞击损伤检测[6]

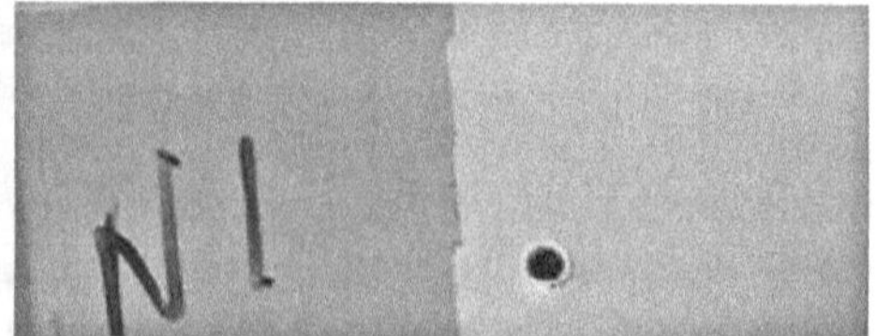

(b) MPLM任务5A.1后的铝缓冲屏穿孔(外部孔径 2.5 mm,内部孔径1.4 mm)[7]

图 1-7　MPLM 受空间碎片撞击影响

MPLM 表面观察到了 26 次超高速撞击，其中两次完全穿透了舱外 0.8 mm 厚的铝缓冲屏，如图 1-7(b)所示。NASA 约翰逊空间中心(Johnson Space Center, JSC) BUMPER 代码和 NASA 标准空间环境模型的预测结果表明，MPLM 每次任务的穿孔率为 55%，与实际情况基本一致[8]。

1.2.2　航天器的空间碎片撞击风险

通常，地基雷达和光学传感器系统可跟踪低地球轨道上尺寸 10 cm 以上或是地球同步轨道上尺寸 1 m 以上的空间碎片。这些碎片尺寸太大，航天器难以采取有效的撞击防护措施，但可通过轨道跟踪来预测和评估撞击风险，在必要时采取变轨机动等措施避免碰撞。

对于目前无法从地面跟踪的小尺寸空间碎片，可利用统计通量模型(空间碎片环境模型)、撞击风险评估工具和防护屏的被动防护等来控制风险。实际操作中，使用撞击风险评估工具分析航天器在空间碎片环境中的撞击概率和击穿/失效风险，并在薄弱部位安装防护屏降低相应区域的撞击损伤风险。

统计通量模型(空间碎片环境模型)中，空间碎片常由时间、空间、速度和尺寸定义的相空间 $(t, \bar{r}, \bar{V}, \delta)$ 中的数量密度来描述。定义单位时间和面积上通过的碎片总数量为通量 F，大于给定直径的碎片的撞击次数 N 随暴露面积 A、通量 F 和暴露时间 T 线性增加：

$$N = FAT \tag{1-1}$$

一旦确定了 N，相应时间间隔内发生 n 次撞击的概率由泊松分布给出：

$$P_n = (N^n)/n!\,\mathrm{e}^{-N} \tag{1-2}$$

不被撞击的概率 P_0 为

$$P_0 = \mathrm{e}^{-N} \tag{1-3}$$

发生一次撞击的概率 P_1 为

$$P_1 = N\mathrm{e}^{-N} \tag{1-4}$$

对于 $N \ll 1$ 时，至少发生一次撞击的概率 $Q(Q = 1 - P_0)$ 近似等于 N：

$$Q = 1 - \mathrm{e}^{-N} \approx 1 - (1 - N) = N \tag{1-5}$$

此时，不被撞击的概率 P_0 为

$$P_0 = \mathrm{e}^{-N} \approx 1 - N \tag{1-6}$$

如果 N 是故障次数，而不是碰撞次数，等式同样适用。故障的数量取决于撞击

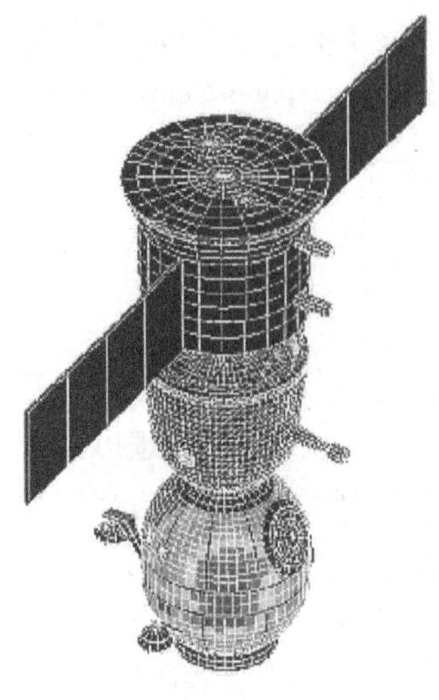

图 1-8　国际空间站服务舱撞击穿孔风险云图（红色高风险，蓝色低风险）[9]

通量和故障标准，而故障标准由防护层的厚度和效能决定，用损伤方程描述。一个广泛使用的失效准则是外壁结构完全穿透。其他失效标准也是可行的，例如产生大于给定临界尺寸的孔、超过允许量的穿透深度或者产生大于指定值的冲击等离子体等。如果失效准则是“无穿透”（no penetration），则无穿透的概率 P_0 也表示为 PNP（probability of no penetration）。

关于空间碎片通量模型及应用的更多信息可在 NASA JSC 超高速碰撞团队网站获取。

以上述方法为基础发展的撞击风险评估工具对航天任务设计具有重要的意义。结合航天器结构尺寸和轨道条件可以分析获得航天器设计寿命期间遭遇撞击穿孔的风险，为防护增强方案的设计提供指导。图 1-8 为风险评估工具给出的国际空间站服务舱撞击穿孔概率云图，其中红色表示高风险，蓝色表示低风险。

1.2.3　航天器超高速撞击防护设计

以航天器外层结构被穿透为失效准则，由试验和仿真获得的一系列描述航天器部件或子系统可能遭受撞击损伤的临界条件（如弹丸直径、弹丸密度、撞击速度和角度）绘制而成的曲线称为弹道极限曲线（ballistic limit curve, BLC），如图 1-9

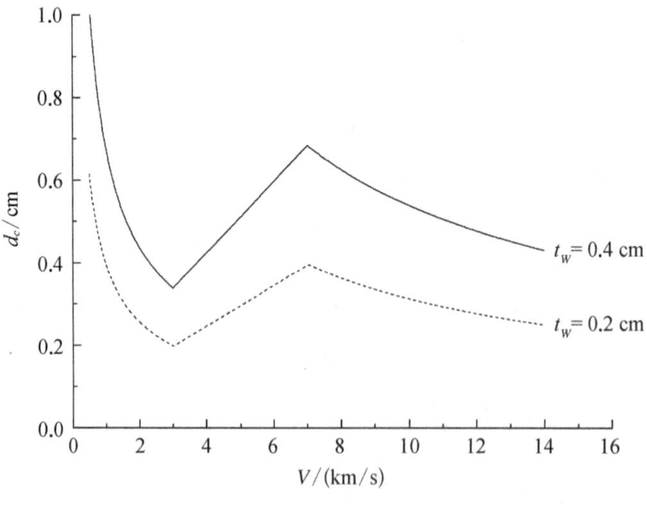

图 1-9　某铝合金防护屏弹道极限曲线[10]

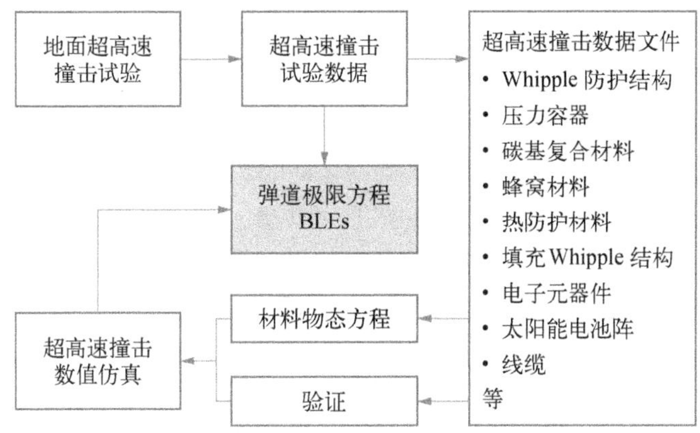

图 1-10 获得 BLE 的途径[8]

所示。弹道极限曲线的数学表示即弹道极限方程(ballistic limit equations, BLEs)。BLEs 一般通过地面超高速撞击试验和数值仿真获得,其基本流程如图 1-10 所示。

弹道极限方程是开展航天器撞击风险评估和防护方案设计的重要依据。航天器空间碎片撞击风险评估标准流程如图 1-11 所示,以航天器几何构型、空间碎片环境模型为输入,利用空间碎片撞击概率分析程序和弹道极限方程来计算得到航天器失效情况,并根据失效准则来判定防护设计是否合格。如果计算结果满足航天器在设计使用寿命内的可靠性要求,则说明航天器的防护设计是合格的,否则就需要改进设计并迭代上述分析过程。

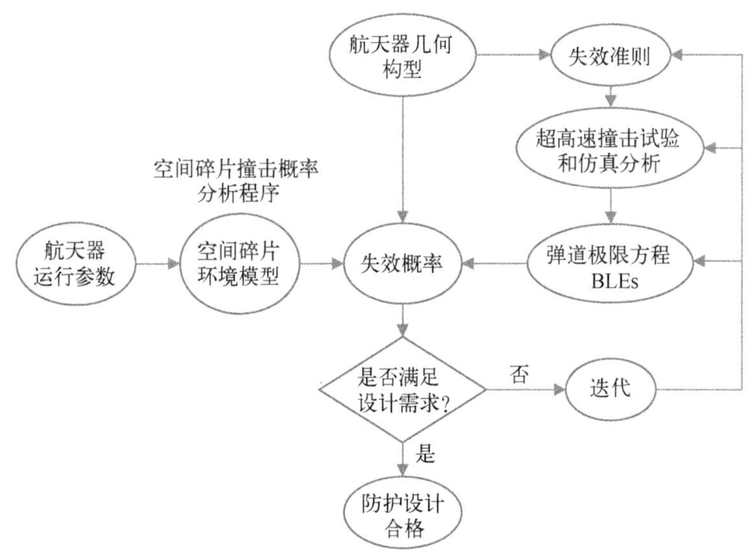

图 1-11 航天器空间碎片撞击风险评估标准流程[8]

1.3 空间碎片超高速撞击试验

地面超高速撞击试验和超高速撞击数值仿真是研究超高速撞击现象的主要手段。超高速撞击试验利用地面设备产生物体间的超高速碰撞,并观察、测量其中的现象,研究结构响应、光电磁辐射等的机理和规律。目前,地面超高速撞击试验的主要技术包括超高速发射技术和超高速撞击测试技术,地面超高速撞击试验的主流设备是超高速弹道靶。典型的超高速弹道靶的系统组成如图 1-12 所示,主要包括发射器系统、靶室系统和测试系统三部分[11]。专门用于终点弹道效应研究的弹道靶也称为碰撞靶,它与通常弹道靶的差别在于没有用于研究外弹道自由飞行状态的较长的靶室。

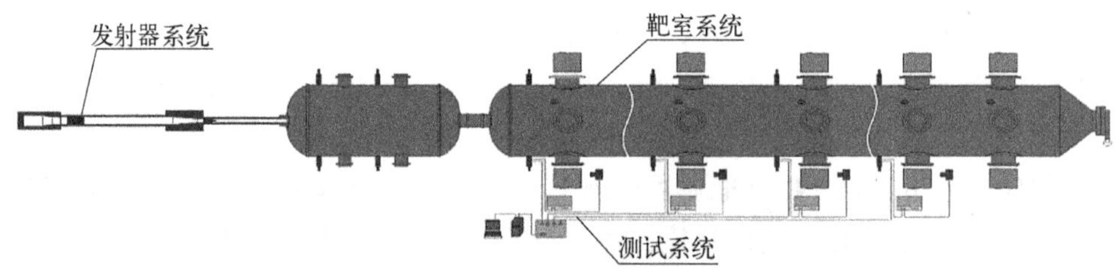

图 1-12　超高速弹道靶系统组成示意图

轻气炮(单级、二级或三级轻气炮)是常见的发射器系统之一。二级轻气炮可把弹丸加速到 3~10 km/s。中国空气动力研究与发展中心(CARDC)超高速所的二级轻气炮[12]、美国戴顿大学研究所(University of Dayton Research Institute)的三级轻气炮发射速度都达到了 9 km/s,德国恩斯特·马赫研究所(Ernst Mach Institute, EMI)的中口径轻气炮发射速度达到 10 km/s。靶室的作用是模拟航天器的在轨环境。最基本的要求是有较高的真空度,部分实验室的超高速碰撞靶室还具有靶材模拟在轨高低温状态的能力。测试系统的作用是测量弹丸飞行过程中的结构完整性、撞击速度、靶材声速、碎片云的形成与发展过程。除了基本的测速装置和高速相机,有的实验室还配备了 X 射线、光辐射、微波探针、扫描电镜等测量装置。国内外代表性的超高速弹道靶情况见表 1-1。

NASA JSC 开展了大量的超高速撞击试验(超过 400 次/年)以发展和验证 BLE,并集成在仿真评估程序 Bumper 中,广泛应用于航天器、部件,或子系统风险设计评估。CARDC 超高速所开展了 Whipple 防护屏弹道极限参数和温度对 BLE 的影响研究[10, 13],同时完成了“天宫”目标飞行器和空间站防护构型的超高速撞击试验[14]。

表 1－1　世界上主要超高速弹道靶试验设备列表

国家	单　位	设备名称	发射器类型	发射器性能指标	靶室尺寸	试验类型
美国	约翰逊空间中心（JSC）	超高速碰撞设备（Hypervelocity Impact Technology Facility）	二级轻气炮	发射器口径：1.7 mm、4.3 mm、12.7 mm 和 25.4 mm 发射速度：2~7.59 km/s	ϕ0.6 m×1.2 m ϕ1.0 m×1.8 m ϕ1.5 m×2.1 m ϕ1.5 m×2.1 m	空间碎片防护、冲击引爆等
	艾姆斯研究中心（Ames Research Center）	Ames 垂直靶（Ames Vertical Gun Range，AVGR）	二级轻气炮	发射器口径：7.62 mm 发射速度：0.5~7 km/s	ϕ2.5 m×2.5 m（高）	月球撞击试验、行星碰撞、外太空生物学等
			单级炮	发射器口径：7.6 mm、44.7 mm 发射速度：0.01~3 km/s		
		超高速自由飞气动力设备（Hypervelocity Free Flight Aerodynamic Facility，HFFAF）	二级轻气炮	HFFAF：发射器口径：7.1 mm、12.7 mm、25.4 mm、38.1 mm，发射速度 0.5~8.5 km/s	1 m×22.86 m	超高速碰撞、气动力
			单级炮	发射口径：7.5 mm、20 mm、44 mm、61 mm 发射速度：0.2~2.4 km/s		
	阿诺德工程发展中心（AEDC）	G 靶	二级轻气炮	发射器口径：84 mm（3.3 in）、101.6 mm（4 in）和 203 mm（8 in） 发射速度：3~8.6 km/s	ϕ3 m×304.8 m	动能拦截弹撞击试验、毁伤效应研究、喷流、侵蚀、逆向靶撞击等
		I 靶	二级轻气炮	发射器口径：63.5 mm 发射速度：1.5~6.5 km/s	ϕ2.4 m×24.4 m	超高速碰撞
		S1 靶	二级轻气炮	发射器口径：19.05 mm（0.75 in） 发射速度：1.5~8.0 km/s	—	—

续 表

国家	单　位	设备名称	发射器类型	发射器性能指标	靶 室 尺 寸	试 验 类 型
美国	阿拉巴马大学气动物理研究中心（the University of Alabama in Huntsville-Aerophysics Research Center，UAH-ARC）	large（大靶）	二级轻气炮	发射器口径：55. 8～152. 4 mm 发射速度：1. 5～6. 5 km/s	碰撞室：ϕ3 m×12 m	超高速碰撞、动能毁伤评估、空间碎片防护、再入物理等
		inermediate（中靶）	二级轻气炮	发射口径：29. 21～35. 56 mm 发射速度：1. 5～7. 0 km/s	碰撞室：ϕ2. 4 m×6. 7 m	
		small（小靶）	二级轻气炮	发射器口径：19. 05～30. 48 mm 发射速度：2～8 km/s	碰撞室：ϕ1. 8 m×4. 27 m	
	戴顿大学研究所（UDRI）		二级轻气炮	发射器口径：8. 1 mm、20 mm、30 mm 发射速度：≤8. 0 km/s	—	航天器防护
			三级轻气炮	发射器口径：8. 1 mm 发射速度：≤9 km/s	—	
加拿大	加拿大防御研究与发展中心超高速碰撞实验室（Defence Research and Development Canada，DRDC）		二级轻气炮	发射器口径：50 mm 发射速度：1. 8～3. 5 km/s	—	超高速碰撞物理学、动能弹毁伤效果及新型护甲效能评估、超高速碰撞新概念及新技术研究
德国	恩斯特·马赫研究所（EMI）	Range Ⅰ	二级轻气炮	发射器口径：20～30 mm 发射速度：0. 5～8 km/s	爆震段：ϕ1. 5 m×3 m 碰撞室：—	终点弹道学、空间碎片超高速撞击以及材料动高压加载
		Range Ⅱ	二级轻气炮	发射器口径：6. 5～15 mm 发射速度：≤10 km/s	碰撞室：ϕ0. 8 m×0. 75 m	
		Range Ⅲ	二级轻气炮	发射器口径：4～5 mm 发射速度：≤8. 5 km/s	—	

续　表

国家	单　位	设备名称	发射器类型	发射器性能指标	靶 室 尺 寸	试 验 类 型
英国	肯特大学 （Kent Univercity）		二级轻气炮	发射器口径：4.3 mm 发射速度：2~7.5 km/s	—	金属厚靶成坑、冰、水等的超高速撞击以及空间碎片防护、月球环形山撞击成坑、化石与生命物质的超高速撞击试验
意大利	帕多瓦大学		二级轻气炮	发射器口径：4.76 mm、6 mm 发射速度：0.3~6.0 km/s	—	空间碎片防护、行星撞击、毁伤评估
俄罗斯	中央机械制造科学研究院	KBT 靶	二级轻气炮	发射器口径：100 mm、85 mm、50 mm、34 mm 和 23 mm 发射速度：2~7 km/s	ϕ3.4 m×300 m	侵蚀试验、超高速碰撞试验、模型尾迹试验等
	托木斯克国立大学		二级轻气炮	发射器口径：18 mm 发射速度：≤8 km/s	—	空间碎片防护
			单级气炮	发射器口径：8 mm 发射速度：0.4~0.7 km/s	—	
			三级轻气炮	发射器口径：8 mm 发射速度：5~8 km/s	—	
日本	东京工业大学	材料与结构实验室	三级轻气炮	发射器口径：11.8 mm 发射速度：≤9 km/s	—	—
	东北大学激波研究中心 （Shock Wave Research Center，SWRC）	HBR－1	二级轻气炮	发射器口径：2 mm、14 mm、30 mm	—	—

续 表

国家	单 位	设备名称	发射器类型	发射器性能指标	靶 室 尺 寸	试 验 类 型
中国	中国空气动力研究与发展中心（CARDC）	超高速碰撞靶	二级轻气炮	发射器口径：4. 5 mm、7. 6 mm、16 mm 发射速度：0. 2~9 km/s	碰撞室：ϕ2 m×4. 2 m	空间碎片防护
		气动物理靶	二级轻气炮	发射口径：23 mm、28 mm、30 mm、37 mm、50 mm 发射速度：0. 2~6. 6 km/s	碰撞室：ϕ2 m×5 m 飞行段：ϕ1. 5 m×21 m 微波暗室：ϕ3 m×15 m	气动物理、气动力、超高速碰撞
		200 m 自由飞弹道靶	二级轻气炮	发射器口径：37 mm、50 mm、120 mm、203 mm 发射速度：0. 2~6. 5 km/s	ϕ3 m/ϕ4. 5 m×200 m	动能毁伤评估、气动力、气动物理、雨雪侵蚀等
	西北核技术研究所		二级轻气炮	发射器口径：10 mm、57 mm 发射速度：8 km/s	—	材料动态响应
			三级轻气炮	发射器口径：8 mm 发射速度：8. 09 km/s		
	中国工程物理研究院		二级轻气炮	发射器口径：25 mm、35 mm、37 mm 发射速度：≤8. 6 km/s	—	材料动态响应、空间碎片防护
	哈尔滨工业大学		二级轻气炮	发射器口径：5. 8 mm、7. 6 mm、12. 7 mm、14. 5 mm 发射速度：1. 0~7 km/s	—	空间碎片防护
	北京理工大学		二级轻气炮	发射器口径：30 mm 发射速度：≤8. 0 km/s	—	材料动态响应、空间碎片防护、动能毁伤评估
			三级轻气炮	发射器口径：10 mm 发射速度：≤10 km/s		
	中国空间技术研究院		二级轻气炮	发射器口径：18 mm 发射速度：3~7 km/s	—	空间碎片防护

空间碎片超高速撞击试验，通常以铝弹丸(模拟空间碎片)撞击被测试的防护屏、单机盒、电池、太阳能帆板、压力容器等航天器部件，利用多种测量手段获得撞击过程中的物理特征参数，并通过测量撞击成坑、穿孔等损伤特征综合评估靶件的结构损伤与功能降阶情况。

典型的 Whipple 防护结构试验件如图 1－13(a)所示，包括缓冲屏、后墙、验证板和支撑结构。缓冲屏的作用是破碎弹丸，其损伤形式是洞穿，如图 1－13(b)所示；后墙的作用是阻拦弹丸击穿缓冲屏产生的扩散云，其正面典型损伤形式是从撞击中心向四周呈辐射状的累积微粒撞击坑，其背面典型损伤形式是层裂、剥落或洞穿，如图 1－14(a)所示；后墙背面损伤剥落或被击穿产生的碎片会撞击在验证板上，通过观察验证板的损伤情况，图 1－14(b)，可以直接判断后墙的损伤危害程度。

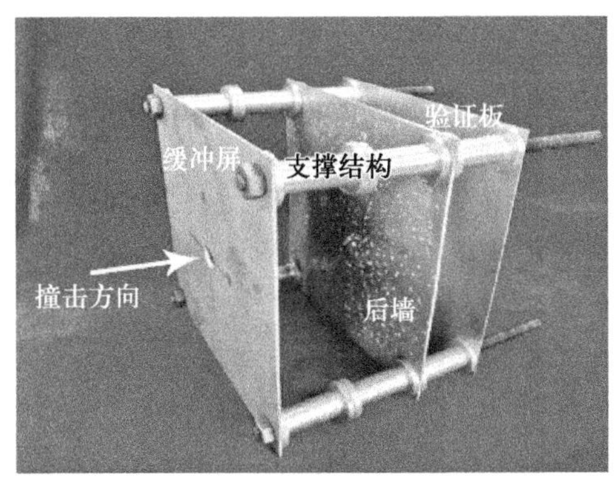

(a) Whipple防护结构试验件

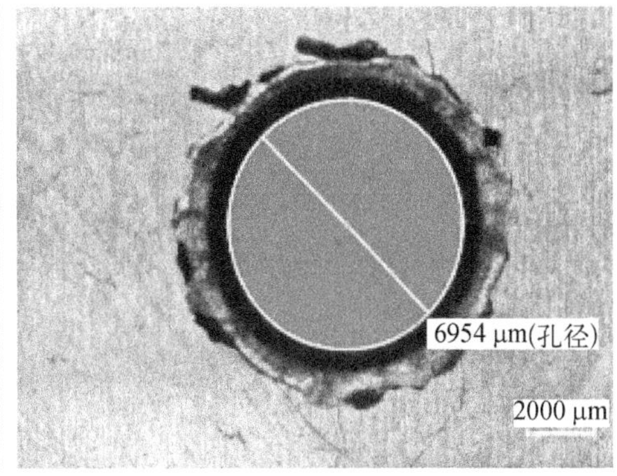

(b) 铝合金缓冲屏撞击穿孔

图 1－13　Whipple 防护结构撞击试验，缓冲屏厚 1 mm，后墙厚 2 mm，间距 80 mm，撞击速度 3 km/s[15]

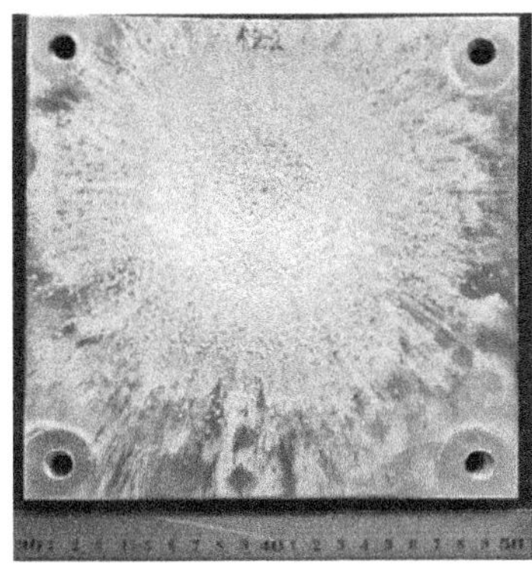

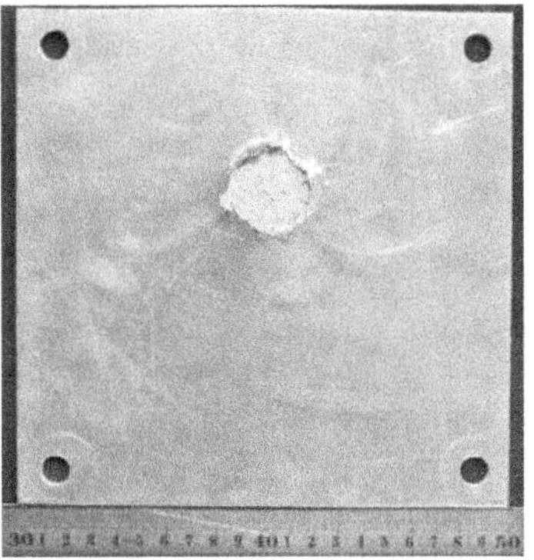

(a) 后墙正面和背面

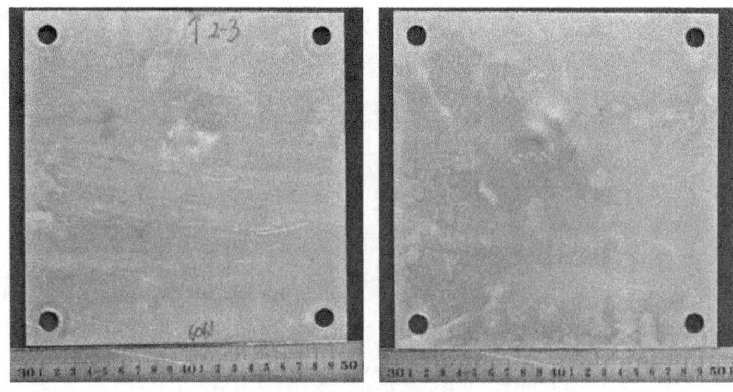

(b) 验证板正面及背面

图 1－14 Whipple 防护结构损伤情况(铝球直径 6.0 mm，撞击速度 8.31 km/s)[16]

图 1－15 给出了 CARDC 超高速序列激光阴影成像仪获得的典型超高速撞击碎片云演化过程。可以看到碎片云由撞击反溅碎片和穿透碎片共同形成的薄壳空泡结构，大部分碎片质量集中在椭球形碎片云的前端，并随撞击过程发生明显的膨胀和扩张，分散的撞击动能减少了对后墙的密集损伤。图 1－16 是 CARDC 获得超高速撞击碎片云的红外辐射图像，显示出撞击动能作用下显著的热辐射特征。

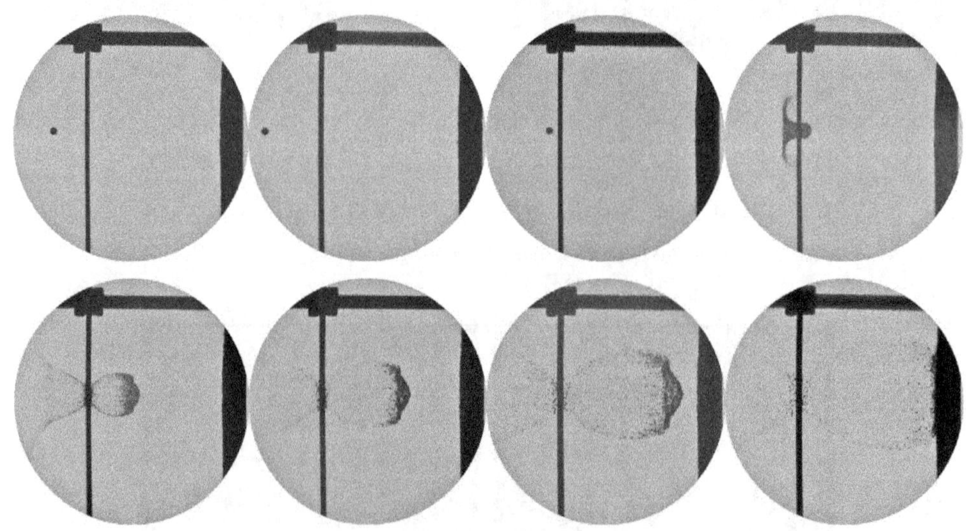

图 1－15 序列激光阴影照片(铝球直径 5.0 mm，撞击速度 4.9 km/s)[16]

超高速撞击试验也是获得航天器撞击解体特性数据、建立航天器解体模型的重要手段。航天器解体模型用于描述航天器因爆炸或碰撞解体所产生碎片的数量、尺

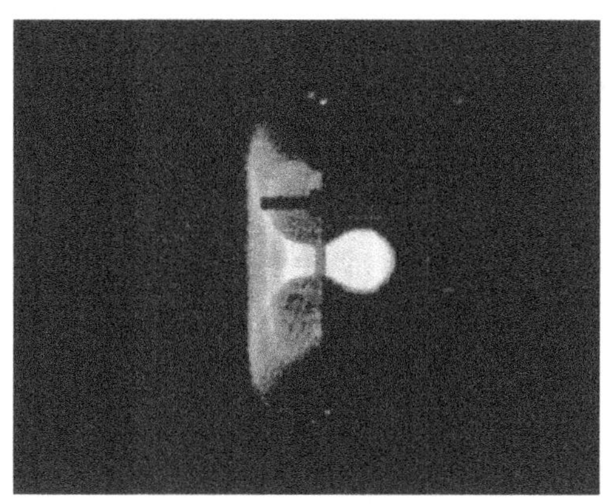

图 1－16　碎片云红外辐射成像照片（撞击速度 8.47 km/s）

寸、面质比以及速度等特性的分布规律，对于空间碎片环境建模与演化、空间碎片撞击风险评估及空间解体事件分析具有重要意义。目前使用较广泛的是 NASA EVOLVE4.0 解体模型。CARDC 超高速所采用数值仿真方法建立了一种卫星超高速撞击解体阈值模型[17]，同时在弹道靶上开展了铝合金六面体模拟卫星的超高速撞击解体试验（图 1－17），并在此基础上发展了 CARDC－SBM 航天器碰撞解体模型[18]。

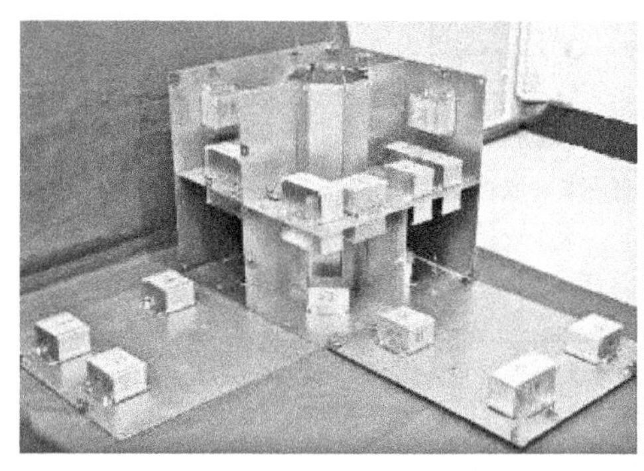

(a) 模拟卫星

(b) 射弹

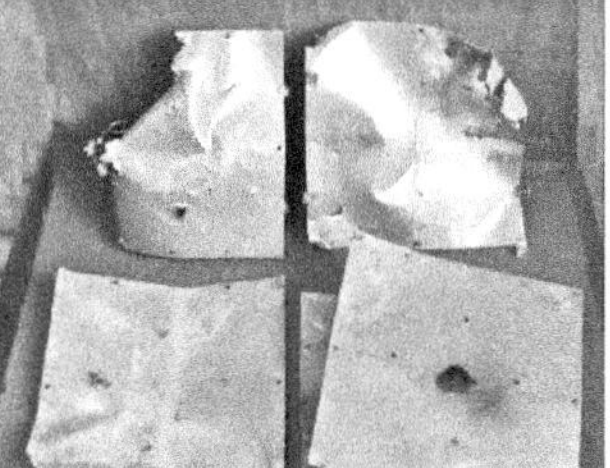

(c) 大尺寸碎片

(d) 中等尺寸碎片

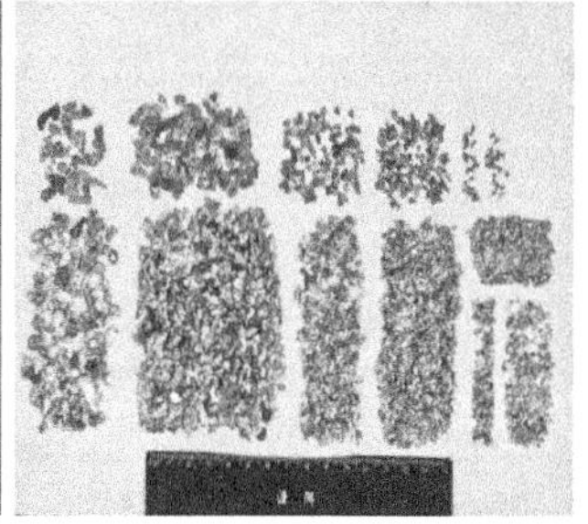

(e) 小尺寸碎片

图 1－17　用于 CARDC－SBM 航天器解体模型研究的模拟卫星、射弹和回收的撞击碎片[18]

CARDC－SBM 模型预测的碎片尺寸分布和碎片面质比分布预测公式如下。

碎片尺寸分布模型(图 1－18)：

$$CN_L = t_0\left(\frac{L_t}{\rho_t}\right)^{t_1}(m_p + \mu_c m_t)^{t_2\lg\left(\frac{e_m}{0.3623}\right)} \times L_c^{\left(-1.47-\lg\frac{V}{5.4}\right)} \tag{1-7}$$

式中，L_t 为卫星尺寸；ρ_t 为卫星体密度；V 为撞击速度；t_0、t_1、t_2 为常数；CN_L 为碎片累积数量；m_p 为弹丸质量；μ_c 为卫星解体程度，可由解体程度函数计算；e_m 为撞击通道内能量密度；L_c 为碎片特征尺寸。

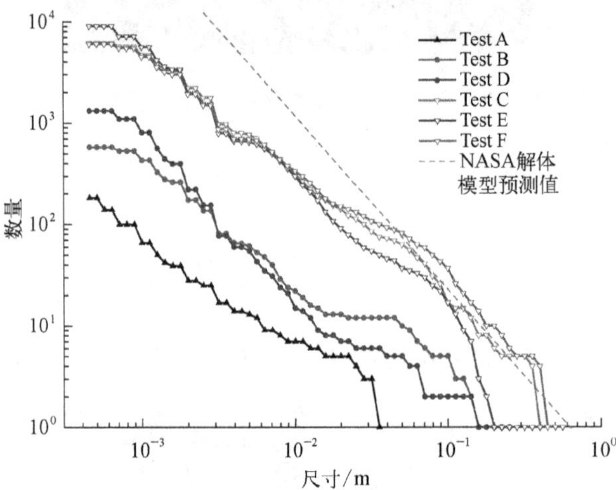

图 1－18　6 次模拟卫星撞击解体试验的碎片尺寸分布

碎片面质比分布模型为(图 1－19)：

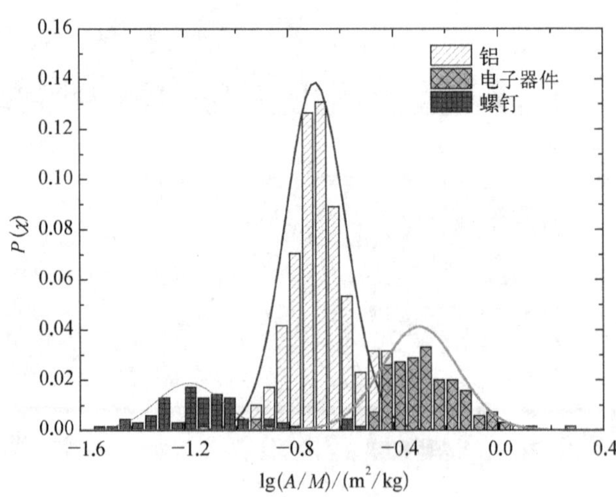

图 1－19　Test F 试验的碎片面质比分布

$$P(\chi) = \alpha_1 N(\sigma_1, \mu_1, \chi) + \alpha_2 N(\sigma_2, \mu_2, \chi) + \alpha_3 N(\sigma_3, \mu_3, \chi) \quad (1-8)$$

式中，$\chi = \lg(A/M)$ 为碎片面质比的对数，A 为碎片面积，M 为碎片质量；$N(\sigma, \mu, \chi)$ 为标准正态分布函数；α_1、α_2、α_3，σ_1、σ_2、σ_3 及 μ_1、μ_2、μ_3 为常数。

1.4　空间碎片超高速撞击数值仿真

由于在轨航天器与空间碎片的撞击速度非常高（可达 16 km/s），远高于当前超高速发射器的能力，所以地面试验设备模拟范围以外的数据，需要依靠数值仿真来弥补。此外，数值仿真可以提供更丰富的信息来分析撞击现象和规律，在提供数据的效率、成本等方面相比于超高速撞击试验也具有优势。数值仿真具有快速、直观的特点，不仅能弥补试验研究的不足，处理试验无法解决的工况，还能为试验提供指导，更充分地了解撞击的全过程以及超高速撞击现象的内在机理。

超高速撞击数值仿真本质上是对弹靶材料在动高压作用下的变形、相变等瞬态物理力学过程进行计算分析。其基本方法是采用有网格或无网格方法进行空间离散，结合材料高压状态方程和本构关系，来求解描述材料在动高压作用下的非定常流体力学方程组，得到弹靶材料压力、温度、位置、组分，以及相变、光电辐射等的时空变化情况。

尽管大多数超高速撞击发生在固体与固体材料之间，但是由于极高的撞击速度，弹靶接触区域的压力远高于其强度极限，此时材料行为是用流体力学方程来描述的，所以超高速撞击（以及也能产生高动压的爆轰现象）的数值计算软件常被称为流体代码（hydrocode）。第一个流体代码 HEMP（hydrodynamic elastic magneto plastic）是 M. L. Wilkins 于 1952 年开发的[19]，当时主要用于核武器爆轰过程的计算。

流体代码时间离散的方法与传统的偏微分方程数值解法类似，包括以多步龙格库塔法为代表的显式时间推进，或者多次迭代的隐式时间推进方法。目前常用的超高速撞击流体代码的主要区别在于空间离散方法。

超高速撞击现象流体代码的空间离散方法，主要有两大流派。一是网格节点附着在物体上、跟随物体运动，称为拉格朗日方法；另一类是网格节点独立于物体、固定在事先设定的几何空间、不随物体运动，称为欧拉方法。在此基础上，也发展了拉格朗日方法和欧拉方法耦合的方法，如耦合的欧拉-拉格朗日（loupled Euler-Lagrange，CEL）方法、任意拉格朗日欧拉（arbitrary Lagrange-Euler，ALE）方法等。

传统的拉格朗日方法和欧拉方法都属于网格法。拉格朗日网格方法的网格节点固定在物体上，便于准确定义不同物体的边界，而欧拉网格方法必须在每个计算时间步长内、在部分网格点之间进行插值，方可得到物体的边界。但是，对于超高速撞击这样有着巨大几何形状变化的瞬态动力学过程,使用拉格朗日网格方法会因固连于物体的网格大变形畸变导致计算无法继续。而网格节点不固连在物体上的欧拉网格方法虽然没有网格畸变的问题,但会有物质质量、碎片特性难以统计等问题。

无网格技术(meshless methods)可较好地应对拉格朗日网格方法和欧拉网格方法的缺点[20],即不使用事先划分的网格节点来离散物体,而是使用系列的独立节点来离散物体,这样就回避了网格畸变问题。光滑粒子流体动力学(smoothed particle hydrodynamics, SPH)方法是一种配点型无网格法,属于拉格朗日形式,是超高速撞击计算仿真中最常用的无网格方法之一。此外,常见的无网格方法还包括物质点法(material point method, MPM)[21]、最优输运(optimal transportation meshfree, OTM)方法[22]、混合粒子-单元法(combined particle - element method, CPEM)[23]等。

拉格朗日网格方法、欧拉网格方法和 SPH 无网格方法的空间离散特点示例如图 1-20 所示。

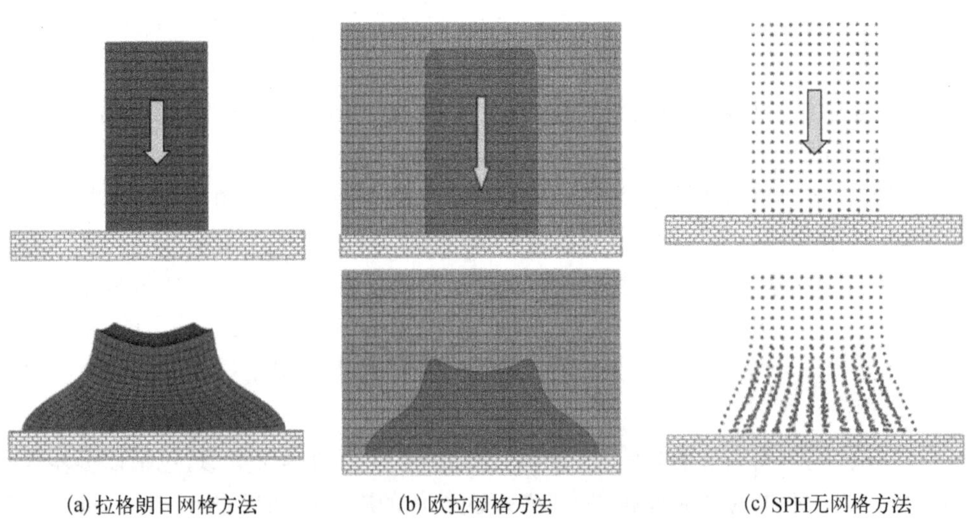

图 1-20　拉格朗日方法、欧拉方法、无网格方法示例

在数值计算方法发展的早期,拉格朗日网格方法主要用于结构动力学的计算分析,而欧拉网格方法主要用于流体动力学的计算分析。随着技术的不断完善,拉格朗日网格方法、欧拉网格方法和无网格技术已广泛地应用于超高速撞击问题研究中。难以简单地判断哪种方法绝对占优,在选择时应该根据所要研究的具体问题,选择合适的方法。国内外已有大量高等院校、研究机构和公司构建了有特色的流体代码或集成软件。表 1-2 列举了国内外有代表性的超高速撞击数值计算代码(软件)及其特点。

表 1-2　国内外代表性的超高速撞击数值计算软件

软 件 名	主要应用领域	特　　点	国别/研发单位
CTH	冲击爆炸	基于结构化欧拉网格	美国 Sandia 国家实验室
SPHINX	带有断裂、破碎现象的碰撞类问题	基于 SPH 算法,采用了最小移动二乘法插值函数	美国 Los Alamos 国家实验室
LSDYNA	广泛应用于各种碰撞、侵彻类问题	集成了拉格朗日求解器、欧拉求解器和 SPH 求解器,以及多种流固耦合算法	LSTC 公司
AUTODYN	广泛应用于各种碰撞、侵彻类问题	集成了拉格朗日求解器、欧拉求解器和 SPH 求解器,多个求解器之间可相互耦合	ANSYS 公司
MMIC2D / MMIC3D	爆炸与冲击、聚能射流	使用欧拉网格的有限差分程序	北京理工大学
MEPH2D / MEPH3D	高速碰撞、炸药爆轰、聚能射流等	基于欧拉网格有限差分程序,并引入了自适应加密网格技术和界面处理技术	北京计算数学与应用物理研究所
MPM3D	爆炸、冲击、碰撞类问题	基于 SPH 方法	清华大学
NTS	爆炸与冲击基础研究和工程应用问题	基于欧拉网格	中国空气动力研究与发展中心
PTS	爆炸与冲击基础研究和工程应用问题	基于 SPH 方法、大规模并行计算	中国空气动力研究与发展中心

超高速撞击的数值仿真所求解的控制方程是满足第一性原理的质量守恒、动量守恒和能量守恒的偏微分方程组。求解这些方程组,除了要进行空间和时间离散之外,还需要补充描述动高压条件下材料特性的材料模型。在超高速撞击的数值仿真中的材料模型通常包括:描述材料高压下热力学状态的状态方程(equation of state, EOS)、描述材料本构响应和塑性流动特性的强度模型(strength model)以及描述材料在极端条件下失效准则的失效模型(failure model)。超高速撞击的数值仿真同时也是校核极端条件下材料模型的有效手段。

以流体代码为核心的数值仿真方法已经广泛应用于超高速撞击现象的研究。在空间碎片撞击风险评估和防护设计领域,针对空间碎片撞击防护屏、卫星结构面板、压力容器、单机盒甚至整星等的数值仿真研究已大量开展。超高速撞击的数值仿真虽在计算精度、计算效率和材料模型等方面仍需进一步发展,但已经成为空间碎片超高速撞击问题研究中不可或缺的手段。

参考文献

[1] Johnson N L, Krisko P H, Liou J C, et al. NASA's new breakup model of EVOLVE 4.0[J]. Advances in Space Research, 2001, 28(9): 1377-1384.

[2] Polk E M, Roebuck B E. DebriSat hypervelocity impact test[R]. AEDC-TR-15-S-2, 2015.

[3] IADC. Spacecraft component vulnerability for space debris impact[R]. IADC-13-11, 2018.

[4] Eric Christiansen. Micro-Meteoroid and Orbital Debris (MMOD) Protection Overview[DB/OL]. https://ntrs.nasa.gov/search.jsp? R=20190001193[2022-11-1].

[5] 谢爱民，黄洁，宋强，等. 多序列激光阴影成像技术研究及应用[J]. 实验流体力学，2014，28(4)：84-88.

[6] Eric Christiansen. MMOD protection and degradation effects for thermal control systems[C]. NASA Johnson Space Center, 2014.

[7] NASA Johnson Space Center (JSC) Image Science and Analysis Group (ISAG). ISS surface damage and discoloration[OL]. http://sn-isag.jsc.nasa.gov/stationweb/html/iss_surface/iss_surface.shtml [2022-10-1].

[8] IADC WG3 members. Protection manual (IADC-04-03, Version7.0)[R]. Inter-Agency Space Debris Coordination Committee, 2014.

[9] HVIT Team. MMOD risk assessment process[DB/OL]. https://tfaws.nasa.gov [2022-10-1].

[10] 柳森，李毅. Whipple 防护屏弹道极限参数试验[J]. 宇航学报，2004(2)：205-207，240.

[11] Liu S. Hypervelocity launchers, PART 2: Hypervelocity test facility - ballistic range[M]. Berlin: Springer, 2015: 23-52.

[12] 焦德志，邹胜宇，黄洁，等. 气动中心 8km/s 以上超高速发射技术进展及应用[C]. 威海：第十届全国空间碎片学术交流会，2019.

[13] 黄洁，陈萍，简和祥，等. 温度对 Whipple 防护屏弹道极限参数影响的试验研究[J]. 宇航学报，2008(3)：812-816.

[14] 柳森，黄洁，李毅，等. 中国空气动力研究与发展中心的空间碎片超高速撞击试验研究进展[J]. 载人航天，2011，17(6)：17-23.

[15] 黄雪刚，殷春，茹红强，等. B_4C-Al 基复合材料的空间碎片超高速撞击防护应用研究[J]. 稀有金属材料与工程，2020(2)：487-493.

[16] Wen X, Huang J, Ke F, et al. Preliminary study on shielding performance of debris shield with the rear wall combining light materials and an aluminum plate[J]. International Journal of Impact Engineering, 2019, 124: 31-36.

[17] 李毅，黄洁，马兆侠，等. 一种新的卫星超高速撞击解体阈值模型研究[J]. 宇航学报，2012，33(8)：1158-1163.

[18] 柳森，兰胜威，马兆侠，等. 卫星超高速撞击解体碎片特性的试验研究[J]. 宇航学报，2012，33(9)：1347-1353.

[19] Wilkins M L. Computer simulation of dynamic phenomena[M]. Berlin: Springer, 1999.

[20] Chen J S, Hillman M, Chi S W. Meshfree methods: Progress made after 20 years[J]. Journal

of Engineering Mechanics, 2017, 143(4): 04017001.

[21] Zhang X, Sze K, Ma S. An explicit material point finite element method for hyper-velocity impact[J]. International Journal for Numerical Methods in Engineering, 2006, 66(4): 689-706.

[22] Li B, Perotti L, Adams M, et al. Large scale optimal transportation meshfree (OTM) simulations of hypervelocity impact[J]. Procedia Engineering, 2013, 58, 320-327.

[23] Johnson G R, Beissel S R, Gerlach C A. A combined particle-element method for high-velocity impact computations[J]. Procedia Engineering, 2013, 58: 269-278.

第 2 章
超高速发射技术

超高速发射技术是将物体加速到每秒几千米或十几千米甚至更高速度的一项技术，是开展空间碎片超高速撞击研究的关键技术之一。近几十年来，研究人员依据不同的加速原理，发展了单/多级轻气炮、爆炸驱动、激光驱动加速、电磁加速、静电加速、等离子体技术等多种超高速发射技术，有的已经达到了 10 km/s 以上或更高的发射速度，有些技术还在试图通过改进或多项技术组合来达到更高的发射速度。本章重点介绍二级轻气炮、飞片加速、粉尘粒子加速、电磁发射、爆炸驱动等几种常见的超高速发射技术的基本原理、设备构成及发展趋势等。

2.1 二级轻气炮

普通的火药炮采用高分子量（20~30）的火药燃气作为推进气体，其发射速度一般被限制在 3 km/s 以内；而使用轻质气体（如氢气或氦气）作为推进气体的轻气炮，由于具有更高的极限膨胀速度，可实现更高的炮口速度。

1947 年，Crozier 和 Hume 研制了第一门二级轻气炮，炮管口径为 9.9 mm，可以 3.75 km/s 的速度发射重 3.9 g 的弹丸[1]。20 世纪 50 年代中期，美国国家航空航天局艾姆斯研究中心的 Charters 和其他一些单位对二级轻气炮做了进一步的发展。20 世纪 60 年代发展了多种形式的二级轻气炮，最大的口径达到了 63.5 mm，小口径炮则实现了 11 km/s 的超高速发射[2]。二级轻气炮已逐渐成为实验室应用最广泛的超高速发射设备，被应用于各类超高速飞行器的气动力、气动物理、侵蚀，以及超高速碰撞的地面试验中[3]。

2.1.1 二级轻气炮结构和工作原理

二级轻气炮一般由燃烧室（或高压气室）、压缩管、高压段、发射管等组成，如图 2-1 所示。燃烧室和压缩管之间一般安装金属膜片（通常称大膜片或低压膜片），在大膜片下游的压缩管中安放活塞（内安装金属配重）。在发射管入口处安装金属膜片（通常称小膜片或高压膜片），在小膜片下游的发射管中安装弹丸（由

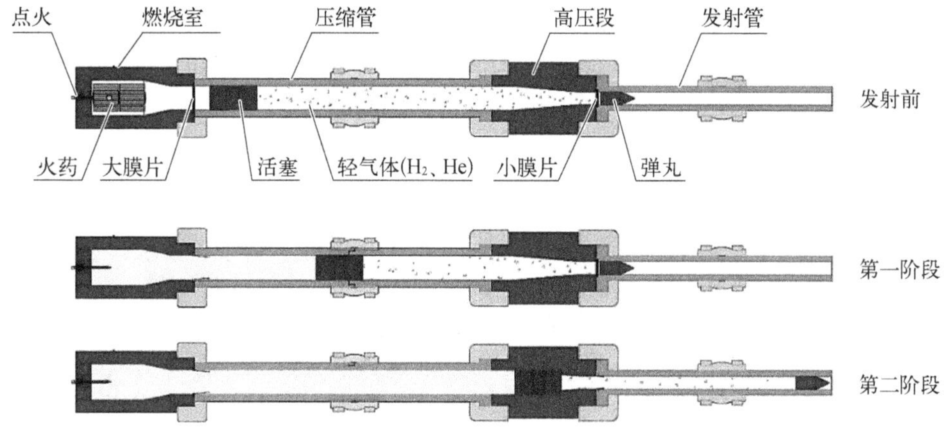

图 2-1　二级轻气炮炮体及发射过程示意图

模型和弹托构成的发射组件或整体模型，简称弹丸）。

典型的二级轻气炮的加速驱动过程分为两阶段（两级）。第一阶段，固体火药燃烧产生的火药燃气（或氢气、氦气等轻质气体，或含氢氧氮的混合气体）作为驱动气体推动活塞，通过大膜片控制活塞的释放/启动压力。活塞在第一级气体推动下沿压缩管向前运动并压缩轻质气体。第二阶段，通过小膜片来控制弹丸的释放/启动压力。弹丸在第二级高压轻质气体推动下沿发射管向前运动直至飞出发射管。

按照活塞压缩轻气体的方式，二级轻气炮可分为两种类型。一类是活塞速度低于轻气体的声速，压缩过程接近等熵过程，称为等熵压缩炮。另一类是活塞速度高于轻气体的声速，压缩是通过活塞前面的强激波来实现的，称为激波压缩炮。实践经验表明两种炮的弹道性能各有优缺点。

等熵压缩炮运行时，第二级推进气体在接近等熵压缩时（不计黏性和不计壁面热传导），推进气体的压力将平滑而连续上升，活塞速度比气体声速低，因此不会形成强激波。在把弹丸发射到高速的压缩过程中，不会产生导致弹丸损坏的强冲击载荷。

等熵压缩是二级轻气炮的活塞压缩轻气体的常用方式。这种炮压缩管容积较大，活塞较重且以较低速度压缩轻气，因此又称“重活塞炮”。等熵压缩炮较低的活塞速度能够获得较高的弹丸速度。只要适当增加压缩管尺寸，使之具有较高压缩比，就能以等熵方式获得高温。等熵压缩炮的主要优点在于运动弹丸底部有比较好的压力过程，即弹丸承受的压力峰值比较低，压力变化比较缓慢。因此，对于同样发射速度，等熵压缩炮的模型承受的最大弹底压力和发射过载较低。

激波压缩炮运行时，利用第一级气体把轻活塞加速到 1.5~3.0 km/s，使在第二级的轻气体中产生强激波。激波以接近$(\gamma+1)/2$倍活塞的速度在压缩管中运动并来回多次反射(γ 为气体比热比)，压缩和加热轻气体。这种方式可以得到较高压力，但是弹底压力变化剧烈、峰值较高，弹丸所承受的冲击压力很大，会导致弹丸破碎。

激波压缩炮的压缩管体积较小，与等熵压缩炮相比其压缩比较低。另外，激波压缩炮用的是轻活塞，在其减速过程中对高压段的作用力比等熵压缩炮的重活塞小得多，因此，炮的结构较简单，但激波压缩会产生很高的温度，炮膛表面会严重烧蚀。

由于完全等熵压缩是理想状态，所以目前使用中的二级轻气炮，大多介于等熵压缩和激波压缩之间。

2.1.2 二级轻气炮内弹道设计

二级轻气炮的内弹道问题相当复杂，它涉及火药气体(或压缩气体)、活塞、轻质气体和弹丸这四者之间的相互作用。装填参数和结构尺寸的相互影响和共同作用也使得每门二级轻气炮都存在与自身最匹配的发射参数。为了解轻气炮运行的复杂内弹道过程，以优化运行性能，多年来，国内外各研究单位开展了大量的理论和试验研究，发展了一些内弹道计算的方法。

1. 影响二级轻气炮内弹道性能的因素

炮的最佳运行过程应为等底压过程。在给定炮管和模型强度下等底压运行可以达到最高的速度。即达到相同速度，炮管和模型承受过载最低。然而等底压运行只是理想状态，二级轻气炮实际运行是不可能实现的，只能在一定程度上近似等底压。一般情况下，对于同一速度，模型底部实际压力与理想压力之比小于 2 即可认为是近似等底压运行。然而，为了获得更高速度，通常将这一比值增加到 5。

影响二级轻气炮内弹道性能的因素主要有装填参数和气动轮廓参数(炮体几何尺寸)。限于篇幅，本书有详略地展现部分参数对轻气炮性能的影响。

1）装填参数的影响

对于固定几何形状的任何一门特定的炮，可以调节其装填参数，使之能够获得要求的速度，这些参数主要包括：压缩管初始充气压力和温度、活塞速度、活塞质量、模型质量、模型释放压力、火药装填量等。

(1) 压缩管初始充气压力和温度。

初始充气参数对弹底压力影响很大，调整也方便，是试验中经常调整的一个参数。在选定了推进气体后，比热比 γ 和分子量 M 也就确定了，于是只有初始充气压力和初始气体温度可以调节。理论上，初始充气温度提高，使气体声速增高，模型速度将会产生较大增益。采用大容积压缩管能获得高的压缩比，就能达到高温。初始充气温度一般以实际环境温度而定，这里重点只考虑初始充气压力对弹道性能的影响。对于一个以速度 U_{p} 运动的活塞，初始贮气室容积 V_{r0}，利用关于压力和

容积的等熵关系，便可以得到压力变化率的表达式为

$$\frac{\mathrm{d}P}{\mathrm{d}t}=\frac{\gamma AU_{\mathrm{p}}}{V_{\mathrm{r0}}}\left(\frac{P}{P_{\mathrm{r0}}}\right)^{1/\gamma}P \tag{2-1}$$

式中，P_{r0} 为初始充气压力；γ 为气体比热比；A 为管体截面积；U_{p} 为活塞运动速度；V_{r0} 为压缩管容积。

由方程(2-1)可见，当给定压力 P 和活塞运动速度 U_{p} 时，压缩率与 $P_{\mathrm{r0}}^{1/\gamma}$ 成反比，对于 $\gamma=1.4$ 的情况，P_{r0} 变为原来的 2 倍，$\mathrm{d}P/\mathrm{d}t$ 变为原来的 0.61。压力上升率也是 P 的函数，若压力值增高时则上升更快，如图 2-2 所示。

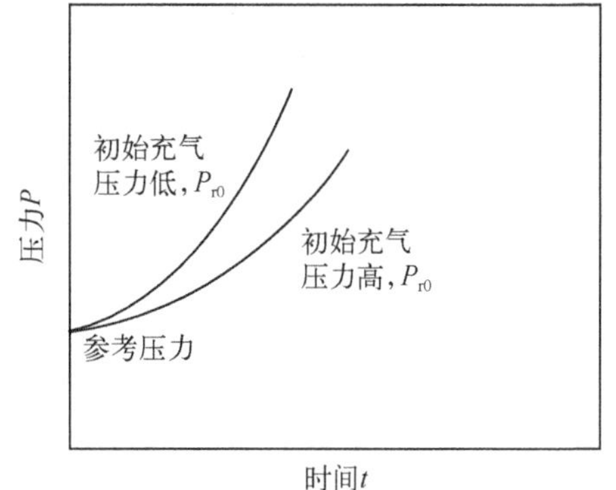

图 2-2　初始充气压力对等熵压缩压力增长率(从某参考压力起)影响

图 2-3 给出了美国国家航空航天局艾姆斯研究中心 7.1 mm/39 mm 发射器(前后两个数据分别为发射管口径和压缩管口径)初始充气压力 P_{r0} 对弹底压力的影响，横轴为模型运动距离。除初始充气压力外，两次试验的状态条件接近相同。由较低的充气压力所引起的较高的底压，可以形成一个较高的模型速度。但需要说明，这里较低充气压力下的高模型速度还得益于较高有效压缩比形成的较高气体温度。

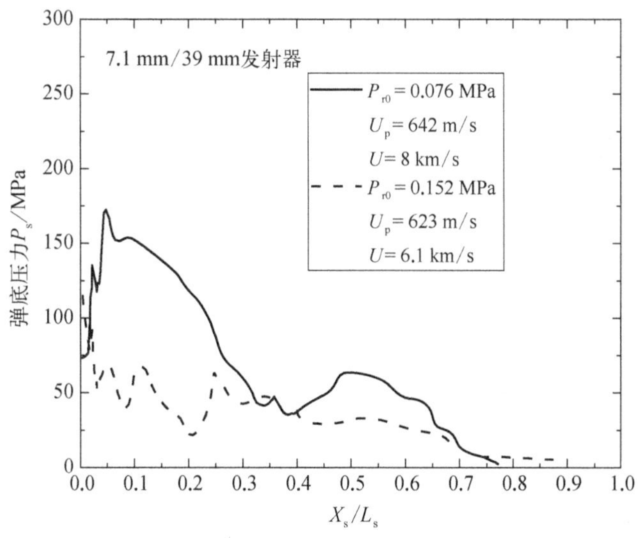

图 2-3　初始充气压力对发射过程中模型弹底压力的影响(实测值)[3]

X_{s} 为模型在发射管中的位置；L_{s} 为发射管长度

改变初始充气压力引起的最大弹底压力的变化如图 2－4 所示，其数据是用美国国家航空航天局艾姆斯研究中心 7. 1 mm/39 mm 发射器发射的两个模型质量测得的。模型质量分别为 0. 16 g 和 0. 65 g，活塞质量 m_p 保持不变为 200 g。破膜压力 P_r 为 69 MPa。对于活塞速度为 625 m/s 和 720 m/s 的情况下，若 P_{r0} 减小，最大底压显著上升。对于质量大的模型，P_{r0} 的影响更大。

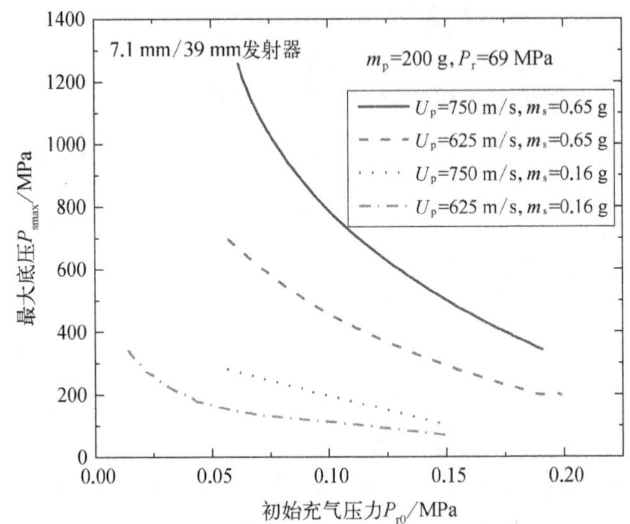

图 2－4　初始充气压力对最大模型底压的影响（试验值）[3]

研究人员对初始充气压力 P_{r0} 的研究表明：维持等底压所要求的气体质量是正比于弹丸质量的，因而随着弹丸质量的增加要求有更高的初始注气压力；在一定范围内，降低初始注气压力会使推进气体的压力和温度增高，从而使弹速增加。

（2）活塞速度。

活塞速度对模型底压-时间关系有着强烈的影响。在弹丸运动的开始阶段，进入发射管气体质量流很少，气室压力的上升率实际上是活塞速度的线性函数[见方程(2－1)]。

在极限范围内，只要选择适当的火药量，在压缩过程的某特定点处可获得任何要求的活塞速度。然而，除了在压缩过程的后阶段，用改变活塞质量使活塞加速度变化外，其他时刻的活塞速度几乎难以控制。所以在试验中，也只能尽量使活塞的速度-时间关系与其他要求的条件匹配。

对 0. 16 g 和 0. 65 g 的模型进行发射试验，保持模型释放压力和活塞质量不变，以获得不同的活塞速度，并记录模型炮口速度如图 2－5 和图 2－6 所示。其中活塞速度是在距离高压段入口 1. 5 m 的位置上测定的。由两图可见，一般情况下，模型速度随活塞速度的增加而迅速提高，但是增加率随着活塞的增大而逐渐减小。目前，大多数二级轻气炮活塞速度取值一般为 400～800 m/s。当活塞速度超过

800 m/s 时，虽然能够获得高弹速，但由此引起的高温高压推进气体，会导致弹丸最大弹底压力和发射过载的急剧增加。

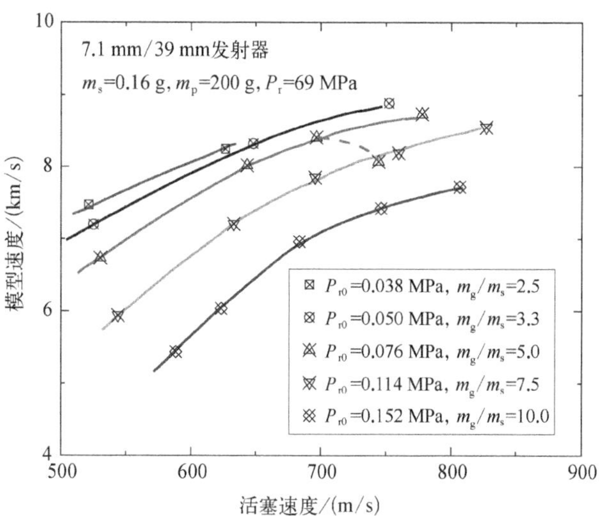

图 2-5　初始氢气压力为常值时，轻模型速度随活塞速度的变化（实测值）[3]

m_g 为压缩管内充气质量；m_s 为模型质量

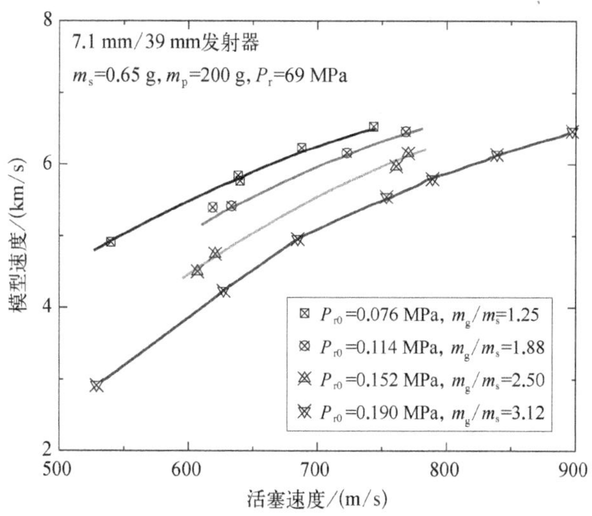

图 2-6　初始氢气压力为常值时，重模型速度随活塞速度的变化（实测值）[3]

（3）活塞质量。

通常的装填条件下，模型开始运动之前，活塞往往就达到其最大速度。用于加速活塞的第一级驱动气体此时已经接近膨胀到低压,不能再显著地提供能量给活塞,模型底部推进气体的压缩主要靠活塞动能来提供。活塞速度和活塞质量就成为决定所需压缩率的重要变量。活塞速度必须与模型在炮管内运动初期的压缩要求适当配合,以便限制过大的初始压力。在压缩的后一阶段,活塞质量确定了活塞的减速度,在趋近压缩管末端时,重活塞能够维持一个较高的压缩率,从而模型在炮管内运动的后期仍能维持较高的底压,同时降低发射载荷。

对于给定质量的活塞,改变火药量可以得到所需的活塞速度,但是活塞质量的选择,除了要从理论上作出估算外,还要依靠试验来确定。在同等装药时,活塞质量的变化将对活塞速度产生影响。过重的活塞必须有足够的装药量才能达到预定的速度,较重活塞进入高压段后仍具有较大惯性,此惯性有利于对气体进一步压缩而使弹后压力为等底压,但也增大了对高压段的撞击。

总之,火药装填条件不变,增加活塞质量,活塞速度减少,高压段末端压力降低,模型底部压力降低,模型出口速度也降低,反之亦然。试验证实,当充气质量与模型质量之比较高时,活塞质量太小则不足以提供所要求的能量。

(4) 模型质量。

模型质量的变化对发射性能有着重要的影响。在相同装填条件下,增加模型质量将会使高压段和弹底压力升高,弹速下降,同时也增加高压段的峰温和峰压。为了分析不同尺寸轻气炮发射模型质量与模型速度的关系,引入了模型“等效质量”,表示为模型质量除以发射管口径的三次方(m/D_s^3)。

图 2-7 是国内外若干研究试验中的典型二级轻气炮发射各种模型所得到的炮口速度[4-6]。图中最重的弹丸 $m/D_s^3 = 4.0\ \mathrm{g/cm^3}$, 对应的弹速是 4.18 km/s;而最轻的弹丸 $m/D_s^3 = 0.26\ \mathrm{g/cm^3}$, 对应的弹速是 11.29 km/s,前者的动能是后者的 40 倍。因此如果关心的是获得较高的弹丸动能而不是高弹速的话,增加弹丸的质量就能增加弹丸的能量。图中质量最小的弹丸获得了最高弹速,它是聚乙烯塑料制成的圆柱体(密度为 0.95 g/cm^3),其长度近似于 1/3 倍口径,这个长度已接近能够成功发射的最小实际长度,长度小于 1/3 倍口径时会导致发射过程中弹丸姿态不稳定和漏气等问题。根据发射器口径和所要发射的模型质量,再利用图 2-7 可大致估算出模型能够获得的最大速度。

(5) 模型释放压力。

当推进气体的压力达到小膜片的破膜压力 P_B 后,模型开始起动。模型的释放压力 P_S 是由小膜片的破膜压力 P_B 控制,即 P_S 与 P_B 相等。因此,改变模型的释放压力不仅改变了弹丸最初承受的压力,也影响到模型的受力过程。提高模型的释放压力可以获得高弹速,但模型的弹底压力和最大加速度也升高,这将会降低模型的飞行稳定性。一般来说,减少破膜压力是减小模型底部压力最有效的办法。

(6) 火药装填量。

火药量要保证将给定质量的活塞在压缩过程中的规定点上加速到要求的速

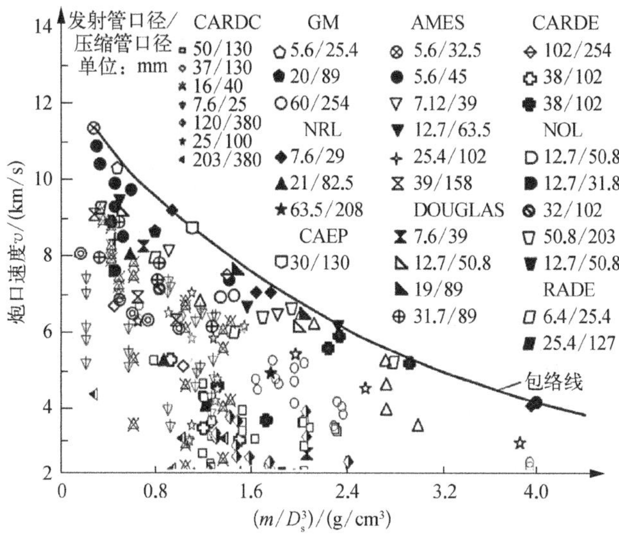

图 2-7 国内外典型二级轻气炮的模型质量与炮口速度

GM, General Motors Company, 通用汽车公司; NRL, United States Naval Research Laboratory, 美国海军研究实验室; CAEP, China Academy of Engineering Physics, 中国工程物理研究院; DOUGLAS, 道格拉斯公司; CARDE, Canadian Armament Research and Development Establishment, 加拿大军械研究与发展中心; NOL, Naval Ordnance Laboratory, 海军机械研究所; RARDE, Royal Armament Research and Development Establishment, 皇家军械研究与发展中心

度。火药燃烧产生的压力 P_c 可用下述关系估算得到(对于密闭腔)：

$$P_c V_c = m_c RT \tag{2-2}$$

式中，m_c 是火药质量；V_c 是火药腔容积。火药燃烧实际上是在等温下进行的。因此，对任何特定的火药，R、T 都近似保持常数。根据火药质量与燃烧室容积之比，典型 RT 值(对于硝化棉火药)可以从 500～1 100 MPa。如果采用的是燃速相当高的火药，使得在活塞移动到一个距离时火药完全燃烧掉，则上述方程是有效的。然而，速燃火药并不是总是能满足需求的。为使在相当小的燃烧室容积中的火药峰压最小，必须使用燃烧更为缓慢的火药，当活塞移动、容积不断加大时还持续燃烧，因此，活塞最大加速度可以用慢燃火药来降低，同时使活塞头部尽可能减少激波的形成。

2) 气动轮廓参数(炮体几何尺寸)的影响

最佳的二级轻气炮结构是在最低的压力情况下获得理想的模型速度。对于一门特定的炮只能针对在一定模型质量变化范围内接近最佳配比，但多数情况下，一般实验室进行炮的设计时要尽可能兼顾更多的模型范围。

炮体的气动轮廓参数(炮体几何尺寸)主要包括：发射管尺寸、压缩管容积、颈缩(压缩管口径 D_p 与发射管口径 D_s 比值)、高压段过渡锥角、火药室容积等。

(1) 发射管尺寸。

发射管口径 D_s 决定了一门炮的规模及成本，因此，选取时除考虑满足试验需求外还要考虑经济成本。二级轻气炮的试验模型都有一定的形状要求，有球、柱、锥等。因此，二级轻气炮的弹丸常采用分离结构，由弹托和模型构成。弹托有二瓣、三瓣、四瓣或八瓣等结构。根据经验，模型的最大外径一般为 $1/3D_s \sim 3/4D_s$。另外，在选取发射管口径时，应选用制式火炮和枪的口径，以充分利用火炮身管和枪管制造工艺与工装，既能保证制造质量，又可降低制造成本。

为了获得最大速度，发射管长度的确定不是考虑维持等底压的最大长度，而是比计算值做到更长一些，以便充分利用推进气体的膨胀压力。发射管加长的长度，取决于推进气体压力开始小于炮管摩擦力和模型前面的压力之和的位置。根据经验，发射管的长度为口径的 300~400 倍。弹道计算表明，若使弹速提高而又不使弹底最大压力过大，提高这一比值是有利的。一般情况下，当发射管长度超过 250 倍口径时，增长发射管带来的弹速增加较小。图 2－8 是 CARDC 的 25 mm 口径二级轻气炮在装填条件相同的情况下，不考虑模型与管壁的摩擦，发射管长度在 4~20 m 时，发射速度 v_0 和模型加速度/活塞加速度（a_m/a_{mp}）的变化（计算值）。图 2－8 以及其他大量理论计算和试验表明，当发射管长度与口径比值为 300~320 时可以获得较高的模型速度。

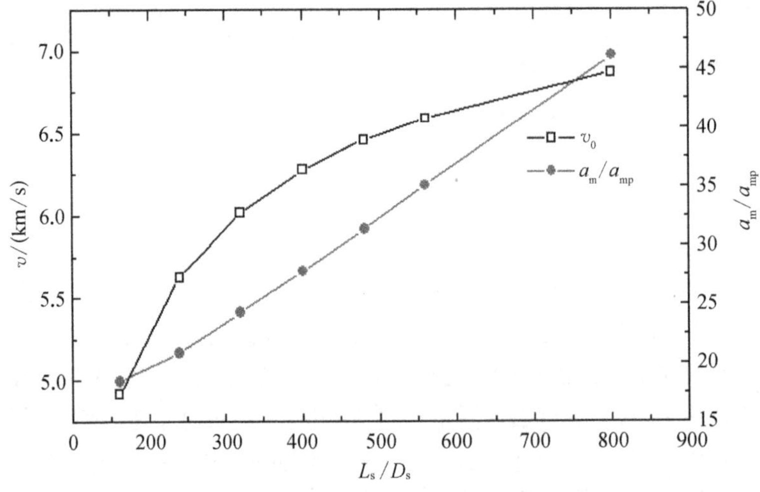

图 2－8　发射管长度对发射性能的影响[5]

（2）压缩管容积。

理想气体关系式表明，对于一定气体质量，为了提高压缩比，无限制地增加压缩管容积，将会连续地形成较高的温度和声速，因而有较高的模型速度。当考虑真实气体效应时，贮气方面的要求要发生变化。因为在高密度下，分子间的斥力大，所以在同样的温度和压力下膨胀时，真实气体的焓值比理想气体的高。为了维持同样的底压，用真实气体计算出的要求温度和压力比理想情况低。图 2－9 展现了发射管内径为 20 mm、长 6.86 m，压缩管内径为 102 mm，气室压力为 1 752 MPa 时，压缩管内理想气体和真实气体情况下的模型速度与压缩管容积（长度）间的关系。

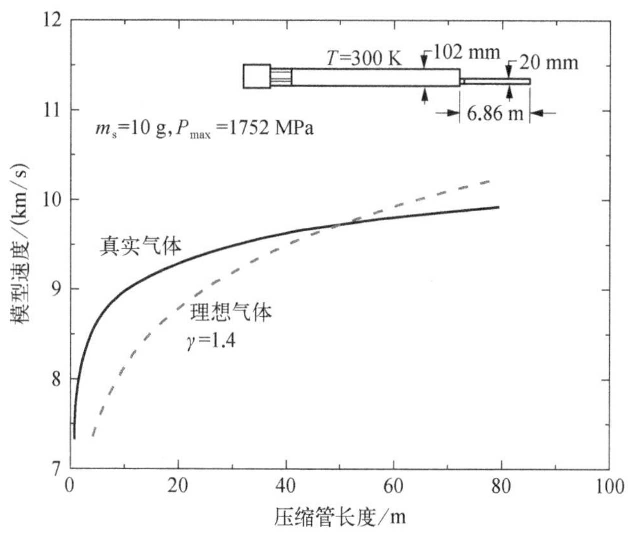

图 2-9 压缩管长度对等底压工作的二级轻气炮性能的影响（计算值）[3]

由图 2-9 可知，在压缩管长度较短时，用真实气体所给出的速度值更高。对于真实气体情况，随压缩管长度增加，则速度增加率下降，在较大长度时，增加长度得到的收益很小。同时，在增加压缩管长度时，由于轻气体被离解或被膛壁表面熔化的金属粒子所污染，发射管和高压段内膛都会有更强烈的烧蚀现象。所以，为了获得高速度，不能采用无限制增加压缩管容积（长度）的方法。

（3）颈缩（压缩管口径和发射管口径的比值）。

当压缩管直径增加到 3~4 倍发射管直径时，由于颈缩而提高了性能。当实验室长度不足、由于场地限制了压缩管的长度时，可以考虑选择大口径的压缩管以提供所要求的贮气容积。采用口径较大、长度较短的压缩管，活塞可以用较低的加速度值从静止加速到适当的速度值。较小口径的压缩管还会出现更严重的烧蚀，因为较小口径压缩管的表面积与容积之比较大，相应热交换损失也较大，平均气体温度也比大直径压缩管稍低一些，同时由于小口径压缩管的活塞速度较高，相应的激波加热也可能导致更严重的烧蚀。

但压缩管直径也不能无限制增大。如果容积、气体质量和压缩率保持不变，活塞速度变化与压缩管直径平方成反比。为了提高相同的活塞能量，活塞质量变化必须与直径比的四次方成正比。随着压缩管直径的增加，活塞质量最后成为不切实际的值。当活塞减速到静止时，压缩管与发射管的直径比，活塞速度和活塞质量对压缩管末端增长的应力状态的影响也必须考虑。锥形过渡段壁面上的压力随着直径比值的增加而增加，并且正比于活塞质量和活塞撞击速度的平方。在现代炮中采用的压缩管和发射管直径的比值一般为 4~5。

（4）高压段过渡锥角。

对等熵压缩理想气体所做的计算表明，当锥角从 3°增加到 11°时，弹速增加，而锥角从 11°增加到 16°时，弹速迅速下降。目前二级轻气炮达到的最高弹速（图 2-7）几乎全是用过渡锥角小于 15°的炮获得。大量试验表明，对于细长锥可变形活塞炮，一般 8°锥角或更小的角度是合适的。8°以上锥角对炮性能没有太多的好处，并且超过这一角度以后，活塞的变形力急剧增加。

（5）火药室容积。

由于在等熵压缩式的二级轻气炮中，第一级的唯一作用是把给定质量的活塞加速到规定的速度。对于理想等熵压缩，第一级的压力-时间关系应该使活塞平稳加速，以使得在第二级推进气体中形成的冲击波最弱。采用火药气体作为第一级推进气体时，活塞的速度（或动能）由火药装药量决定。对于给定的火药装药量来说，在燃烧过程中产生的气体压力由比装药体积大得多的药室容积来限制。为了降低二级轻气炮的药室压力以避免药室出现“炸膛”现象，二级轻气炮的火药装填密度都比较小，通常为 0.2~0.3。

2. 内弹道计算方法

早期的二级轻气炮内弹道研究主要是利用各种近似的或简化的数学分析，建立和发展二级轻气炮内弹道物理数学模型和数值方法，对二级轻气炮发射过程中的气体流动现象和活塞、弹丸的运动过程进行数值仿真。二级轻气炮的内弹道运行过程相当复杂，因为它涉及两个气室内的压强变化以及活塞和弹丸的运动过程，而且由于活塞的推进，轻气体还要产生激波，使得问题更加复杂[5]。

1）一级发射过程的基本方程

内弹道理论的研究，最早始于 1789 年著名数学家和力学家 J. L. Lagrange 提出的一个内弹道流体力学问题。1868~1875 年，A. Noble 和 F. Abel 应用密闭爆发容器的试验，确定出火药燃气的状态方程。到 19 世纪末，G. Piobert 等总结了前人研究黑火药的成果及无烟火药的平行层燃烧现象，作了几何燃烧定律的假设，从而建立了表达火药燃气生成规律的形状函数，并用试验方法确定出火药的燃烧速度函数。

设 P_y 为药室瞬间平均压力；P_{B1} 为大膜片破膜压力；P_{ps} 为活塞前端轻质气体作用在活塞表面的压力；P_0 为压缩管初始注入的轻质气体压力；m_p 为活塞质量；v_p 为运动速度；S_p 为断面积。假设：

（1）当 $P_y>P_{B1}$ 时，活塞开始运动；

（2）火药服从几何燃烧定律，并采用指数燃速公式；

（3）活塞运动终了时，其速度为零；

(4) 次要功计算系数 φ 仅考虑活塞的摩擦功和气体运动功;

(5) 热损失通过火药力 f 和绝热指数 γ 修正,不作直接计算。

根据上述假设,描述一级发射的基本方程组如下。

活塞运动方程:

$$S_p(P_y - P_{sy}) = \varphi m_p \frac{dv_p}{dt} \tag{2-3}$$

式中,S_p 为活塞的底面积;$P_y - P_{sy}$ 为活塞前后受力差。

能量平衡方程:

$$S_p P_y(l + l_\psi) = f\omega\psi - \theta\varphi m_p v_p^2/2 \tag{2-4}$$

式中,l 为活塞运行距离;l_ψ 为药室自由容积长度;ω 为装药量;ψ 为已燃火药百分比;$\theta=\gamma-1$,γ 是气体比热比。

燃速方程:

$$\frac{dz}{dt} = \frac{u_1}{e_1}P^v \tag{2-5}$$

式中,u_1 为燃速系数;e_1 为火药燃烧层半厚度;P 为压力;v 为燃速指数。

形状函数:

$$\begin{cases} \psi = \chi_1 Z(1 + \lambda_1 Z) \\ \sigma = 1 + 2\lambda_1 Z \end{cases} \tag{2-6}$$

式中,Z 为已燃火药相对厚度;χ_1 和 λ_1 为火药形状相关的特征参数;σ 为已燃火药的相对面积。

速度方程:

$$v_p = dl_p/dt \tag{2-7}$$

式中,l_p 为活塞行程。

初始条件:$t = 0$ 时,$v_p = 0$,$P_y = P_{B1}$,$P_{ps} = P_0$,$\psi_0 = \dfrac{1/\Delta - 1/\delta}{P_{B1}/f + \alpha - 1/\delta}$($\Delta$ 为装药密度,δ 为火药密度,α 为火药形状特征量),$\sigma_0 = \sqrt{1 + 4\dfrac{\lambda_1}{\chi_1}\psi_0}$,$Z_0 = \dfrac{\sigma_0 - 1}{2\lambda_1}$。

边界条件:$l = 0$ 时,$v_p = 0$;$l = l_2$ 时,$v_p = 0$,l_2 是活塞总行程与活塞总长度之和。

2) 二级发射过程的基本方程组

设 A 为内膛断面积,它是一个变量;弹丸质量为 m;弹速为 v;模型的起动压力为 P_{B2}(小膜片的破膜压力);v_g 为气体速度;P 为气体压力;e_g 为气体比内能;ρ_g 为

气体密度。再假设:

(1) 气体为一维无黏性流动;

(2) 不考虑气体与内膛壁的热损失及摩擦损失;

(3) 考虑气体余容的影响,并假定余容为常数。

根据以上假设,可建立起描述轻气室内气体运动的方程组(用欧拉坐标表示):

$$\frac{\partial}{\partial t}(A\rho_g) + \frac{\partial}{\partial x}(A\rho_g v_g) = 0 \tag{2-8}$$

$$\frac{\partial}{\partial t}(A\rho_g v_g) + \frac{\partial}{\partial x}(A\rho_g v_g^2) = -A\frac{\partial P}{\partial x} \tag{2-9}$$

$$\frac{\partial e_g}{\partial t} + v_g\frac{\partial e_g}{\partial x} = -\frac{P}{\rho_g A}\frac{\partial}{\partial x}(Av_g) \tag{2-10}$$

$$P\left(\frac{1}{\rho_g} - \alpha\right) = RT \tag{2-11}$$

式中,α 为火药气体余容,通常取为常数。

如果内能仅为温度的函数,则有

$$e_g = c_V T = RT/(\gamma - 1) \tag{2-12}$$

代入状态方程可得

$$e_g = \frac{1}{\gamma - 1}P\left(\frac{1}{\rho_g} - \alpha\right) \tag{2-13}$$

初始条件:$t = 0$ 时,$v_g = 0$,$P = P_0$,$\rho_g = \rho_0$,$T = T_0$。

边界条件:$x = 0$ 时,$P = P_{ps}$,$v_g = v_p = \int_0^t \frac{A(P_y - P_{ps})}{\varphi_p m_p}\mathrm{d}t$;$x = x_{pj}$ 时,$v_g = v = \int_0^t \frac{A(P_d - P_{cj})}{\varphi_1 m}\mathrm{d}t$。

式中,φ_p 和 φ_s 分别为活塞和弹丸的次要功计算系数;x_{pj} 是活塞静止时以它的右侧为原点的弹丸行程长;P_d 为弹丸底部压力;P_{cj} 为弹丸前冲击波阻力(当弹丸前端为真空时,该项为零)。

弹速反映在第二个边界条件中。计算过程中,药室的方程和轻气室的方程组用差分交替运算。先按火炮计算方法求解出活塞运动速度 v_p,然后求出气体压力、速度、密度在压缩管和发射管的分布规律。此时得到新的 P_{ps} 值,再根据药室的基本方程求出下一个活塞运动速度 v_p,以此类推,直到整个射击过程解完为止。

为了揭示二级轻气炮的内弹道原理,给发射器的结构强度设计提供理论依据,并为试验提供合适的装填参数,发展了许多计算方法。广泛应用的数值方法是由

von Neuman-Rcihtmyer 提出的“q”方法，就是用有限差分方法数值求解一维流体力学方程组。为了能自动处理二级轻气炮中可能出现的多重激波，在方程组中引入一个拟黏性项 q（“q”方法的名称由此而来）。在求解过程中，由于活塞的压缩会产生激波，因此在用差分方法求解时，压力 P 要用 $P+q$ 来代替。q 代表人工黏性项，它使激波阵面两侧物理量的数学间断成为连续过渡的光滑函数。

具体方法是将二级轻气炮的内膛分为两部分：一是火药燃烧生成的高温高压火药气体部分；二是轻质气体部分。活塞作为这两部分的一个活动边界，弹丸底面是轻质气体部分的另一活动边界。计算中用垂直于炮膛轴线的若干截面，将这两部分各自分为若干微小计算单元（图 2－10），单元的数目越多计算精度越高。这些分隔截面就是相邻两单元的界面，所有界面和单元依次以拉格朗日编码，计算就是将方程组依次应用于每个界面和单元进行数值求解。

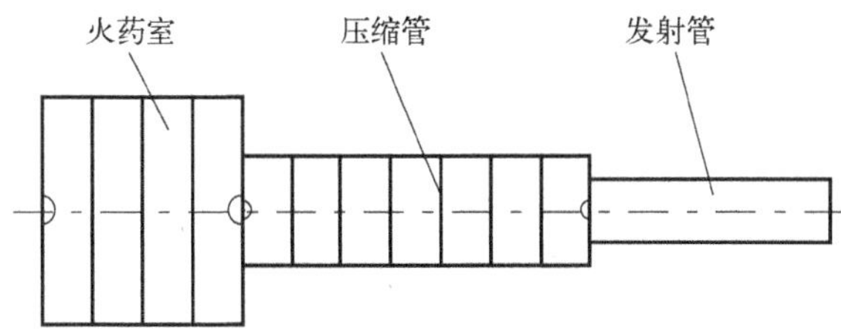

图 2－10　二级轻气炮内弹道计算的质点系划分

运用这些方程的假设条件是：

（1）点火后火药瞬时燃烧，并服从几何燃烧定律，采用指数燃速公式；

（2）当火药室瞬间的平均压力大于低压膜片的破膜压力时，活塞开始运动；

（3）活塞运动结束时，其速度为零；

（4）热损失通过火药力 f 和绝热指数 γ 修正，不作直接计算；

（5）火药气体和轻气体都服从阿贝尔状态方程：

$$P(V-b)=RT \tag{2-14}$$

（6）模型前面为真空，不考虑气体阻力，不计摩擦和热传导损失；

（7）考虑气体余容的影响，并假定余容为常数；

（8）在同一带区内，每一时刻气体处于平衡状态。

根据上述假设，下面给出两部分气体的方程组。

火药气体部分方程组如下。

速度方程：

$$v=\frac{\partial x}{\partial t} \tag{2-15}$$

运动方程：

$$\frac{\partial v}{\partial t}=\frac{\partial(P+q)}{\partial x}\frac{A(x)}{M} \tag{2-16}$$

能量方程：

$$\frac{\partial E}{\partial t}+(P+q)\frac{\partial V}{\partial t}=E\frac{\partial \psi}{\partial t} \tag{2-17}$$

状态方程：

$$P\left(v-b\psi-\frac{1-\psi}{\delta}\right)=(\gamma-1)E \tag{2-18}$$

火药燃速方程：

$$\frac{\partial Z}{\partial t}=\frac{\mu_1}{e_1}p^{\gamma'} \tag{2-19}$$

形状函数：

$$\varphi=\phi Z(1+\lambda Z+\mu Z^2) \tag{2-20}$$

温度：

$$T=\frac{\gamma-1}{R}\frac{E}{\psi} \tag{2-21}$$

比容：

$$\mathrm{d}V=A(x)\mathrm{d}x/M \tag{2-22}$$

式中，q 为拟黏性项，与压力同量纲；M 为质点系质量(kg)；x 为拉格朗日坐标(m)；$A(x)$ 为炮膛横截面积(m^2)；E 为单位质量火药所具有的化学能(J)；V 为比容(m^3/kg)；ψ 为已燃火药质量与装填火药之比；b 为火药气体或轻气体剩余容积(m^3)；δ 为火药密度($\mathrm{kg/m^3}$)；ϕ 为形状函数；$Z=e/e_1$ 为火药燃烧速度(kg/s)，e 为至每一瞬间火药固体颗粒燃烧掉的厚度(m)；e_1 为火药颗粒初始厚度(m)；μ_1 为火药燃烧速度系数；γ' 为火药燃烧速度指数；k、λ、μ 为由火药种类确定的特征量。

对某一质点系，M 为已知量，上述 8 个方程求解 8 个未知量，有唯一解。

类似地，有轻气体的基本方程(符号含义同上)如下：

$$v=\frac{\partial x}{\partial t} \tag{2-23}$$

$$\frac{\partial v}{\partial t}=\frac{\partial(P+q)}{\partial x}\frac{A(x)}{M} \tag{2-24}$$

$$\frac{\partial E}{\partial t}+(P+q)\frac{\partial V}{\partial t}=0 \tag{2-25}$$

$$P(v-b)=(\gamma-1)E \tag{2-26}$$

$$\mathrm{d}V=A(x)\mathrm{d}x/M \tag{2-27}$$

$$T=\frac{\gamma-1}{R}E \tag{2-28}$$

上述 6 个方程组成的方程组求解 6 个未知数,也有唯一解。q 定义如下:

$$\begin{cases} q=-\dfrac{(c\Delta x)^2}{V}\dfrac{\partial v}{\partial x}\left|\dfrac{\partial v}{\partial x}\right| & \dfrac{\partial v}{\partial x}<0 \\ q=0 & \dfrac{\partial v}{\partial x}>0 \end{cases} \tag{2-29}$$

此处 c 为常数,约等于 1。$\dfrac{\partial v}{\partial x}<0$ 表示气体膨胀,$\dfrac{\partial v}{\partial x}>0$ 表示气体压缩。为使计算简化,摩擦力(包括弹丸与发射管和活塞与压缩管的摩擦)损失放在运动方程中考虑;而热传导引起的能量损失放在能量方程中考虑。为使问题简化,采用工程修正方法。对第一级内弹道采用修正火药力的方法;对第二级采用常规火炮虚拟功的办法来考虑各自的能量损失。

2.1.3　国内外典型的二级轻气炮设备

国内外多家研究机构建设了大量的二级轻气炮设备,下面选取几座具有代表性的二级轻气炮设备进行介绍,详细参数可参见表 1-1。

图 2-11 为美国阿诺德工程发展中心(AEDC)超高速弹道靶设备。AEDC 的 G 弹道靶配备有 84 mm、102 mm、203 mm 三种口径的二级轻气炮,可实现 0.5~

图 2-11　美国 AEDC G 弹道靶发射器

20 kg 模型 3~7 km/s 的超高速发射，其发射能力如图 2－12 所示。G 弹道靶发射器火药室内径为 530 mm，长度 2.3 m，压缩管口径 356 mm，长 30.5 m，高压段出口口径 84 mm。84 mm 口径发射管长 30.5 m，102 mm 口径发射管长 32.3 m，203 mm 发射管长 40.2 m 和 50.8 m。此外还建有专门用于超高速碰撞试验的 I 靶，配备有 63.5 mm 口径二级轻气炮。

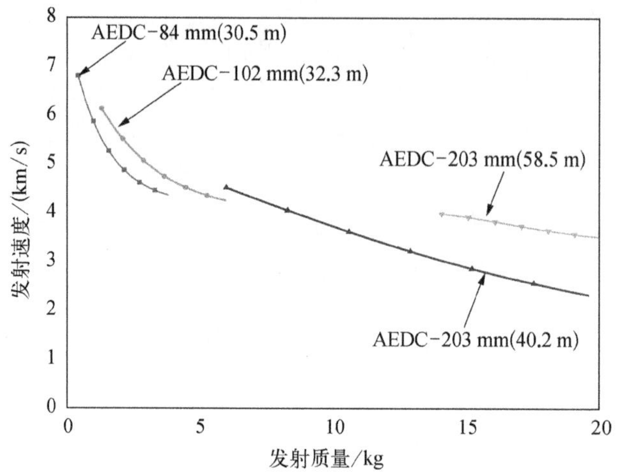

图 2－12　美国 AEDC 的 G 弹道靶发射能力

图 2－13 为美国阿拉巴马大学气动物理研究中心（UAH－ARC）的大、中、小型气动物理靶，其二级轻气炮配有口径为 56 mm、57 mm、68 mm、75 mm、78 mm、86 mm、100 mm、152 mm 的发射管。发射的模型质量范围为 0.3~8 kg，发射的速度为 2~6 km/s，具体配置见表 2－1。

表 2－1　UAH－ARC 气动物理靶二级轻气炮配置情况

发射器	压缩管长度/m	压缩管内径/mm	发射管长度/m	发射管内径/mm
大型	38.13	254	22.88	56~152
中型	18.3	133	15.25	29、35
小型	13.42	108	7.47	19、29

德国 EMI 拥有小、中、大三座超高速碰撞靶，主要用于终点弹道学、空间碎片超高速撞击以及材料动高压加载方面的研究。其中小口径轻气炮（small light gas gun，SLGG）又称为“baby gun”，其发射管口径为 4 mm 和 5 mm，压缩管口径为 15 mm，可以发射 100 μm~2 mm 尺寸的弹丸，最高发射速度为 8.5 km/s。中口径轻气炮（medium-size light gas gun，MLGG，图 2－14）的发射管口径为 6.5~15 mm，压

图 2-13　UAH-ARC 气动物理靶

图 2-14　EMI 轻气炮设备(Range Ⅱ)

缩管口径为 40 mm，最高可将 5 mg 的弹丸发射到约 10 km/s。大口径轻气炮（large light gas gun, LLGG）的发射管口径为 20~50 mm，压缩管口径为 65 mm，最高可将 1 g 的弹丸发射到 8 km/s。

美国国家航空航天局约翰逊空间中心（JSC）在白沙试验场建设有超高速碰撞设备，如图 2-15，发射管口径分别为 1.7 mm、4.3 mm、12.7 mm 和 25.4 mm，具备直径 100 μm 到 9.52 mm 范围内铝球 2~7 km/s 的超高速发射能力。其中，1.7 mm 口径二级轻气炮建设于 1980 年，主要用于开展复合材料超高速撞击特性研究；4.3 mm 口径发射器主要开展流星体、空间碎片的防护设计研究；12.7 mm 航天器部件防护结构及超高速撞击试验研究。

图 2-15 JSC 轻气炮设备

在国内，中国工程物理研究院流体物理研究所[7]拥有 25 mm、35 mm、37 mm 口径二级轻气炮，其中 30 mm 口径发射器能将 30 g 弹丸加速至 8.62 km/s，37 mm 口径发射器能将 51.75 g 弹丸加速至 6.85 km/s。哈尔滨工业大学超高速撞击研究中心拥有发射管口径分别为 5.4 mm、7.6 mm、12.7 mm、14.5 mm 的二级轻气炮，其中 12.7 mm 口径发射器最高发射速度可达 7 km/s。北京卫星环境工程研究所拥有 18 mm 口径二级轻气炮，能将弹丸最高加速到 7 km/s。北京理工大学的二级轻气炮口径为 10 mm，最高发射速度达 6 km/s。西北核技术研究所拥有 10 mm 和 57 mm 口径二级轻气炮，其中 10 mm 口径发射器能将 1 g 弹丸加速到 8 km/s。

CARDC 作为国内最早开展二级轻气炮研究的单位之一，建有国内口径系列最齐全、发射能力最强的二级轻气炮设备群，配备有 4.5 mm、7.6 mm、16 mm、23 mm、28 mm、37 mm、50 mm、120 mm 和 203 mm 等系列口径二级轻气炮，如图

2－16 所示。发射模型质量范围 10 mg～30 kg，发射速度范围 0.3～9 km/s，具体配置及发射能力见表 2－2。

图 2－16　CARDC 的超高速碰撞靶

表 2－2　CARDC 二级轻气炮基本概况

序号	设备名称	发射管口径/mm	发射管长度/m	压缩管口径/mm	压缩管长度/m	发射质量	发射速度/(km/s)
1	200 米自由飞弹道靶	37，50	10	130	26.5	0.03～0.7 kg	0.3～6.5
		120	42	380	40.8	0.5～10 kg	0.2～6.5
		203	42，58	380	40.8	2.0～30 kg	0.2～4.0
2	气动物理靶	23，25，28	8.2	100	17	10～100 g	0.3～6.6
3	超高速碰撞靶	4.5	1.0	30	1.8	10～300 mg	5.0～8.2
		7.6	2.3	25	2.65	0.4～2 g	0.2～8.2
		16	3.9	40	6.0	1～15 g	0.3～9

2.2　三级轻气炮

三级轻气炮是在二级轻气炮的基础上进行开发的，目的是扩展二级轻气炮的上限速度，实现 8 km/s 以及更高的超高速发射。

2.2.1 三级轻气炮结构和工作原理

三级轻气炮是在二级轻气炮基础上增加第三级发射管构成。图 2-17 给出了典型的三级轻气炮的结构简图，主要由燃烧室、一级压缩管、一级高压段、二级压缩管、二级高压段以及发射管等构成。其原理同二级轻气炮基本相同，通过火药（或高压气体）驱动一级活塞压缩一级压缩管内的轻气体，达到一定压力后膜片破裂，推动二级活塞继续压缩二级压缩管内的轻气体，最终压缩的轻气体推动模型发射。由于增加一级压缩，弹丸底部压力以及二级高压段的峰压都是极端的，一般都超过 3 GPa 甚至更高。由于高过载高峰压的影响，三级气室强度设计、弹托模型抗过载设计等难度比二级炮更大，炮管的烧蚀、变形等也相对严重。

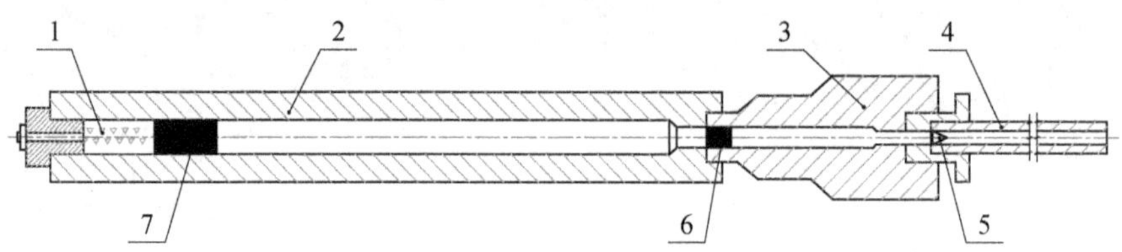

图 2-17 三级炮结构简图

1—燃烧室；2——级压缩管；3—二级压缩管；4—发射管；5—弹丸；6—二级活塞；7——级活塞

此外，国内外研究机构也发展了基于阻抗梯度飞片（graded density impactor, GDI）的三级轻气炮技术。其基本原理是利用二级轻气炮将阻抗梯度飞片发射并作为一级飞片，然后利用 GDI 撞击二级飞片并对其加速。目前基于 GDI 技术的三级轻气炮主要用于飞片发射和材料高压状态方程的研究。

2.2.2 国内外典型三级炮

1961~1969 年，加拿大 McGill 大学空间研究所建造了第一门公开报道的三级轻气炮，发射管口径为 12.7 mm，可将 1.5 g 和 1.1 g 聚碳酸酯飞片分别加速到 9.6 km/s 和 10.5 km/s[8]。美国戴顿大学 Piekutowski 等在 75 mm（压缩管口径）/30 mm（发射管口径）的二级轻气炮上加装了 8.1 mm 口径三级发射管建成了三级轻气炮，将 ϕ1.4 mm 铝球加速到 9 km/s 以上[9]。

国内西北核技术研究所林俊德等建成了高压气体驱动的 57 mm（一级压缩管口径）/37（二级管口径）/10 mm（发射管口径）三级轻气炮，成功将 0.42 g 弹丸加速到 8.09 km/s[10]，北京理工大学建成了 100 mm/30 mm/10 mm 口径三级轻气炮，设计最高发射速度为 10 km/s。

虽然目前使用三级轻气炮已经可以将弹丸加速到 10 km/s 以上甚至更高，但是发射质量大多在 1 g 以下，并且炮管的烧蚀、损伤相对较严重。从国内外的研究现状来看，克级弹丸 10 km/s 以上的超高速发射依然是个世界性的难题。

2.2.3　轻气炮技术发展趋势

如何更有效地提升轻气炮性能，实现更大模型、更高速度的超高速发射成为各国研究的热点。针对轻气炮超高速发射技术发展，其发展趋势主要集中在两个方面：一是 10 km/s 超高速发射技术的研究；二是大尺度高仿真模型超高速发射能力。

基于轻气炮原理的 10 km/s 超高速发射技术研究的重点在于不断提高炮体和弹丸的可承受的极限载荷能力，或者通过二级轻气炮的优化等，使其能够以可承受的最大载荷而烧蚀相对轻微的条件下维持更长时间的等底压工作来提高炮口速度。为此，国内外多家研究机构开展了 10 km/s 的超高速发射技术的研究，开展了超高压高压段技术、双压缩管驱动二级轻气炮技术、两级活塞驱动技术、发射管预热技术等超高速发射技术的研究[11]，以希望突破 10 km/s 超高速发射技术的难题。

在大尺度高仿真度模型超高速发射技术研究方面，重点在于复杂外形模型的抗高过载设计、二级轻气炮"软发射"能力研究等。

另外，不可忽视的问题是在开展超高速发射技术研究的同时，更高级的测试装置的研制也应同步开展。超高速发射内弹道及外弹道参数的测试对于改进发射器设计，提升发射能力同样具有重要的意义。

2.3　电磁发射技术

电炮发射技术起源于 20 世纪初，二战前关于电炮研究的专利已有多达 45 个，其中具有代表性的是 1901 年挪威奥斯陆大学的 Birkland 教授发明的"电炮专利"；至 1920 年，法国 Fauchon-Villeplee 撰写发表了"电气炮"的论文。在电炮研究基础又衍生出电磁轨道炮和线圈式电磁炮等。线圈式电磁炮特点是发射质量大，适用于空间应用和飞机弹射等大质量发射场合。而电磁轨道炮，发射速度和频次高，且结构紧凑，适用于实验室超高速发射和军用装备场合。本节主要介绍电磁轨道炮。

理论上，相对于传统发射技术，电磁轨道发射的炮口速度更高。这是由于传统发射技术主要通过燃烧化学推进剂或高压气体膨胀产生推动力，其弹丸的发射速度无法高于其膨胀气体的声速，因此传统发射技术的炮口速度存在难以突破的上限。而电磁轨道发射采用电能向动能转换的技术发射，虽转换效率存在限制，但发射速度理论上不存在极限。电磁轨道发射技术研究的第一个较大的突破出现在 20 世纪 60 年代，澳大利亚大学的 M. R. Lockwood 等通过电磁轨道炮将 3 g 模型发射至 6 km/s[12,13]，后续的电磁轨道炮技术均是在此基础发展起来的。

2.3.1　电磁轨道炮结构

电磁轨道炮的结构简图见图2－18,电磁轨道炮由电源、导电轨道、电枢及弹丸组成,其工作过程是：当电路开关闭合,电源放电产生回路电流,电流和感应磁场产生洛伦兹力,该洛伦兹力推动电枢及弹丸沿轨道加速发射出。

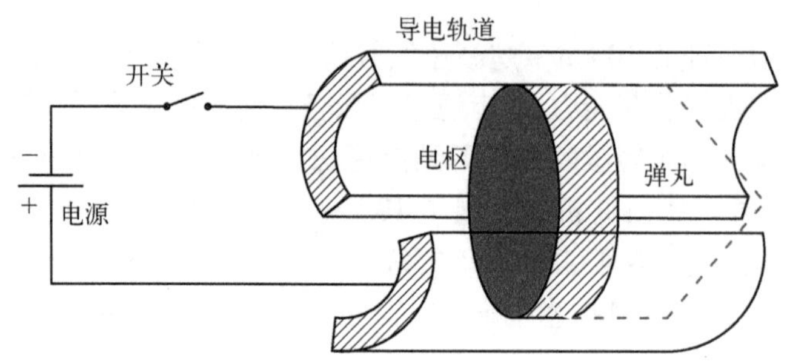

图2－18　电磁轨道炮结构简图

经典的电磁轨道炮系统一般包括电力系统、前级推进系统、导电轨道及弹丸等。

1. 电力系统

电磁轨道炮的电力系统是核心部件,主要功能是产生脉冲电流,并传输至导轨。电力系统由电源系统和供电系统组成,电源系统发射前存储电能,发射时使存储的电能迅速释放;供电系统则将电源系统释放的电能通过电缆系统传送至导轨。

电磁轨道炮的电源分为单一式和分布式两种布置型式。传统的电磁轨道炮的电源采用单一的脉冲高能电源,该种型式电源的能量经一次释放即持续推动弹丸加速向前。但该类型电磁轨道发射存在两个缺点：一是随着弹丸被向前推动,电路中的轨道长度加长,相当一部分能量被消耗于轨道加热;二是加长的轨道使得磁场强度变小,从而使推动弹丸的洛伦兹力减小。这些缺点都直接降低了电磁轨道发射的电能向动能转换的转换效率。因此,在20世纪80年代R. A. Marshall等提出了分布式点源(distributed energy store, DES)电磁轨道炮的概念[14, 15],即将多个电源沿轨道方向分开布置,根据弹丸的运动位置控制各个电源开关的接通,从而一个个电源接力推动弹丸加速向前。经过试验验证,此举可明显提高电磁发射的电能转换效率,实现发射速度的提高。

2. 前级推进系统

前级推进系统的功能是在导电轨道的前级对弹丸进行推动加速,使弹丸在进入导电轨道时具有一个初始速度。此举的原因是如果弹丸在导电轨道入口时为静止状态或具有较低速度,则发射时强大电流通过弹丸电枢,可能使其与导轨产生焊接,导致发射失败。因此为了避免这种现象产生,前级推进系统的功能便是在导电轨道的前级对弹丸进行推动加速,使弹丸在进入导电轨道时具有一个初始速度,同时这也有益于提高发射速度。

3. 导电轨道

导电轨道由两根平行的良导体金属轨道组成,两轨道之间安装电枢,当电流经轨道和电枢形成回路,由于电流和感应磁场作用产生洛伦兹力,推动电枢向前加速。因此,轨道的尺寸和长度决定了电磁轨道发射器的电能转换为弹丸动能的转换效率。另外,轨道设计时需要重点考虑两方面问题:一是由于发射过程中轨道承受了弹丸推力的反作用力,所以轨道设计需要考虑足够的机械强度和刚性;第二是由于轨道每次发射都与弹丸电枢摩擦,所以轨道与电枢的配合尺寸设计尤为关键,并且轨道接触面需要有足够的耐烧蚀和抗磨损的性能。

4. 弹丸

电磁轨道发射的弹丸一般由电枢、弹托和弹体组成。电枢起到导通电路,并承受洛伦兹力推动弹丸组件加速。因此电枢一般由具有良好导电性能的材料制造而成,电枢的设计尺寸和轨道面紧密配合,电枢在弹丸发射出炮口后与弹体分离。弹托包裹在弹体外侧,发射过程中起到保护弹体,弹丸出炮口后通过气动力与弹体分离,确保弹体正常飞行。

2.3.2 电磁轨道炮基本原理

电磁轨道发射的基本原理示意图见图 2-19,电流 I 从电源流出后经上轨道、电枢和下轨道回流至电源,由此产生的磁场强度为 B,电枢中由电磁交互产生的洛伦兹力为 F。同时,图中给出了轨道的结构参数,并定义了二维坐标以便进行电磁发射原理的讨论。

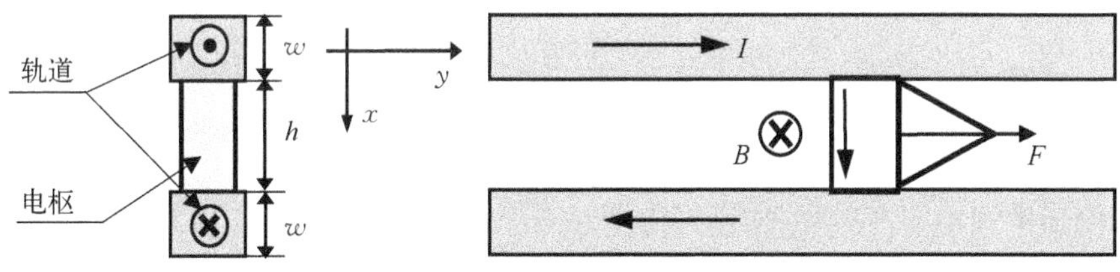

图 2-19 电磁轨道发射基本原理示意图

电枢中受到的洛伦兹力计算式为

$$F = q \cdot \boldsymbol{v}_d \times \boldsymbol{B} \tag{2-30}$$

式中,q 为电荷;$\boldsymbol{v}_d$ 为此电荷在电枢中漂移速度;$\boldsymbol{B}$ 为上下轨道中间的磁场强度。

因此洛伦兹力的幅值为

$$F = qv_dB \tag{2-31}$$

式中,$|\boldsymbol{v}_d| = v_d$;$|\boldsymbol{B}| = B$。

电路回路中电荷微分量为

$$dq = Idt = I\frac{dx}{v_d} \tag{2-32}$$

式中,I 为电流大小。故有

$$dF = dqv_dB = BIdx \tag{2-33}$$

轨道的磁场强度计算式为

$$B = \frac{\mu_0 I}{2\pi r} \tag{2-34}$$

式中,μ_0 为真空磁导率;r 为相应点离导轨中心的距离,如图 2-19,建立以导轨中心为原点建立 Oxy 坐标系,则有

$$B = \frac{\mu_0 I}{2\pi}\left[\left(\frac{1}{x}\right) + \left(\frac{1}{w+h-x}\right)\right] \tag{2-35}$$

因此,通过积分可得到电枢上洛伦兹力为

$$F = \int_W^{W+L} BIdx = \frac{\mu_0 I^2}{2\pi}\int_{W/2}^{W/2+L}\left[\left(\frac{1}{x}\right) + \left(\frac{1}{w+h-x}\right)\right]dx = \frac{\mu_0 I^2}{\pi}\ln\frac{w+2h}{w} \tag{2-36}$$

定义:

$$L' = \frac{2\mu_0}{\pi}\ln\frac{w+2h}{w} \tag{2-37}$$

故有洛伦兹力 $F = \frac{1}{2}L'I^2$。

根据牛顿定理,电枢运动方程为

$$F = ma = \frac{1}{2}L'I^2 - \frac{1}{2}CAv^2\rho - k_f v \tag{2-38}$$

式中,$1/2CAv^2\rho$ 为气动阻力项,计 $\alpha = 1/2CA\rho$;$k_f v$ 为摩擦阻力项;k_f 为摩擦系数。由于摩擦阻力远小于气动阻力,因此计算过程将其忽略。

由于 $ma = m\mathrm{d}v/\mathrm{d}t = mv\mathrm{d}v/\mathrm{d}y$,因此式(2-39)可以写为

$$mv\frac{dv}{dy} = \frac{1}{2}L'I^2 - \alpha v^2 \tag{2-39}$$

进一步改写为微分方程：

$$\frac{m\mathrm{d}v^2}{L'I^2 - 2\alpha v^2} = \mathrm{d}y \tag{2-40}$$

根据积分公式：

$$\int \frac{\mathrm{d}x}{a + bx} = \frac{1}{b}\ln(a + bx) \tag{2-41}$$

可求解出方程(2－40)为

$$\frac{-m}{2\alpha}\ln\frac{1}{2}(L'I^2 - \alpha v^2) = y + K \tag{2-42}$$

式中，K 为常数项，由于 $y = 0$，$v = v_0$，v_0 为电磁轨道炮前级推进系统的加载速度，所以可求解出常数项为

$$K = \frac{-m}{2\alpha}\ln\frac{1}{2}(L'I^2 - \alpha v_0^2) \tag{2-43}$$

代入式(2－42)可以解出：

$$y = \frac{-m}{2\alpha}\ln\left(\frac{L'I^2 - \alpha v^2}{L'I^2 - \alpha v_0^2}\right) \tag{2-44}$$

因此，弹丸发射速度与发射位置的对应关系为

$$v = \sqrt{\frac{L'I^2}{\alpha} - \left(\frac{L'I^2}{\alpha} - v_0^2\right)\mathrm{e}^{\frac{-2\alpha y}{m}}} \tag{2-45}$$

2.3.3　国内外典型电磁炮

由于电磁轨道发射相对传统火炮发射技术，其具有炮口动能更大、性能稳定等诸多优点，所以其军事用途前景显著。早在第二次世界大战期间，德国和日本军队就开展了电磁炮的研究项目[12]；到 1950 年，美国海军和空军正式启动资助开展电磁发射技术的研究项目，经过数十年研究，美国电磁炮技术已实现工程化，并引领世界其他军事强国纷纷投入开展该方面研究[12-16]。

随着电磁轨道发射技术的日趋成熟，除了军事需求，目前该技术也被应用于材料状态方程测试、毁伤效应和空间碎片等研究领域[16, 17]。表 2－3 中列出了世界各国已公布的电磁轨道炮的主要性能指标及建立年份，同时给出了电磁线圈发射炮的技术指标。

表 2-3 国内外已公布的电磁发射性能主要指标[18-22]

国 家	研 究 机 构	炮种类	发射质量/g	炮口速度/(km/s)	时间/年	备 注
澳大利亚	澳大利亚国立大学	导轨炮	3.3	5.9	1978	单极电源
美国	Lawrence Livermore 实验室	导轨炮	2.89	9.3	1981	—
日本	—	导轨炮	20	1.5	1984	—
美国	Westinghouse 公司	导轨炮	150	9.6	1985	—
中国	中科院等离子所	导轨炮	50	3.0	1988	—
美国	Kaman 公司	线圈炮	1 125	4.0	1989	3 发/min
美国	Texas 大学	导轨炮	2 400	2.6	1990	90 mm 口径
美国	Maxwell 公司	导轨炮	1 850	3.3	1990	90 mm 口径
美国	Sandia 实验室	线圈炮	5 000	1.0	1991	—
美国	战略防御预研所	导轨炮	5 000	4.0	1992	—
美国	Sandia 实验室	线圈炮	1 100 000	0.3	1992	—
印度	DRDO	导轨炮	3.5	2.0	1994	30 mm×30 mm
俄罗斯	—	导轨炮	1 100	0.812	2000	—
法国、德国	ISL	导轨炮	650	2.3	2000	10 MJ 级
美国	NRL	导轨炮	480	2.5	2006	11 MJ 级
美国	美国海军	导轨炮	3 200	3.39	2010	32 MJ 级
韩国	—	导轨炮	—	—	—	2.4 MJ
俄罗斯	VPI 研究所	导轨炮	100	3.0	2016	—

以下对国外具有代表性的美国海军和欧洲法-德联合 ISL 的电磁轨道炮作简要介绍。

1. 美国海军电磁轨道炮

美国是目前国际上走在电磁轨道技术研究前列的国家，其自第二次世界大战后逐步开展电磁发射技术研究，美海军于 1992 年正式立项研制电磁轨道炮，经过多年发展，目前已完成多代电磁炮和电磁枪的研制[12,16,20,21]，最具有代表性的有 NRL 的电磁轨道炮和美国海军研制的 BAE 电磁发射系统。

NRL 电磁轨道炮如图 2－20 所示，该炮于 2008 年前后建成，主要用于材料撞击毁伤性能研究，其发射轨道长 6 m，发射口径为 1. 8 in×1. 75 in（45. 72 mm×44. 45 mm），最大发射炮口动能 1. 5 MJ，最高发射速度 2. 5 km/s。该电磁轨道炮具备 11 MJ 级瞬态脉冲电源，由 22 个 500 kJ 的分布式电源组成，输出电流峰值 1. 5 MA[20]。

图 2－20　美国 NRL 电磁轨道炮

美国海军的 BAE 电磁轨道发射系统于 2010 年前后成功开展了一系列演示试验，最高将 3. 2 kg 弹发射至 3. 39 km/s。目前 BAE 电磁发射系统已建成具备装备舰船的 32 MJ 级电磁轨道炮，并且正在开展 64 MJ 级的电磁轨道炮研制。图 2－21

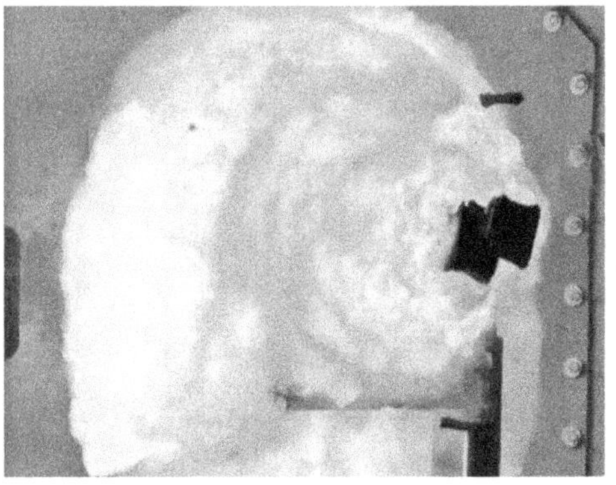

图 2－21　美国海军 BAE－32 MJ 电磁轨道炮

是 BAE－32 MJ 电磁轨道炮及其试验图片，该电磁轨道炮的射程为 100 海里①，最高发射马赫数不低于 7.5，撞靶马赫数约为 5[21]。

2. 法-德联合 ISL 实验室电磁轨道炮

图 2－22 是法-德联合 ISL 实验室的电磁轨道炮，该炮建成于 1998 年，发射质量范围为 0.1～10 kg，发射速度为 2～3 km/s，发射轨道长 7 m，发射口径范围 20～120 mm。该轨道炮具备 10 MJ 级瞬态脉冲电源，由 200 个 50 kJ 的分布式电源组成，输出电流峰值达到 2 MA[22]。

图 2－22　法-德联合 ISL 实验室电磁轨道炮

2.4　磁驱动飞片技术

磁驱动飞片是 20 世纪 60 年代兴起的超高速加载技术[23]，经过数十年的发展，目前已经广泛应用于材料状态方程特性测量、高能密度物理、天体物理、空间碎片防护和超高速毁伤等研究领域中[24, 25]。磁驱动飞片加载技术的基本原理与传统的电磁轨道发射技术相似，都是通过电磁交互产生的洛伦兹力推动飞片或弹丸至超高速发射。但相对于电磁轨道发射的加载时间，磁驱动飞片加载时间更短，一般在百纳秒量级，即在百纳秒量级时间内使数十兆焦的电能迅速释放，形成更高的电流和磁场，进而产生更高的推力，实现更高的发射速度。

① 1 海里＝1.852 千米。

2.4.1　磁驱动飞片加载基本原理

磁驱动飞片加载技术原理示意图如图 2－23 所示，装置由阴极、阳极和飞片组成，在阴极和阳极之间是绝缘的真空间隔区。当脉冲功率源放电产生后，受趋肤效应影响，电流从阴阳极的内表面流过，在阴阳极之间的空隙产生磁场。带电极板在感生强磁场中承受的洛伦兹力以磁压力波的形式在电极板内传播，磁压力波传播至镗孔自由面反射并使其加速形成高速飞片。

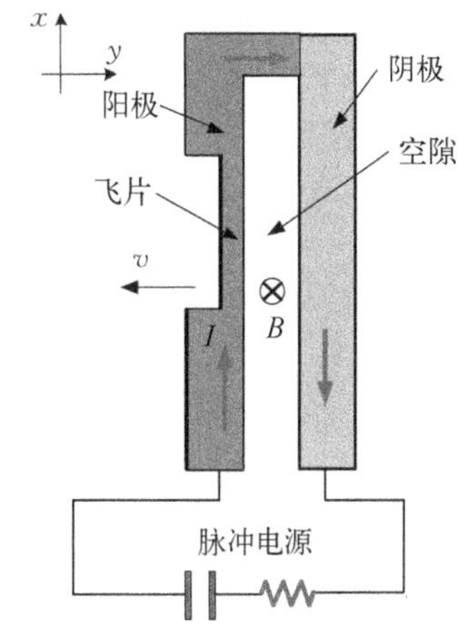

图 2－23　磁驱动飞片加载原理示意图

可通过电磁学理论进行初步计算。感生强磁场中产生的洛伦兹力为

$$\boldsymbol{f} = \boldsymbol{i} \times \boldsymbol{B} \tag{2-46}$$

根据麦克斯韦方程：

$$\boldsymbol{i} = \nabla \times \boldsymbol{H} = \frac{1}{\mu_0} \nabla \times \boldsymbol{B} \tag{2-47}$$

将式(2－47)代入式(2－46)，整理后导体上单位体积受到的力为

$$\boldsymbol{f} = \frac{-1}{\mu_0} \cdot B_x \cdot \frac{\partial B_x}{\partial y} \cdot \boldsymbol{i}_y \tag{2-48}$$

式中，$\boldsymbol{f}$ 为导体单位体积的受力；$\boldsymbol{i}$ 为电流密度；$\boldsymbol{B}$ 为磁通量密度，$\boldsymbol{B} = B_x \boldsymbol{i}_y$；$\boldsymbol{H}$ 为磁场力；μ_0 为真空磁导率。

因此，由单位体积受力积分可得到飞片表面产生的随时间变化的磁压力：

$$P(t) = k_{\mathrm{M}} \frac{B^2}{2\mu_0} = k_{\mathrm{M}} \frac{\mu_0 \cdot I(t)^2}{2} \tag{2-49}$$

式中，k_{M} 是实际磁场压力比例系数；$I(t)$ 是飞片中随时间变化的电流密度。

驱动飞片加速的内在机理除了飞片表面的冲击波传播至其外表自由表面时，产生反射的稀疏波引起加速运动外，还包括飞片在加载过程中，受到强电流和磁场的作用导致表面材料被剥落和电离，形成等离子体向外喷射。

根据动量守恒定律，不考虑材料剥落情况下飞片的磁驱动速度估算公式为

$$V_1 = \frac{A \cdot \int_0^{t_{\mathrm{f}}} P(t)\,\mathrm{d}t}{m} + V_0 \tag{2-50}$$

式中，m 是飞片质量；A 是磁压驱动飞片截面积；V_0 和 V_1 分别是飞片的初始速度和

磁驱动速度。

由于材料剥落和电离，而形成的等离子体向外喷射导致的飞片速度增加量可根据动量守恒定律推导其估算公式为

$$V_2 = \frac{\int_0^{t_f} m_a \mid V_a(t) \mid \mathrm{d}t}{m_2} \tag{2-51}$$

式中，m_a 和 $|V_a(t)|$ 是飞片剥落材料的质量和等离子喷射速度；m_2 和 V_2 是飞片剩余质量和加载速度。

因此，磁驱动飞片的最终发射速度为 V_1 和 V_2 相加，Sandia 实验室的数值仿真结果表明，材料剥落效应对飞片的最终速度贡献度占 15%~20%[24]。

2.4.2 国内外典型磁驱动飞片加载装置

磁驱动飞片加载技术的核心是具有高电压低电感特性的脉冲功率源，目前具有代表性的有美国 Sandia 国家实验室的 Z 加速器[24, 25]，法国 CEA 实验室的 GEPI 装置[26]以及中国工程物理研究院的聚龙（CQ）装置[27]等。该类试验装置是一个低电感脉冲式超高能量的存贮和释放装置，具有使超大电能在极短时间内迅速释放而产生超高电流的能力。例如，美国 Sandia 国家实验室的 Z 加速器可存贮 11.6 MJ 电能，这些能量可以在 200 ns 内释放，产生最大 22 MA 的电流；Z 加速器可实现单次同时对 8 个金属飞片的驱动发射[24]，目前 Sandia 国家实验室公布的磁驱动飞片最高发射速度是将尺寸为 25 mm × 13 mm × 0.9 mm 的铝飞片加速到 45 km/s[25]。

中国物理研究院的聚龙系列脉冲功率装置（CQ－1、CQ－1.5 和 CQ－4 等）都开展过磁驱动超高速飞片发射研究。目前在 CQ－1 装置已开展的磁驱动铝飞片发射的试验中，10 mm×0.725 mm 的 LY12 铝飞片速度达到 11.5 km/s，磁驱动加载压力近 0.9 Mbar①；在充电 70 kV、储能 3.53 MJ 情况下，磁驱动 370 μm 厚飞片测得的最大速度为 18 km/s，磁驱动加速 482 μm 厚飞片测得的最大速度为 19 km/s。目前已初步掌握了基于多支路脉冲功率发生器的超高速飞片发射试验技术[27, 28]。

磁驱动飞片加载的另一个核心技术是磁驱动准等熵压缩加载技术[24-27]。由于超大的电流和磁场，产生的磁驱动压力瞬间可达到数百 GPa 量级，使得飞片中形成的冲击波幅值也迅速上升，达到百 GPa 水平。如此高的冲击波作用使飞片温度骤然上升，甚至可将其气化。为此，磁驱动准等熵压缩加载技术需要明确解决飞片冲击波加载的机制，使冲击波压力随时间平滑上升，进而可以使飞片的温度维持在一个较低的水平，确保飞片的完整发射。

① 1 Mbar = 10^6 bar = 10^{11} Pa。

2.5 爆炸驱动技术

爆炸驱动技术是指利用炸药爆炸加速弹丸的发射技术。根据炸药使用的方式可以分为接触式爆炸驱动技术和非接触式爆炸驱动技术。接触式爆炸驱动技术是指将弹丸与炸药接触，直接利用炸药爆炸产生的高温高压气体加速弹丸的发射技术；非接触式爆炸驱动技术是指利用炸药挤压或驱动轻质气体，形成高温高压的轻质气体加速弹丸的发射技术。

简易的接触式爆炸驱动装置如图 2－24 所示，图中所示的装置可以使弹丸或飞片的速度达到 3～5 km/s[29]。采用 8321 炸药和图 2－24(c)所示装置可达到 4.5～5.5 km/s 的发射速度；采用图 2－24(e)所示装置可将 8 g 圆铝板加速到 4.75 km/s 的速度。若需要获得更高的发射速度，可采用如图 2－25 所示的聚能射

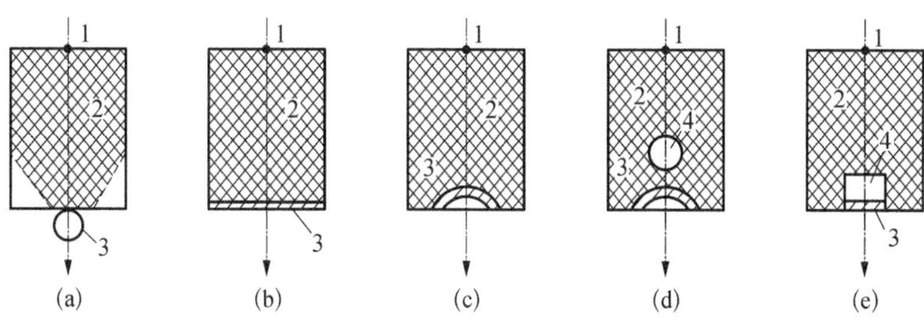

图 2－24 简易的接触式爆炸驱动装置[29]

1—起爆点；2—炸药；3—弹丸或飞片；4—空穴

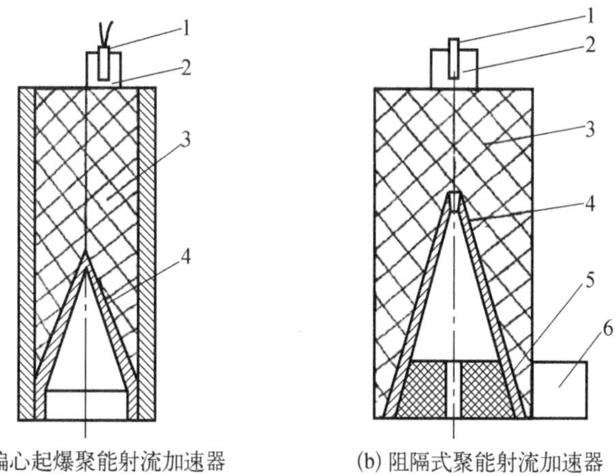

(a) 偏心起爆聚能射流加速器　　(b) 阻隔式聚能射流加速器

图 2－25 聚能射流装置[29]

1—雷管；2—传爆药柱；3—炸药；4—金属罩；5—环形塑料块；6—半圆形偏心药柱

流装置。图 2－25(a)是偏心起爆聚能射流加速器,应用这一方法可获得 10 km/s 的高速粒子,图 2－25(b)是阻隔式聚能射流加速器,应用这一方法可获得 0.08 g 粒子 16.5 km/s 的发射速度。接触爆炸驱动的缺点是发射过程弹丸容易破碎,10 km/s 的高速粒子质量很小,且质量和形状很难预测,也很难进行试验测定。

2.5.1 内爆发射器的结构

内爆发射器是一种典型的非接触式爆炸驱动技术。国外有 explosive hypervelocity launcher[30]、explosively driven gun[31]、implosion-driven launcher[32-34] 等不同说法,国内也有炸药爆轰驱动高速击波管发射技术[35]、炸药驱动枪[29]等不同名称,本书称为 Implosion-driven launcher 和内爆发射器。内爆发射器是指利用炸药爆炸线性挤压压缩管内工作气体,利用受压缩的工作气体驱动弹丸的一种轻气炮。

内爆发射器可以分为单级内爆发射器和二级内爆发射器,单级内爆发射器主要包括外壳、装药、压缩管、工作气体(如氦气)、高压段和发射管等,其中装药包裹在压缩管外,如图 2－26 所示。其作用过程如图 2－27 所示,左端炸药起爆后,压缩管向内塌缩,形成锥形结构。随着炸药爆轰波的传播,这一锥形结构以爆轰波的速度向右传播并压缩氦气。这一过程与二级轻气炮中活塞压缩高压轻气类似,因此该锥形结构可看成虚拟活塞。当冲击波到达弹丸底部时,高压氦气开始推动弹丸运动,将弹丸发射至所需要的速度。

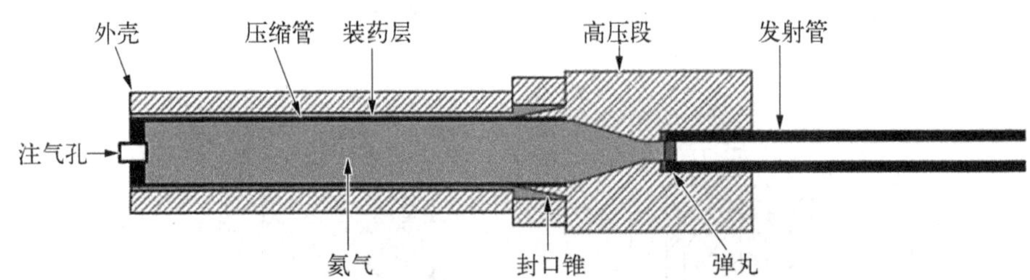

图 2－26 单级内爆超高速发射器结构示意图

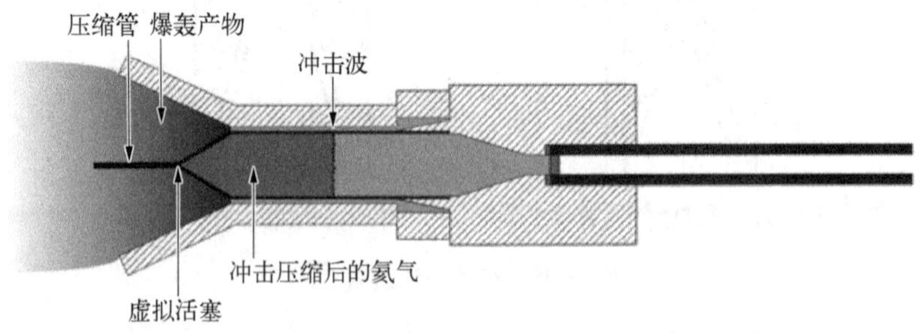

图 2－27 单级内爆超高速发射器作用原理图

二级内爆发射器的结构如图 2－28 所示，它是在单级的基础上增加对二级压缩发射管的炸药透镜系统构成的。一般来说，要求炸药透镜起爆后能够在低速炸药中形成逐渐向前倾斜的爆轰波，并且使爆轰波与发射管的接触点以逐渐增加的速度沿发射管外表面进行，连续挤压发射管形成逐渐加速推进的锥形虚拟活塞，使弹丸在发射管中再次不断加速。

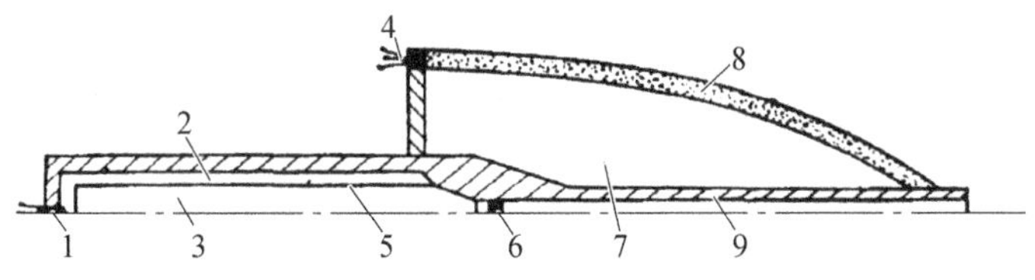

图 2－28　二级内爆发射器结构示意图

1—雷管；2—驱动炸药；3—驱动气体；4—雷管；5—压缩管；6—弹丸；7—低速炸药；8—高速炸药；9—发射管

相对于二级轻气炮，内爆发射装置是一次性使用的装置，因此其压缩管可以承受更高压力和温度的轻气，而不用考虑因发射过程的损坏带来的重复性使用问题。压力和温度的提高能够使驱动气体的声速大大提高，从而提高弹丸的发射速度[36]。

2.5.2　内爆发射器作用原理

典型单级内爆发射器作用过程的波系如图 2－29 所示，L 为气体的初始长度。气体的初始状态为(0)区；0 时刻活塞以爆速 D_{pist} 向右压缩气体，形成右传冲击波，

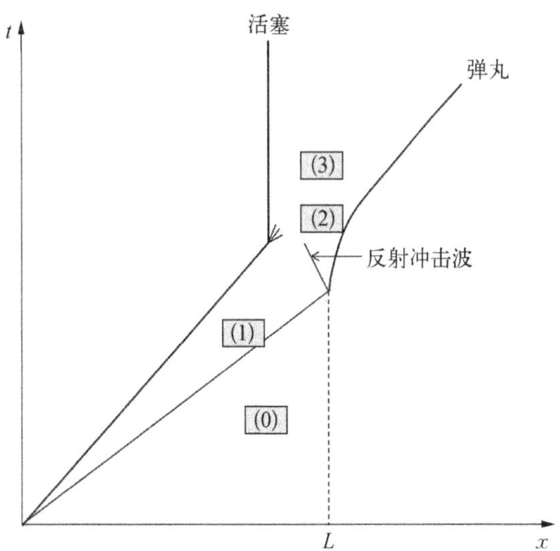

图 2－29　单级内爆发射器作用过程波系图

波降面为(2)区；波后稀疏区为(3)区

波后区为(1)区。当冲击波作用在弹丸上时,同时向气体中反射一左传冲击波,形成(2)区。弹丸在(2)区高压气体的作用下开始运动。

(0)区为右行冲击波,(1)区的参数由(0)区参数和冲击波关系式求解,气体采用多方气体状态方程描述,采用含马赫数的冲击波关系式求解为

$$\frac{u_1 - u_0}{c_0} = \frac{2}{\gamma + 1}\left(Ma_1 - \frac{1}{Ma_1}\right) \tag{2-52}$$

$$\frac{p_1 - p_0}{p_0} = \frac{2\gamma}{\gamma + 1}(Ma_1^2 - 1) \tag{2-53}$$

$$\frac{\rho_1 - \rho_0}{\rho_0} = \frac{2(Ma_1^2 - 1)}{(\gamma - 1)Ma_1^2 + 2} \tag{2-54}$$

$$c_1 = \sqrt{\gamma p_1/\rho_1} \tag{2-55}$$

式中,u 为物质粒子运动速度;p 为压力;ρ 为物质密度;c 为声速; $Ma = (D_1 - u_0)/c_0$ 为冲击波马赫数(D_1 为冲击波速度);下标表示对应区域的相应参数;γ 为气体的多方指数。(0)区的参数已知,波后粒子速度 u_1 为活塞运动速度 D_{pist},因此,第一式中仅有 Ma_1 为未知数(其中 $Ma>1$),由第一式可以求得 Ma_1。再分别代入后三式求得 p_1、ρ_1、c_1,即可得(1)区所有参数。

假设弹丸为刚体,且初始时刻静止,则反射冲击波波阵面上的参数[(2)区]可以由冲击波关系式表示为

$$\frac{u_2 - u_1}{c_1} = \frac{2}{\gamma + 1}\left(Ma_2 - \frac{1}{Ma_2}\right) \tag{2-56}$$

式中,波后粒子速度 $u_2=0$,代入式(2-56)可求得冲击波马赫数 Ma_2($Ma_2 < -1$,其中负号表示方向向左),再按顺序分别求出压力 p_2、密度 ρ_2 和声速 c_2。

弹丸在(2)区高压气体推动下开始产生左行稀疏波,其通解可表示为

$$\begin{cases} x = (u_3 - c_3)t + F(u_3) \\ u_3 + \dfrac{2}{\gamma - 1}c_3 = u_2 + \dfrac{2}{\gamma - 1}c_2 \end{cases} \tag{2-57}$$

弹丸的运动可以由牛顿第二定律得

$$M_p \frac{du_b}{dt} = p_b \tag{2-58}$$

式中,M_p 为弹丸的单位面积质量;下标 b 表示壁面上的参数(下同),即弹丸上的参数,如 u_b 为弹丸运动速度。

根据气体 2 的状态方程有

$$\frac{p_{\mathrm{b}}}{p_2}=\left(\frac{c_{\mathrm{b}}}{c_2}\right)^{\frac{2\gamma}{\gamma-1}} \tag{2-59}$$

由于(3)区的参数 u_3、c_3 满足式(2－57),壁面上的参数也应满足式(2－57),有

$$u_{\mathrm{b}}+\frac{2}{\gamma-1}c_{\mathrm{b}}=u_2+\frac{2}{\gamma-1}c_2 \tag{2-60}$$

由式(2－60)可得 $c_{\mathrm{b}}(u_{\mathrm{b}})$,代入式(2－59)得到:

$$p_{\mathrm{b}}=p_2\left(1-\frac{\gamma-1}{2}\frac{u_{\mathrm{b}}}{c_2}\right)^{\frac{2\gamma}{\gamma-1}} \tag{2-61}$$

将式(2－61)代入式(2－58)并进行积分求解,可得

$$u_{\mathrm{b}}=\frac{2c_2}{\gamma-1}\left\{1-\left[1+\frac{p_2(\gamma+1)}{2M_{\mathrm{p}}c_2}(t-L/D_1)\right]^{-\frac{\gamma-1}{\gamma+1}}\right\} \tag{2-62}$$

式(2－62)在设计内爆发射器时具有一定的指导意义,但未考虑压缩管的膨胀变形、弹丸与壁面的摩擦、紧缩段对冲击波的影响以及活塞运动停止产生稀疏波等效应对弹丸速度的影响,而这些效应在实际设计内爆发射器时是必须考虑的,因此需要对此式进行一定的修正或者采用数值解法求解流体力学方程组,来获得满足实际设计需要的弹丸加速规律。

2.5.3　国内外典型的内爆发射器

内爆式发射技术最早是在 20 世纪 60 年代由物理国际公司(Physics International Company, PI)提出的[37],经过一定阶段的发展后,已经能够将约 2 g 的弹丸发射到 12.2 km/s[38],然而后来却很少有 PI 公司在这一方面的报道。进入 21 世纪后,加拿大 McGill 大学 J. Loiseau 等[39]开始对内爆式发射技术进行研究,并成功将 0.1～10 g 弹丸发射到 8 km/s 以上,目前最高发射速度已经达到 10.4 km/s。2016 年开始,CARDC 超高速所开始与 McGill 大学对此项技术联合进行试验和仿真研究,实现了 10 km/s 的稳定发射速度,质量为 0.37 g 的弹丸最高速度达到 11.4 km/s。

1) CARDC 超高速所内爆发射器结构

设计的发射器总长度约为 900 mm,最大部位直径约为 80.0 mm,主要包括发射管、发射管护套、高压段、外壳、压缩管、弹丸以及装药等,其中发射管内径为 8 mm,

压缩管内径为 16 mm。装药为柱壳装药,爆速为 7.1 km/s。弹丸材料有两种,分别是铝合金和镁合金,其中铝合金弹丸质量约 0.55 g、镁合金弹丸质量约为 0.37 g,安装完成后的发射器如图 2-30 所示。

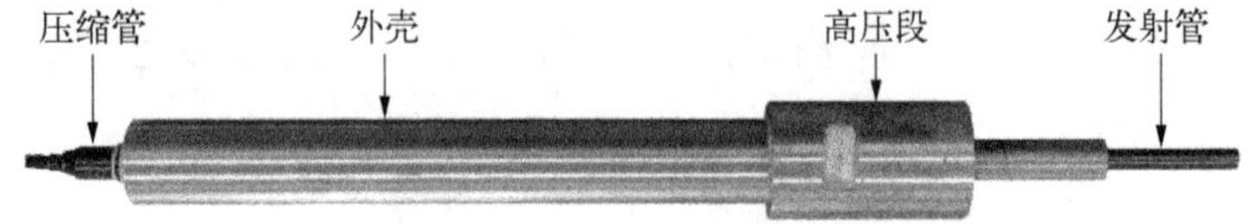

图 2-30 内爆式超高速发射器实物图

2) CARDC 超高速所内爆发射器试验结果

试验后的发射器压缩管和外壳完全碎裂,高压段外壳明显膨胀变形并出现裂纹,回收的典型发射器部件如图 2-31 所示。

获得的铝合金弹丸速度和镁合金弹丸速度结果如图 2-32 所示,其中横坐标

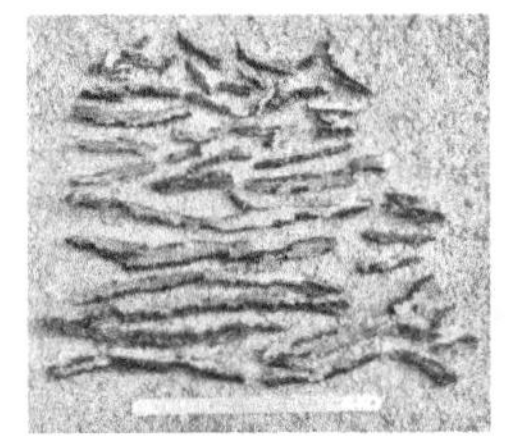

(a) 回收的外壳与压缩管

(b) 高压段与发射管

图 2-31 回收的典型发射器部件

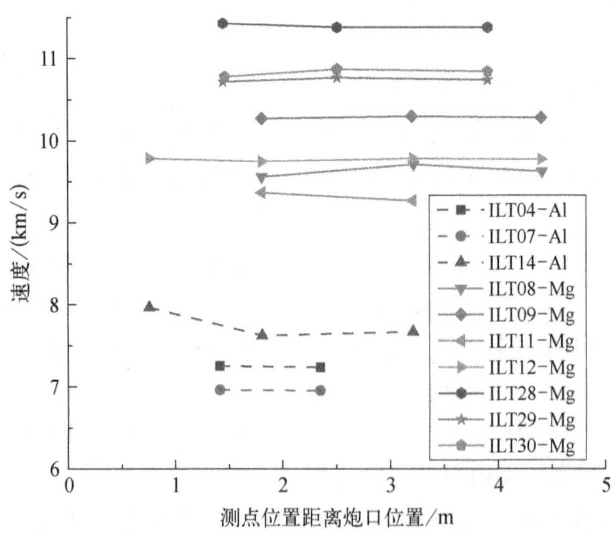

图 2-32 0.55 g 铝合金弹丸和 0.37 g 镁合金弹丸试验的试验速度结果

为测点位置离炮口的距离,纵坐标为测得的速度。虚线为铝合金弹丸,三次试验中,获得的最大速度约 8 km/s(0.55 g 弹丸)。实线为镁合金弹丸,七次试验中,获得的最大速度约 11.4 km/s(0.37 g 弹丸)。

采用 CARDC 研发的超高速八序列激光阴影成像仪对弹丸飞行情况进行拍摄,图 2-33 显示了编号 ILT28 典型试验拍摄到的照片。试验测得弹丸速度为 11.4 km/s,从图中可以看到,弹丸是一个整体弹丸,且保持较好的柱形。

图 2-33 弹丸的序列激光阴影成像结果(曝光时间 10 ns)

2.6 常见超高速发射技术的对比

本章系统介绍了应用于空间碎片超高速撞击领域的几种常见的超高速发射技术,有的发射技术已经非常成熟,处于稳定的应用阶段,有的突破了 10 km/s 甚至更高的速度,但还不能应用到工程试验中。如何进一步发展发射技术,提高弹丸的发射速度并成功应用到地面模拟试验中,对进一步开展空间碎片超高速撞击效应和防护技术研究等具有至关重要的影响。不同的发射技术在发射速度、应用特点方面有着各自优势和潜力,本节将针对前面介绍的几种超高速发射技术的发射能力和应用特点进行对比分析,希望能通过这些分析,给国内该领域的发展提供部分参考。

轻气炮发射技术是目前应用最广泛的超高速发射技术,与其他发射技术相比,轻气炮技术的突出优势是发射弹丸的质量、尺寸、形状和材料等可选择范围更广,且能够在承受较低的发射过载情况下获得较高的发射速度,如 CARDC 16 mm 口径二级轻气炮在模型保持完整的情况下实现了最高 9.08 km/s 的超高速发射。自 1947 年,Crozier 和 Hume 为美国海军研制了第一门轻气炮以来,国内外多家单位开展了二级轻气炮技术的研究,但受到如弹托/弹丸材料抗过载能力、设备承压能力和炮口烧蚀等各种不利因素影响,绝大部分二级轻气炮的没有突破 10 km/s 的发射速度,或者在获得较高发射速度的情况下,出现了炮口严重烧蚀、弹丸碎裂等现象,导致无法开展正式的应用试验。二级轻气炮发展至今,其发射速度上限上存在一定的限制已成为一种普遍共识。三级轻气炮是在二级轻气炮基础上发展起来的,其优点是可以将弹丸加速到 10 km/s 以上甚至更高,但是发射质量大多在 1 g 以下,并且炮管的烧蚀、损伤相对较严重。因此,轻气炮技术目前仍是作为空间碎片研究领域最切实际的超高速发射技术,适合于发射速度 9 km/s 以下各类弹丸的超高速发射。

电磁发射技术起源于20世纪,电磁轨道炮的优点首先是飞行速度快,适合发射大质量的弹丸,特别是线圈型电磁炮可实现吨级质量的弹丸超高速发射,并且电磁炮炮体部分结构紧凑,运行操作简单,具有较高频次的发射能力,是比较理想的一种发射技术,应用前景广阔。但是,受到电源技术、材料技术等限制,往往其电源系统较庞大,并且建设及维护成本较高,此外,电磁炮弹丸的电枢占有相当部分发射质量,导致其有效的发射效率降低,炮口拉弧放电导致的炮管烧蚀也相对严重,影响了电磁炮的使用寿命。

磁驱动飞片技术是一种新型的超高速发射技术,能实现毫克级金属飞片数十千米每秒的超高速度发射,理论上,磁驱动高速飞片发射技术在原理上飞片速度没有上限,在大电流脉冲装置上能够较容易地实现10 km/s的超高速飞片发射,但是磁驱动飞片技术能发射的弹丸结构单一,主要限于薄片结构,且发射质量较小;另外脉冲功率源系统作为磁驱动飞片技术的核心设备,技术先进,建设及维护成本较高。

爆炸驱动技术在高压科学研究中使用比较广泛,具有结构简单、成本低、工作可靠等优点,但其使用环境及安全性要求较高,往往因为炸药等危险品限制了该技术在实验室的使用。针对接触式爆炸驱动装置,还存在发射过程弹丸容易破碎等不足。非接触式爆炸驱动技术如内爆发射,具有发射速度高的明显优势,能将克级弹丸发射至高于10 km/s,但是也存在发射过载非常高(达到千万个G),不适合低强度弹丸材料的发射。

综上所述,轻气炮发射技术、磁驱动飞片技术、电磁发射技术和爆炸驱动技术等超高速发射技术都有各自的优点和应用特点,虽然部分发射技术已经达到了10 km/s甚至更高的发射速度,但在空间碎片领域的应用还不成熟,还有很多的技术问题需要进一步研究,并且积极拓展超高速发射技术在空间碎片超高速撞击特性研究领域的应用。

参考文献

[1] Crozier W D, Hume W. High-velocity, light-gas gun[J]. Journal of Applied Physics, 1957, 28(8): 892-894.

[2] Lukasiewicz J. 高超声速试验方法[M]. 董兴德, 译. 北京: 国防工业出版社, 1980.

[3] Berggren R E, Reynolds R M. Ballistic range technology[R]. AD-713915, 1970.

[4] IADC WG3 members. Protection manual (IADC-04-03, Version7. 0)[R]. Inter-Agency Space Debris Coordination Committee, 2014.

[5] 曾学军. 气动物理靶试验与测量技术[M]. 北京: 国防工业出版社, 2009.

[6] 焦德志, 平新红, 黄洁, 等. 203 mm 口径二级轻气炮研制[C]. 北京: 中国力学大会-2017暨庆祝中国力学学会成立60周年大会, 2017.

[7] 王金贵. 轻气炮原理与技术[M]. 北京: 国防工业出版社, 2001.

[8] Friend W H, Murphy C L, Shanfield I. Review of meteoroid-bumper interaction studies at McGill University[R]. NASA CR－54857, 1966.

[9] Piekutowski A J, Poormon K L. Development of a three-stage, light-gas gun at the University of Dayton Research Institute[J]. International Journal of Impact Engineering, 2006(33): 615－624.

[10] 林俊德，张向荣，朱玉荣，等. 超高速撞击实验的三级压缩气炮技术[J]. 爆炸与冲击，2012, 32(5): 483－489.

[11] 弗兰克・K. 陆，丹・E. 马伦. 先进高超声速试验设备[M]. 柳森，黄训铭等译，北京：航空工业出版社，2015.

[12] Lockwood M R. Design and construction of an expandable series trans-augmented electromagnetic railgun[D]. California: Naval Postgraduate School, 1999.

[13] 杨世荣，王莹，徐海荣，等. 电磁发射器的原理与应用[J]. 物理学和高新技术，2003(04): 253－256.

[14] Marshall R A, Weldon W F. Analysis of performance of railgun accelerators powered by distributed energy stores[C]. Orlando: 14th Pulse Power Modulator Symposium, 1980.

[15] Tower M M, Haight C H. Development of a high-energy distributed energy source electromagnetic railgun with improved energy conversion efficiency[J]. IEEE Transactions on Magnetics, 1984, MAG－20(2): 298－301.

[16] Ciezki J, McGuirk J S, Taylor Bodin, et al. An electromagnetic railgun design and realization for an electrical engineering capstone project[C]. New Orleans: ASEE's 123rd Annual Conference & Exposition, 2016.

[17] Maniglia J, Smiroldo J, Westfall A, et al. Design, fabrication, and testing of an electromagnetic rail gun for the repeated testing and simulation of orbital debris impacts[J]. American Institute of Aeronautics and Astronautics, Aerospace Engineering, 2011,06.

[18] 李立毅，李小鹏. 电磁发射的历史及发展趋势[J]. 微电机，2004, 37(1): 41－44.

[19] Lee B, An S, Kim S H, et al. Operation of a 2.4－MJ pulsed power system for railgun[J]. IEEE Transactions on Plasma Science, 2014, 42(10): 2886－2890.

[20] Megar R A, Huhman B, Neri J, et al. NRL materials testing facility[C]. Beijing: 16th International Symposium on Electromagnetic Launch Technology, 2012.

[21] Wikipedia[DB/OL]. https://en.wikipedia.org/wiki/Railgun[2022－10－1].

[22] Lehmann P. Overview of the electric launch activities at the French-German Research Institute of Saint-Louis (ISL)[J]. IEEE Transactions on Magnetics, 2003, 39(1): 24－28.

[23] Meagher T F V, Williams D C. The theory and capabilities of magnetically driven flyers[R]. DASA－2440, 1970.

[24] Hall C A, Knudson M D, Asay J R, et al. High velocity flyer plate launch capability on the sandia Z accelerator[J]. International Journal of Impact Engineering, 2001(26): 275－287.

[25] Lemke R W, Knudson M D, Davis J P. Magnetically driven hyper-velocity launch capability at the Sandia Z accelerator[J]. International Journal of Impact Engineering, 2011(38): 480－485.

[26] Lefrançois A, Chanal P Y, Blance G L, et al. High-velocity flyer-plate developments on two high-pulsed-power generators based on a strip-line design (GEPI and CEPAGE)[J]. IEEE

Transcations on Plasma Science, 2011(39): 288 - 293.

[27] 王贵林, 郭帅, 沈兆武, 等. 基于聚龙一号装置的超高速飞片发射实验研究进展[J]. 物理学报. 2014, 63(19): 262 - 267.

[28] 孙承纬, 赵剑衡, 王桂吉, 等. 磁驱动准等熵平面压缩和超高速飞片发射实验技术原理、装置及应用[J]. 力学进展, 2012, 42(2): 206 - 219.

[29] 北京工业学院八系. 爆炸及其作用(上册)[M]. 北京: 国防工业出版社, 1979.

[30] Moore J E T. Explosive hypervelocity launchers[R]. No. PIFR - 051, 1968.

[31] Watson J D. High-velocity explosively driven guns[R]. NASA CR - 1533, 1970.

[32] Loiseau J, Huneault J, Higgins A J. Development of a linear implosion-driven hypervelocity launcher[J]. Procedia Engineering, 2013, 58: 77 - 87.

[33] Huneault J, Loiseau J, Hildebrand M, et al. Down-bore velocimetry of an explosively driven light-gas gun[J]. Procedia Engineering, 2015, 103: 230 - 236.

[34] Hildebrand M, Huneault J, Loiseau J, et al. Down-bore two-laser heterodyne velocimetry of an implosion-driven hypervelocity launcher [J]. AIP Conference Proceedings, 2017, 1793: 160009.

[35] 田杨萌, 王莹. 炸药爆轰驱动高速击波管发射技术[J]. 弹箭与制导学报, 2003, 23(3): 221 - 224.

[36] Seigel A E. Theory of high speed guns[R]. AD475660, 1965.

[37] Crosby S P, Gill J K. Feasibility study of an explosive gun[R]. NASA - CR - 709, 1967.

[38] Baum D W. Development of explosively driven launcher for meteoroid studies[R]. NASA - CR - 2143, 1973.

[39] Loiseau J, Huneault J, Higgins A J. Development of a linear implosion-driven hypervelocity launcher[C]. Baltimore: The 12th Hypervelocity Impact Symposium. 2013: 77 - 87.

第3章 空间碎片超高速撞击测试技术

空间碎片超高速撞击测试技术一般用于获取在轨航天器防护结构或关键部件的撞击损伤特性与机理,测量内容包括撞击前弹丸飞行参数、撞击过程特性参数和撞击后靶材损伤参数。弹丸飞行参数主要包括飞行或撞击速度、姿态和弹丸完整性;撞击过程特性参数主要包括碎片云形貌及分布、辐射特性、撞击的动量传递特性及撞击感知等;靶材损伤参数主要包括穿孔、鼓包、剥落、裂纹、损伤分布等尺寸参数。

空间碎片防护超高速撞击试验弹丸速度最高超过 9 km/s,碰撞靶室一般长 2~3 m,一般试验时间仅约 0.3 ms,撞击过程持续时间仅几十微秒,如要关注弹丸与靶板接触瞬间等细分过程参数的演变情况,则时间分辨率还需提高一到两个数量级。超高速撞击测试设备最显著的特征一是时间分辨率要高,二是测量时间点要准确。

自 20 世纪 40 年代开展相关撞击试验与研究以来,测试技术经历了从接触到非接触、测量参数不断增多、时间分辨率不断提升的过程。最初是通过偏航卡或金属网靶等接触式来探测弹丸的飞行位置和获取速度,而后磁感应和光幕靶等非接触探测方式被广泛应用弹丸速度测量中,试验质量和效率得到大幅提升;随着阴影成像、X 射线成像、辐射测量等测量技术的发展和应用,测量参数不断增加,相关研究不断深入;高瞬态测试技术的发展促进了时间分辨率的不断提升,纳秒级甚至皮秒级分辨率测试设备也应用到撞击过程参数测量中,相关研究深入到微观层面。

3.1 节介绍了基于磁感应和光幕靶的弹丸非接触探测的平均速度测量技术、基于阴影成像和前光成像的弹丸完整性测量技术,实现撞靶前弹丸飞行参数的测量;3.2~3.5 节介绍撞击过程参数测量技术,包括碎片云形貌测量、撞击过程光辐射测量、撞击动量传递测量和撞击感知技术;3.6 节结合靶材损伤测量参数介绍弹道极限方程及相关试验方法。

3.1 弹丸速度和完整性测量技术

在弹丸质量确定的情况下,弹丸飞行速度和完整性是影响超高速撞击结果的关键因素。弹丸实时飞行速度也是阴影成像、辐射、X 射线成像等测量设备准确触发的关键条件。

3.1.1 弹丸速度测量技术

空间碎片撞击试验弹丸速度测量方法有三类：瞬时速度测量法、多普勒测量法和平均速度测量法[1]。瞬时速度测量法是测量试验中弹丸飞行某一点或撞击时刻的速度，主要有弹道摆法和激波倾角法两种技术途径。弹道摆法是弹丸射入一个可以前后摆动的悬垂物，通过测量悬垂物的最大摆动角来计算反推入射弹丸撞击点的瞬时速度。激波倾角法通过阴影/纹影获得弹丸飞行图像，读取激波倾角，对比当地声速计算获得弹丸飞行中某一点的瞬时速度。由于受弹丸撞击角度、靶室压力等影响，这两种方法测量速度的精度不高。

多普勒测速法是利用波传播中的多普勒效应进行测速的方法，这种方法可以测出弹丸飞行过程不同时刻的速度，也可以测弹丸的转速，但方法应用于空间碎片撞击靶室内，需要在靶室形成微波暗室，导致系统价格昂贵，且短距离内测量误差大。

平均速度测量法通过测量弹丸飞行路径上的一段距离和弹丸飞过这段距离的时间来计算弹丸平均速度，根据测量参数不同可分为定时测距法和定距测时法。定时测距法在确定的时间间隔起点和终点上测量弹丸在弹道上对应的瞬时位置，获得飞行距离，计算得到弹丸速度。弹丸在弹道上的瞬时位置一般采用摄影的方法（闪光阴影照相、高速分幅摄影、序列成像等）记录。定时测距法系统较复杂，且测速精度不高。定距测时法在弹丸飞行轴线上布置多站确定距离的探测器，测量弹丸穿过不同站的时间点，计算得到弹丸速度。探测器可采用接触式的偏航卡、金属网靶等技术，也可采用非接触式的磁线圈靶、光幕靶等。

针对空间碎片超高速撞击试验中弹丸尺寸小、飞行速度高、靶室空间小等特点，较多采用非接触式的定距测时法。在弹丸飞行路径侧面布置多站的磁线圈靶、光幕靶等非接触探测器，通过示波器或数据采集系统记录弹丸飞过每站探测器的时间点，获得弹丸在每站探测器的时间值，在距离已知的情况下计算弹丸在这段距离内的平均飞行速度。速度计算公式如下：

$$v_i = L_i/(t_i - t_{i-1}) = L_i/\Delta t_i \tag{3-1}$$

式中，L_i 是第 i 探测站与第 i-1 探测站的间距；t_i 是弹丸穿过第 i 探测站的时刻；t_{i-1} 是弹丸穿过第 i-1 探测站的时刻；v_i 是弹丸在第 i 探测站与第 i-1 探测站间的平均飞行速度。

定距测时法速度测量系统组成如图 3-1 所示，包括电源、测速采集设备和非接触式探测器。测速采集设备一般为计时仪或高速信号采集设备，计时仪是对两站或多站探测器通过电平比较后输出的标准信号的时间间隔进行测量，然后结合对应探测站的距离计算得到弹丸飞行速度；高速信号采集设备是对两站或多站探测器产生的完整的模拟信号全部进行采集，再通过软件处理得到对应的时间间隔和弹丸飞行速度。图 3－2 是 CARDC 研制的基于高速数据采集的弹丸速度测量系统[2]。

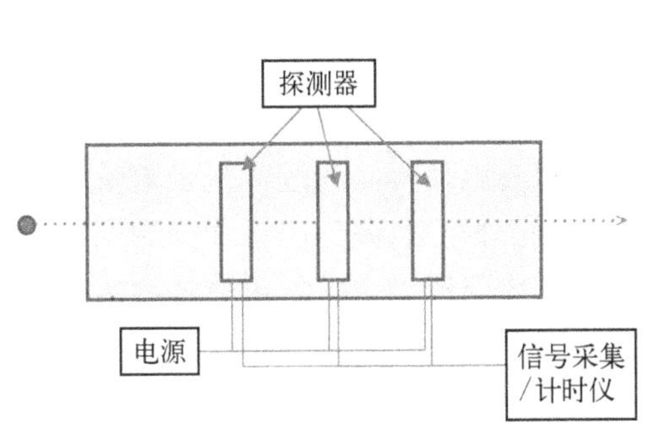

图 3－1　弹丸速度测量系统组成

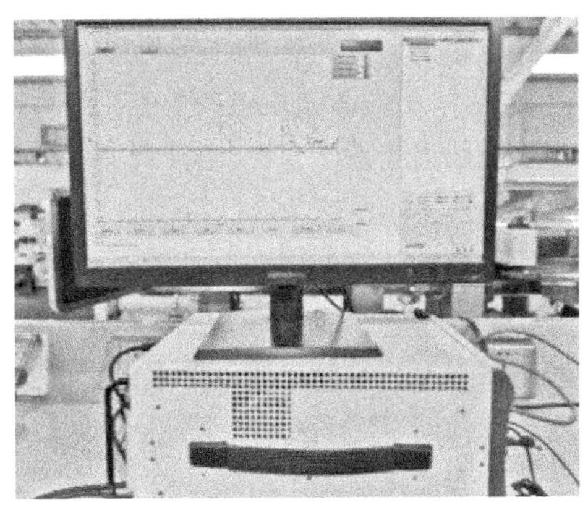

图 3－2　气动中心碰撞靶测速系统

非接触探测器主要有基于激光片光遮挡法的光幕靶和基于磁线圈感应法的磁线圈靶两种。激光片光遮挡法是采用激光光源，通过光路变换后形成一定宽度的平行片光，垂直于弹丸飞行轴线穿越轴线后汇聚，在束腰处安装光电转换器件把光信号转换为电信号，经过电路放大、滤波后被示波器或数据采集系统采集，当弹丸穿越片光时遮挡部分光束，导致光信号减小，电信号也减小，从而通过采集的电信号特征值处理得到弹丸穿越片光的时间点。其工作原理如图 3－3 所示。美国圣地亚国家实验室、国内哈尔滨工业大学、南京理工大学、CARDC 等单位都成功研制了激光遮断式弹丸探测器。图 3－4 为 CARDC 研制的半导体激光片光 1 mm 尺寸弹丸探测器，该弹丸探测器探测可采用一个发射端对应一个接收端的多站模式，也可将一束激光多次反射而形成多点探测。

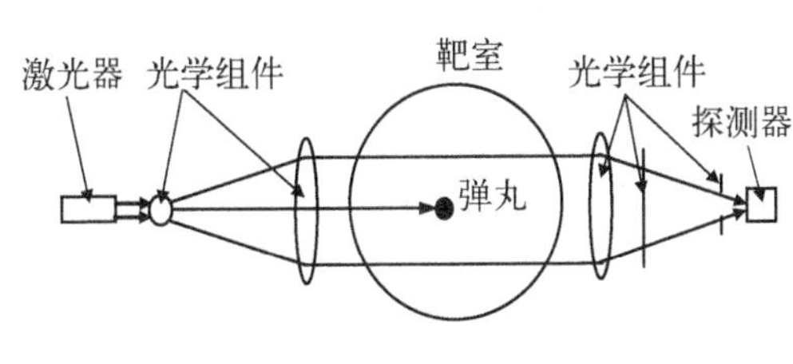

图 3－3　激光片光遮挡弹丸探测原理

图 3－4　CARDC 激光片光弹丸探测器

激光片光遮挡法不对弹丸飞行产生影响，对弹丸材料和外形无特殊要求，但在二级轻气炮试验中，弹丸出炮口时，高温高压轻气会扩散到弹丸前面，影响探测的可靠性，这需要增加光阑和窄带滤光片减小干扰光和杂散光入射到光电敏感面，以提高弹丸探测的可靠性。

磁线圈感应法是在垂直于弹丸飞行轴线附近放置磁铁和感应线圈，当弹丸飞行穿越磁铁形成的磁场时，穿过弹丸的磁通量发生变化，在弹丸内部激发起感生电流，感生电流的方向与磁通量变化的方向垂直。该电流变化过程产生磁场，并使原有的磁场强度发生变化，当弹丸穿过固定磁体的磁场时，安装在磁体附近的线圈中的磁通量发生改变，在线圈的输出端得到一个感应电信号。通过数据采集系统记录后进行特征值处理即可得到弹丸穿越该线圈的时间点，磁感应弹丸探测原理如图 3－5 所示。北京理工大学、哈尔滨工业大学、沈阳理工大学等单位建有磁感应探测器和测速系统。北京理工大学的磁线圈探测器如图 3－6 所示[3]。磁线圈感应法结构简单、安装方便、测量准确，但该方法只适用于材料为导体时的弹丸探测，对非金属导体弹丸不适用。

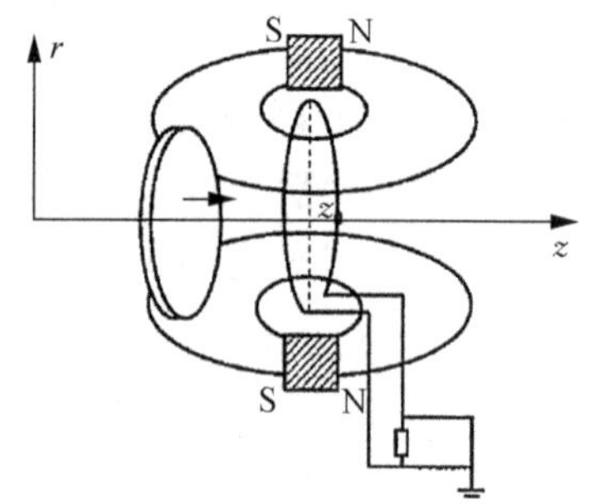

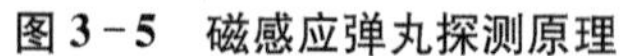
图 3－5　磁感应弹丸探测原理

图 3－6　北京理工大学磁线圈探测器

定距测时法的平均速度测量极限误差由距离测量和时间测量的不确定度决定，表示为

$$\delta_{v\lim} = \sqrt{\left(\frac{\partial v}{\partial L}\right)^2 \delta_{L\lim}^2 + \left(\frac{\partial v}{\partial t}\right)^2 \delta_{\Delta t\lim}^2} \tag{3-2}$$

距离测量不确定度在探测站安装好后，在一定的技术条件下为定值。时间测量不确定度主要来源于弹丸信号提取的不确定度和计时精度两方面。计时精度主要取决于示波器或数据采集系统的时间分辨率。现在的仪器一般都达到 0.02 μs 以上，而常规光幕靶或磁线圈靶的间隔大于 0.5 m，假设速度为 10 km/s，则测量时间间隔为 50 μs，产生的不确定度为 0.4‰，影响很小，可以不用考虑。信号特征值的提取可能会产生较大的时间不确定度，常用的信号特征值提取方法有电平比较

法和特征值法两种。

电平比较法的原理如图3-7所示。弹丸通过探测装置时的信号经放大,会产生一个图示波形,设置一个固定电平与波形进行比较,当信号幅值大于设定电平值时,探测装置输出一个标准信号,对两站探测装置的标准信号进行计时,就可计算得到弹丸速度。每站探测装置的电路加工的不一致性和电平设置的不一致性会带来信号提取误差,当弹丸直径为5 mm、飞行速度为5 km/s时,其信号提取最大不确定度为0.5 μs,当探测装置间隔大于0.5 m时,由此产生的测量相对误差约为5‰。

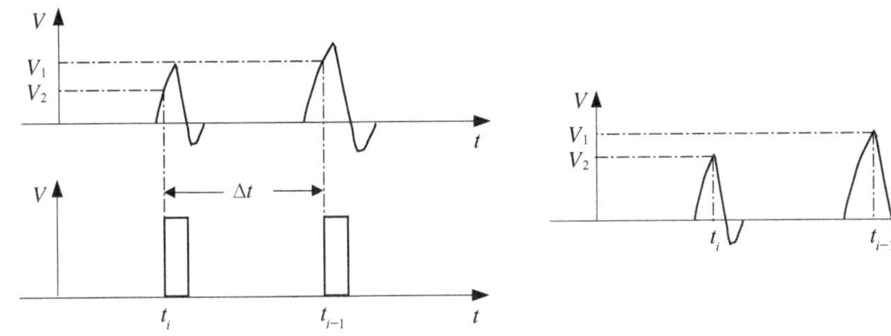

图3-7　电平比较法信号提取原理　　图3-8　特征值法信号提取原理

特征值法原理如图3-8所示。采用高速信号采集设备对信号进行全波采集,试验后通过对两站信号相应特征值对应的时间点进行测量而获得弹丸飞越两探测站的时间。因弹丸外形一致,故特征值对应的时间点为确定值,其不确定度仅取决于采集设备的时间分辨率,故可减小信号提取误差,其产生的测量相对误差小电平比较法一个量级。故在测量不确定度要求较高且测量设备性能具备的条件下,都采用特征值法来进行测算弹丸速度。

3.1.2　弹丸完整性测量技术

在空间碎片超高速碰撞试验中,由于弹丸发射过程中承受极高过载,可能导致弹丸破碎,弹丸不完整会对试验结果产生不利影响。故一般在弹丸碰撞区域设置非接触光学测量系统,通过弹丸飞行图像对弹丸完整性进行判断。主要的测量方法包括阴影成像、前光成像以及X射线成像等。

正交形式的阴影成像可直接获得弹丸不同方向上的投影,其原理如图3-9所示。将脉冲光源出光端一分二导出,分别接入正交阴影成像仪照射模型进行拍照,获得两个方向带有模型的阴影图像,从而判断在某时刻高速飞行的弹丸完整性。成像接收端的数字相机更换为高速摄影机,可连续获得多幅阴影图像,对弹丸在某一段飞行时间的完整性进行判别。

由于阴影成像是投影成像,不能获得弹丸表面图像,而前光成像方法可解决此

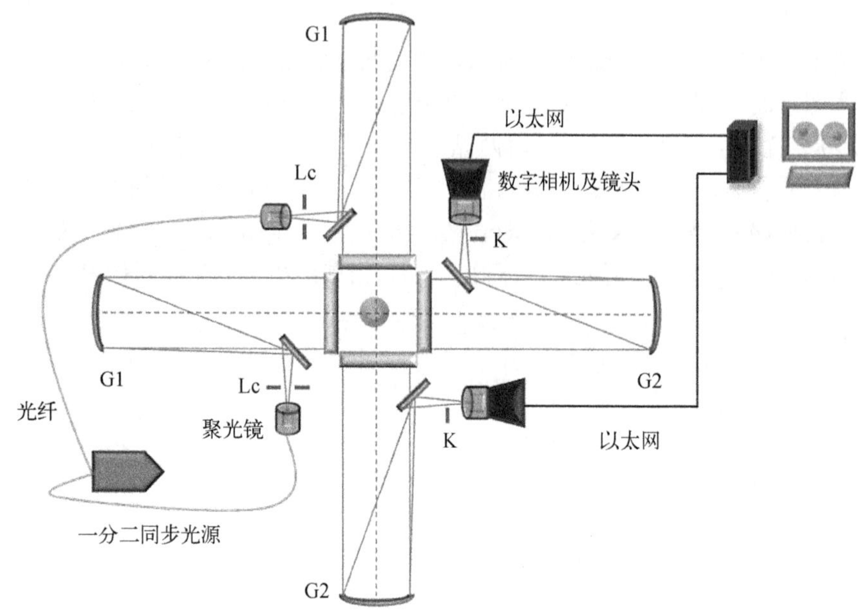

图 3-9 正交阴影成像示意图

问题。前光成像光路如图 3-10 所示,相机为"B"门模式,即试验前相机一直处于打开状态,靶室一直处于黑暗状态,当弹丸飞行到靶室成像视场内时由控制系统发出一控制信号,使得脉冲光源闪光,光束扩束后照射到飞行的弹丸,弹丸散射光在

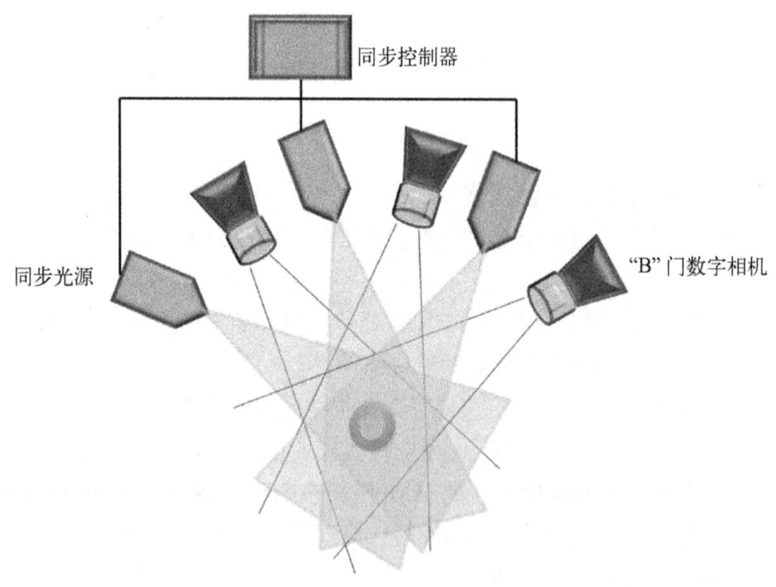

图 3-10 多目前光成像示意图

底片或电荷耦合器件(charge-coupled device, CCD)上成像。前光成像系统的组成包括脉冲照相光源、成像系统和光吸收介质等辅助器件。

X 射线具有很强的穿透能力,并且具备短脉冲发射方式,能够有效地穿透其他防护区域,对飞行弹丸进行成像。X 射线成像如图 3-11 所示。高压脉冲发生器的电压储能系统在短时间内将能量释放出来,激发 X 射线管产生 X 射线,照射飞行弹丸,同时在 X 射线接收器感应成像。由于不同剂量的 X 射线穿透能力不一样,所以调整合适的标称电压,通过感应成像可以较好地判断飞行弹丸在某时刻的完整性。

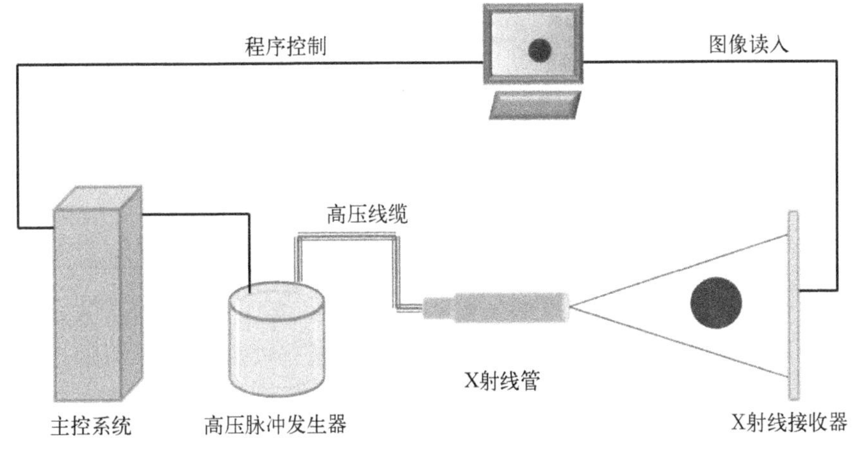

图 3-11　X 射线成像示意图

3.1.3　试验测量控制技术

空间碎片超高速撞击试验测量控制系统主要是根据弹丸飞行速度实现对成像系统光源闪光时刻、辐射测量系统记录起点等瞬态测量系统的精确控制。

试验测量控制技术主要有延时控制法和自动控制法两种技术途径。延时控制法以弹丸飞行过程中一个探测器输出信号为起点,通过一定时间延迟输出触发测量设备。该方法以发射器实际发射速度与预测发射速度较一致为前提,以靠近测量点最近的探测器触发时间为计时起点,试验前获得该探测器到测量点的距离,根据预估的弹丸飞行速度计算弹丸从探测器飞行到测量点的时间,通过延时器设置延时后倒计时到零输出触发测量设备。在有一定经验积累后可通过对延时时间进行修正以提高控制准确度,如式(3-3)所示:

$$t_k = \frac{S}{V_y} - t_x \tag{3-3}$$

图 3-12 北京理工大学的延时触发控制器[3]

式中，t_k 为准确控制时间；S 为控制距离；V_y 为预估速度；t_x 为修正时间。图 3-12 所示是北京理工大学研制的延时触发控制器。

自动控制法以弹丸飞行过程中两个或三个探测站输出信号为输入，实时计算弹丸飞行速度，再计算弹丸飞行到测量设备测量位置的时间，通过延时器设置延时后倒计时到零输出触发测量设备。该方法是基于弹丸在飞行过程中速度不变或变化很小，飞行时间和飞行距离成比例来进行设计的。

自动控制的算法为：假设两站探测器间距为 L_1，第二站探测器到测量点的距离为 L_2，两站探测器和测量点对应的弹丸飞行时间点分别为 t_1、t_2、t_3，则弹丸从第二站探测器飞行到测量点的时间值为

$$(t_3 - t_2) = \frac{L_2}{v} = \frac{L_2}{L_1/(t_2 - t_1)} = \frac{L_2}{L_1}(t_2 - t_1) \tag{3-4}$$

一般情况下，试验时靶室的真空度较高，弹丸飞行阻力对弹丸速度衰减的影响可不用考虑。如果靶室真空度对弹丸飞行速度衰减有较大影响时，可通过计算弹丸飞行速度的变化对延时值进行修正以提高控制精度。修正值可以通过气动阻力速度衰减计算来得到：

$$v = v_0 \mathrm{e}^{-\frac{\rho A}{2m}C_D(t-t_0)} \tag{3-5}$$

对于速度衰减所导致的时间变化，通过延时的方法来修正，修正公式为

$$\Delta t = L_2(v_0 - v_0)/(v_0' v_0) \tag{3-6}$$

式中，v_0 为粒子初速；v_0' 为衰减后的速度；L_2 为控制距离。图 3-13 是 CARDC 研制的基于现场可编程门阵列(filed programmable gate array, FPGA)的实时自动控制

图 3-13 CARDC 研制的基于 FPGA 的实时自动控制仪

仪，它具有自动判断、自动修正的功能。

3.2　超高速撞击碎片云形貌测量技术

在地面超高速撞击模拟试验中，往往会产生不同形貌的碎片云。获得碎片云的形貌变化对深入理解碰撞机理、开展碎片防护研究等具有重要的意义。超高速碰撞过程中的碎片云发展变化速度与模型速度相当，在有限的一个测试区域内持续时间较短，通常只有几十微秒；碎片云产生过程通常还会伴有强烈的自发光，干扰成像清晰度。

为获得清晰的碎片云形貌，记录碎片云的设备不仅要求很高的幅频，以对碎片云瞬态变化过程进行序列成像，还必须确保曝光时间足够短，以减少超高速运动引起的图像模糊失真。航天器空间碎片防护的超高速撞击试验中，要完整清晰地记录碎片云变化过程，记录设备的幅频至少应达到 1 000 万帧，曝光时间在 100 ns 以内，以保证在数十微秒的时间内就能获得多幅图像，同时将单幅图像的运动模糊量控制在 0.05 mm 以下。

目前，国内外相继发展了多项碎片云形貌测量技术，如超高速序列 X 射线成像技术、超高速摄影技术、超高速多序列激光阴影成像技术、全息测量技术等。

3.2.1　超高速序列 X 射线成像技术

X 射线具有很高的穿透能力，能够有效穿透超高速撞击产生的烟尘，不受撞击过程中强烈自发光的影响，并且还能够看到不透明材料靶内部的侵彻过程，可用来分析贯穿中弹孔/弹坑的形成过程和碎片外形变化。目前国内外很多超高速碰撞靶都配置了 X 射线成像设备，可用于记录碰撞过程中的碎片云形貌，也可获得靶材内部损伤阴影图像。图 3-14 为 X 射线成像系统获得的超高速撞击靶材的碎片云阴影图像，图像较好地显示了碎片云的形貌特征[4]。

图 3-14　铝球撞击平板后的序列 X 射线阴影图像（铝球速度 6.78 km/s）[4]

撞击过程中碎片云的速度较高,为避免运动引起碎片云图像模糊,需要使用脉宽较短的脉冲 X 射线,采用"等待式"(一种快门长时间打开的照相方式)在感光板上曝光。为了一次试验中能够记录不同时刻/位置的碎片云图像,需要在测试区域周围布置多个 X 射线管,实现多角度序列成像。

脉冲 X 射线成像的原理如图 3-15 所示。高压脉冲发生器的电压储能系统在短时间内将能量释放出来,激发 X 射线管产生 X 射线,在另一侧安装 X 射线接收器(胶片或感光板)。在试验前,X 射线管都不工作,不产生 X 射线。当碰撞发生后,控制系统根据触发信号让高压脉冲发生器释放能量,X 射线管产生脉冲 X 射线,在 X 射线接收器上感应成像。由于碎片云的疏密程度不一样,在胶片或感光板上可得到碎片云的轮廓阴影图像;同时,由于碰撞导致靶材内部密度发生变化,X 射线成像也能展现靶材内部损伤变化。

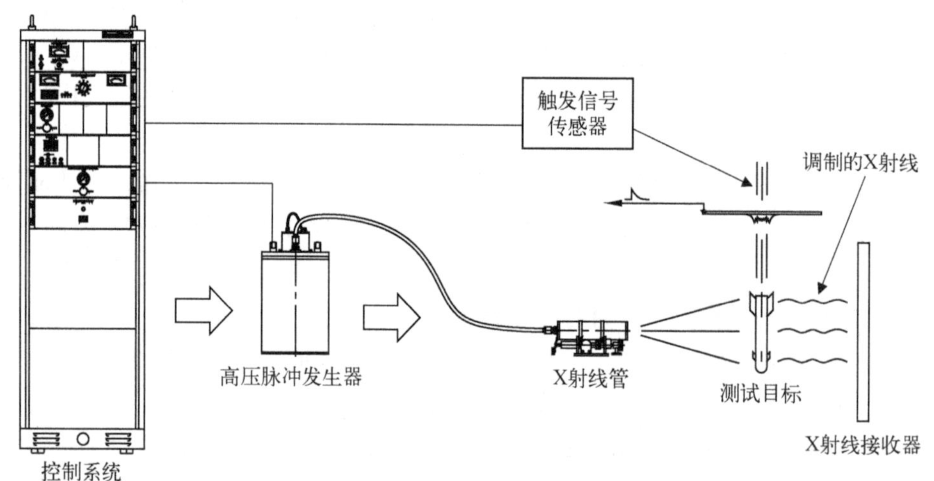

图 3-15　脉冲 X 射线成像原理图

脉冲 X 射线成像系统由发射系统和接收系统两部分组成。发射系统主要包括控制系统、主机和辅助系统等,接收系统包括成像板、暗盒、数字化计算机成像系统等。控制系统又包括充电控制、同步及时序控制、高压触发器、动作时间监测等部分。控制系统都具备程序控制功能,可单台使用,也可组合成系统,由一台计算机控制整个系统工作。主机部分主要由高压脉冲发生器、高压电缆和 X 射线管三大部分组成。辅助系统包括油、绝缘气体、气体干燥、X 射线剂量测试设备、高压放电棒、隔离稳压电源等部分。数字化计算机成像系统主要用于对 X 射线进行接收,通过扫描仪读入图像,再采用软件进行图像处理。

不同剂量的 X 射线穿透能力不一样,在对碎片云形貌成像及靶材内部损伤探测时,需要充分考虑 X 射线成像系统的多种参数,特别是成像序列、图像数量和标称电压。

脉冲 X 射线成像系统一个主机配一个 X 射线管，获得一幅 X 射线阴影图像，也可在高压脉冲发生器上增加一个 X 射线管，组成双管系统，双管平均分配能量，在同一时刻成两幅图像；在控制系统上增加附加通道，可在两个不同时刻进行成像，但这需要增加除控制部分外其他所有发射和接收部件。在试验中，需要根据贯穿靶材时对靶材的破坏程度及破坏方式、碎片云的空间分布、碎片云的速度等需要选择通道数，并确认每个通道是否使用双管。

标称电压是 X 射线成像系统的一个重要指标，选择原则是其能量可以穿透试验中所用的靶材。标称电压为 150 kV 的 X 射线成像系统，在其发射源距离测试目标 1 m 时以穿透 15 mm 厚钢板或 80 mm 厚铝板；450 kV 的 X 射线成像系统在同样条件下可穿透 50 mm 厚钢板。一个主机带两个 X 射线管以获得正交阴影图像时，其能量将被平均分配，穿透厚度大致要减半。

目前国内外多座超高速碰撞靶上都配置了 X 射线成像系统，并开展了系列的应用。

美国 NASA 约翰逊空间中心(JSC)的超高速撞击试验设备(HITF)上配备了三个 X 射线管[5]，测速段一个、碰撞室两个。其中测速段为 100 kV X 射线管，用于弹丸完整性判断；碰撞室的两个正交 X 射线管均为 300 kV(图 3－16)，用于碰撞过程的测量记录。美国空军阿诺德工程发展中心 AEDC 的超高速碰撞靶[6-8]，主要进行超高速动能撞击研究，配置有多套 X 射线成像系统，标称电压范围为 150~450 kV，X 射线脉宽时间约 100 ns。图 3－17 是该设备拍摄的动能杀伤拦截弹(kinetic kill vehicle, KKV)模型撞击的 X 射线图像。

图 3－16　NASA－JSC 的超高速碰撞靶的三个 X 射线管

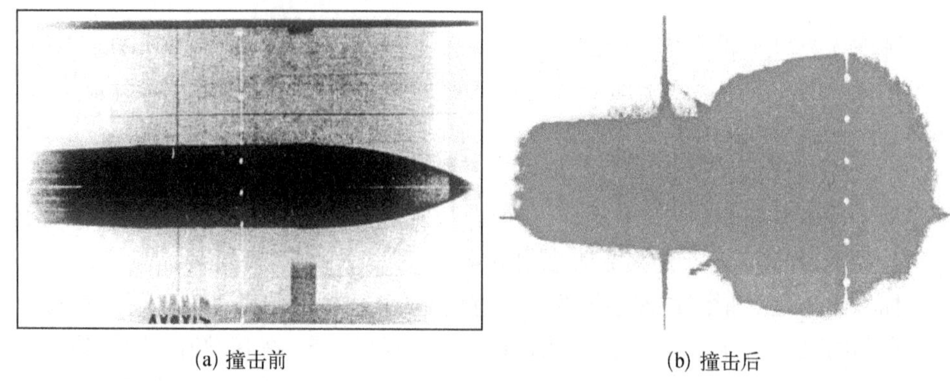

(a) 撞击前　　　(b) 撞击后

图 3-17　AEDC G 靶上动能杀伤拦截弹(KKV)模型撞击薄靶的 X 射线图像

美国戴顿大学研究所(UDRI)是国际上开展超高速撞击试验比较成功的高校研究所[9-10],其主要从事航天器防护有关的小弹丸/粒子碰撞研究,其碰撞靶配置了 3 个不同时刻 150 kV 正交 X 射线成像系统(图 3-18)。阿拉巴马大学气动物理研究中心(UAH-ARC)的超高速弹道靶[11], 1960 年期间曾针对阿波罗指令舱做过大量的超高速撞击试验,现主要从事超高速碰撞试验研究,该设备上配置了一套 450 kV 的正交 X 射线成像系统。丹佛大学研究所的空间系统生存中心(DRI-CSSS),主要从事面向航天器防护的超高速撞击试验研究[12],其超高速碰撞靶配置的 X 射线成像系统有五个 150 kV 的 X 射线管,一个单独布站,另外四个构成两个正交测量站。

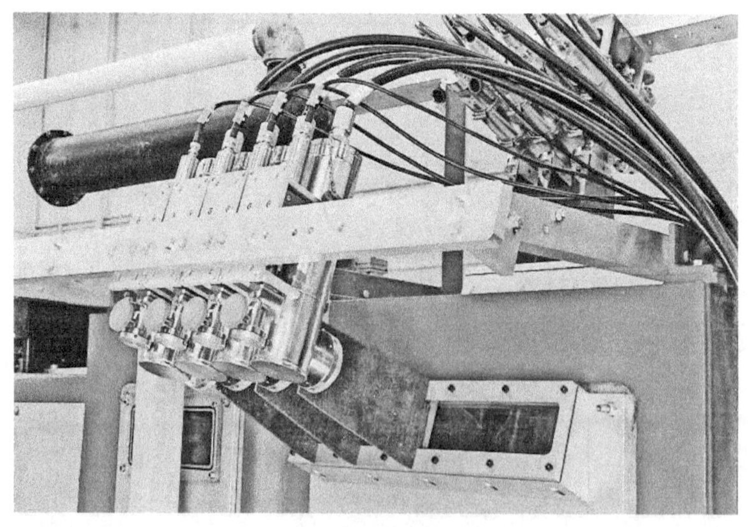

图 3-18　戴顿大学碰撞靶上水平放置的多套 X 射线管布置图

俄罗斯联邦原子能中心(Russian Federal Nuclear Center, RFNC)主要从事航天器结构超高速碰撞和防护设计研究[13]。该单位的多套碰撞设备都配备了脉冲X射线成像系统,共有四套不同能量的系统,其中BIM 234系统具有70 MeV电子能量,产生的X射线具有较强的穿透能力,一次试验中可发射X射线1~10次。

在CARDC超高速所FD-18C碰撞靶配置了四个通道(都为双管)、标称电压为450 kV多序列X射线成像系统(图3-19)。哈尔滨工业大学空间碎片超高速撞击研究中心的超高速碰撞靶配置了8通道脉冲X射线成像系统[14](图3-20)。

图3-19　CARDC超高速所配置的多序列X射线成像系统

图3-20　哈尔滨工业大学超高速碰撞靶配置的多角度序列X射线成像系统

3.2.2 超高速摄影技术

近年来,数字式高速摄影快速发展,本节只介绍碎片云测量中的数字超高速摄影技术。

数字式超高速摄影技术分为两类。第一类使用单 CCD[或者(complementary metal oxide-semiconductor, CMOS)]的超高速摄影机,这类数字摄影机受图像存储或转移速度限制,在较高帧频时图像分辨率将大大下降,如满画幅像素 100 万、帧频为 1 万幅/秒的高速摄影机,在帧频为 100 万幅/秒时,像素只有 1 万。这类摄影机拍摄的图像数量只是受相机内存容量限制,一次试验中就很容易获得几万幅图像。

第二类采用多通道 CCD 分幅成像方式,利用微通道板(microchannel plate, MCP)技术,由上千伏高压驱动微通道板在纳秒量级的时间内实现光束选通和像增强,这类数字超高速摄影机通过调节序列间隔时间和微通道板的选通时间,幅频可达到每秒上亿甚至百亿幅。因为受分幅光路结构的限制,目前这类摄影机市场上多以 4 通道为主,即在高帧频下可以获得 4 幅图像,在间隔几百微秒后可以高帧频下再获得 4 幅图像。

利用高速摄影机对碎片云测量的方法有两种:一种是直接对碎片云进行测量,和普通相机对人物照相一样,简称前光高速成像,即需要光源通过正前方照射碎片云;第二类需要结合阴影仪使用,简称阴影高速成像,即获得的碎片云图像只显示其阴影轮廓。

图 3-21 为前光高速成像光路布置示意图,由于高速摄影机获得碎片云图像时的曝光时间较短,为了满足每幅图像的曝光量,需要使用较高能量光源照射碎片云。图 3-22 为高速摄影机获得的碎片云前光图像,碰撞过程中产生的强烈自发光会掩盖碎片云部分信息。

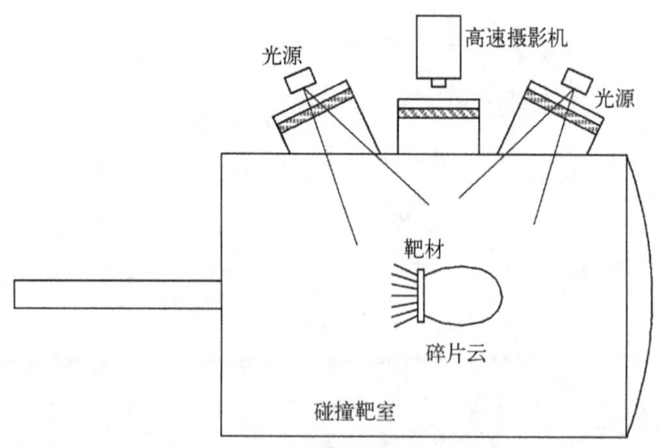

图 3-21 前光高速成像光路布置示意图

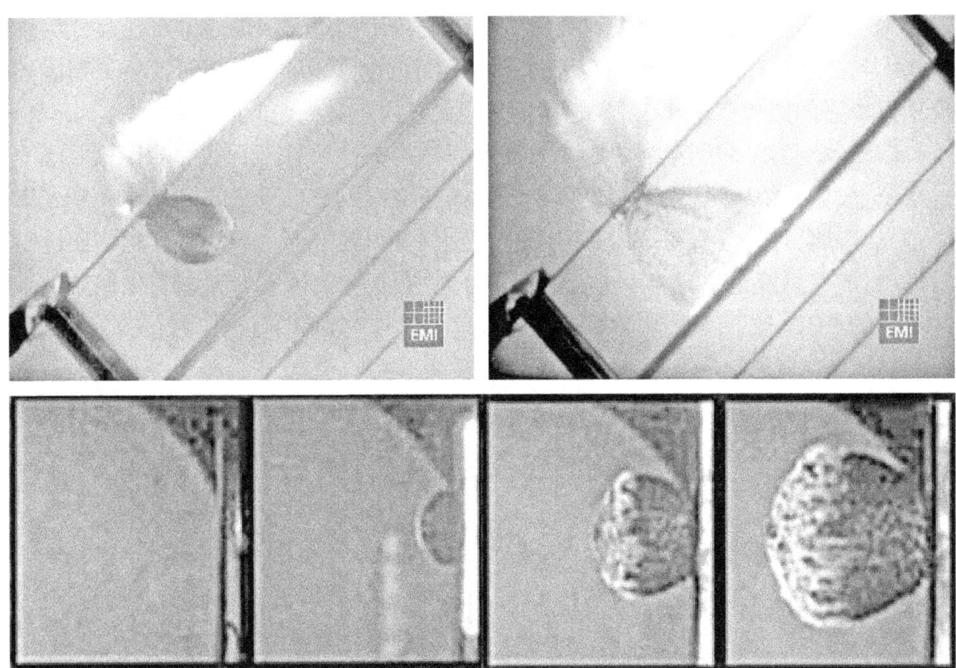

图3-22　高速摄影机获得的碎片云前光图像

图3-23为阴影高速成像光路布置示意图，光源发出的光束通过准直镜后变为准直光，准直光通过碎片云及成像镜后汇聚进入高速摄影机。由于光源利用率相对上述前光高速成像要高，因此光源能量可以相对较低。由于准直光束尺寸限制，在一次试验中记录的图像非常有限。如碎片云的速度为5 km/s，准直光束尺寸为Φ200 mm，帧频为10万幅/秒时最多只能记录4幅碎片云图像。如需要获取更多图像而大幅提高帧频，图像分辨率不仅降低，而且对光源能量会提出更高要求。

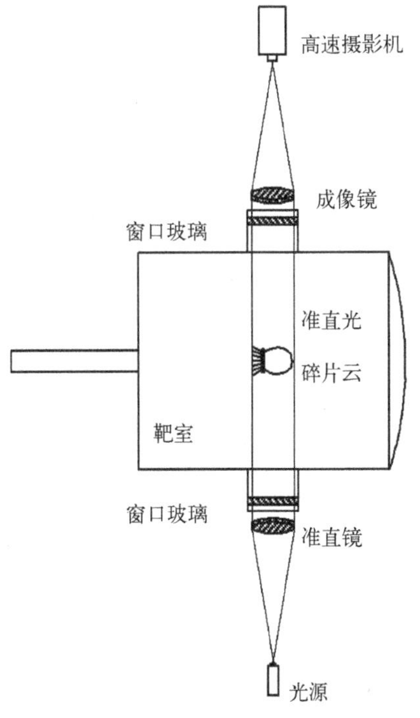

图3-23　阴影高速成像光路布置示意图

3.2.3　超高速多序列激光阴影成像技术

为实现碎片云高分辨率成像，2003年，柳森等提出多光源空间分离技术[15]，并在CARDC超高速所发展了基于“多光源空间分离技术"的多序列激光阴影成像技术[16]，并成功研制了多种型号的成像仪产品。该技术与高速摄影机显著区别在于，图像像素不受帧频影响，在任何帧频下都能实现千万像素的图像分辨率，图像的曝光时间仅取决于激光光源的脉宽时间。

图 3－24 为多序列激光阴影成像技术的光路布置示意图，主要由光源系统、准直系统、成像系统、数据采集和处理系统四部分组成。光源系统的多个脉冲激光束通过光纤耦合进入准直系统中，产生平行光束；多个激光束在不同序列时刻通过测试区域，成像系统对平行光束进行汇聚和分光，并把测试区域的瞬态变化现象记录在不同的 CCD 上，图像通过数据采集与处理系统传输到计算机并进行实时显示。

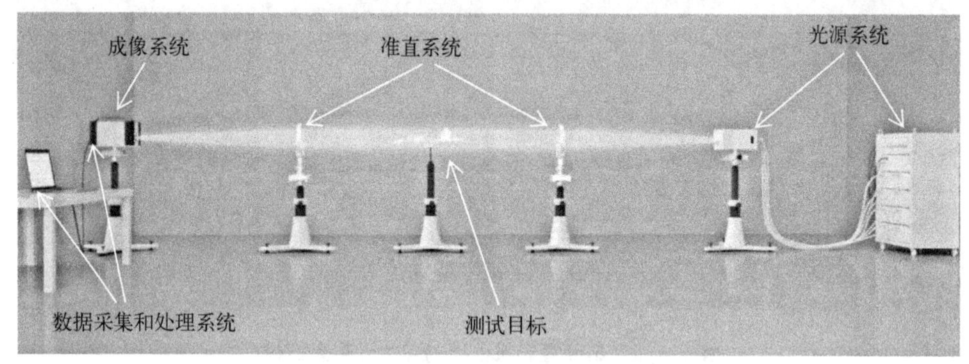

图 3－24　超高速多序列激光阴影成像技术光路布置示意图

多序列激光阴影成像技术对光源的收集效率较高，相比于超高速撞击过程中的自发光来说能实现较高的信噪比，通过在成像端对光束进行衰减、滤光等措施后能有效抑制自发光对成像的干扰。同时，利用此技术还能对测试区域的流场结构进行显示。多序列激光阴影成像技术可实现每幅图像最短 0. 3 ns 的曝光时间，图像不同序列间隔时间为 0. 66 ns～1 ms，可获取 8 幅序列图像，图像像素大于 1 000 万，测试视场可达 Φ100～800 mm。

2015 年，在 CARDC 的 FD－18A 超高速碰撞靶上利用多序列激光阴影成像技术开展了多层铝板防护结构的超高速碰撞试验碎片云测量，图 3－25 为靶材的参数和实物图。试验撞击参数为：弹丸直径 2. 51 mm、弹丸质量 0. 023 5 g、撞击速度 3. 24 km/s，获得了八序列碎片云阴影图像（图 3－26），除了第一幅和第二幅图像的间隔时间为 10 μs，其他图像之间的间隔时间为 5 μs。

在北京理工大学二级轻气炮上的含能材料超高速撞击试验中，利用多序列激光阴影成像技术开展了碎片云形貌测量。试验靶材前板为含能材料薄板（图 3－27），后板为铝合金，前板与后板间距为 100 mm，圆形区域为含能材料薄板，直径为 110 mm。在试验中，靶材厚度为 4 mm，弹丸速度为 5. 05 km/s，获得了 6 序列碎片云图像（图 3－28）。从图中计算得到碎片云的头部速度为 3. 378 km/s，碎片云径向最大距离处的径向膨胀速度为 1. 109 km/s。

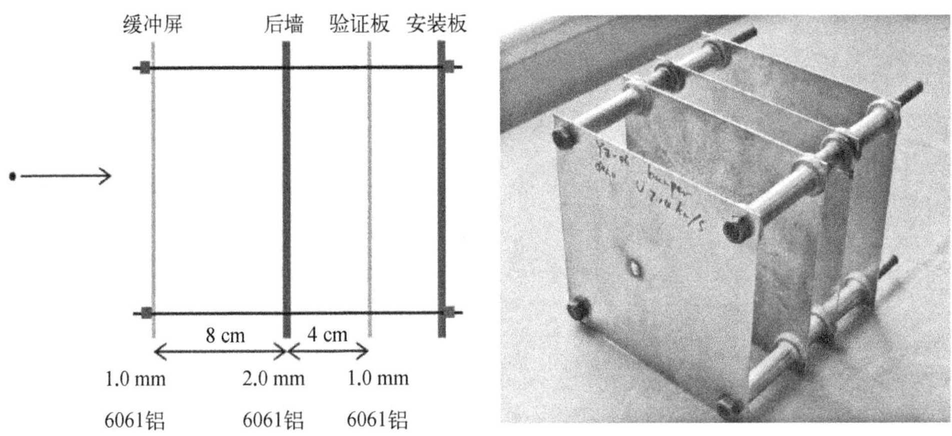

图 3-25　超高速碰撞试验的多层铝板防护结构图

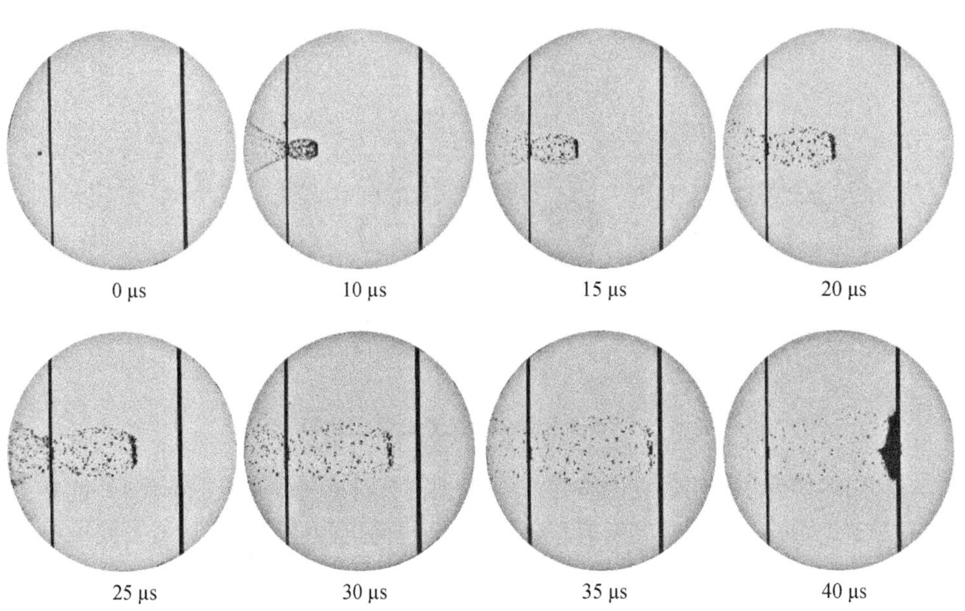

图 3-26　碎片云的多序列激光阴影图像实例 1

图 3-27 含能材料防护结构图

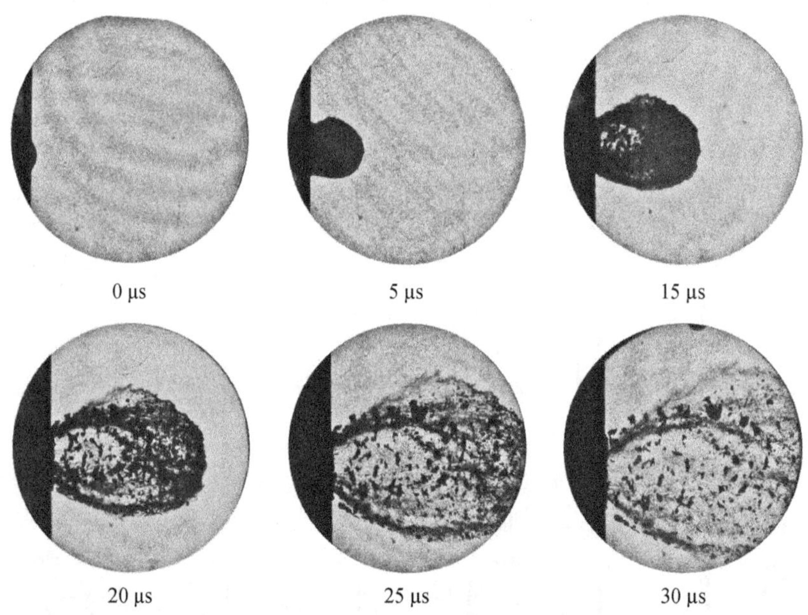

图 3-28 碎片云的多序列激光阴影图像实例 4

利用多序列激光阴影成像技术，可以获得高分辨率的碎片云阴影图像，能够比较清楚地识别碎片云形貌的发展变化过程，是超高速碰撞研究中的重要测试技术之一。

3.2.4 全息测量技术

全息技术是一种真正的三维成像技术，通过记录物光的波前复振幅和相位分布，可以再现还原被测物体的三维信息。该技术被应用于测量领域，充分发挥了其非接触、无损高精度的测量优势。数字全息技术由于其数字再现方式提供的再现像光场复振幅分布是直接以数字形式描述的，可以进行定量测量分析。

数字全息技术包含全息图记录与波前重建两个步骤。图3-29是在平行光照射下，数字同轴全息记录和重建过程的示意图[17]。经准直扩束的平行激光束照射到目标颗粒上，光线发生散射产生物光波（颗粒散射光）。由于和参考光的光程不同，当存在的相位差满足一定条件时，物光波与参考光两者发生干涉，干涉条纹图最后被CCD平面记录，形成全息图。以标量衍射理论为基础，采用小波重建算法对记录图进行全息图波前重建，获得流场中颗粒的粒径与三维位置信息。

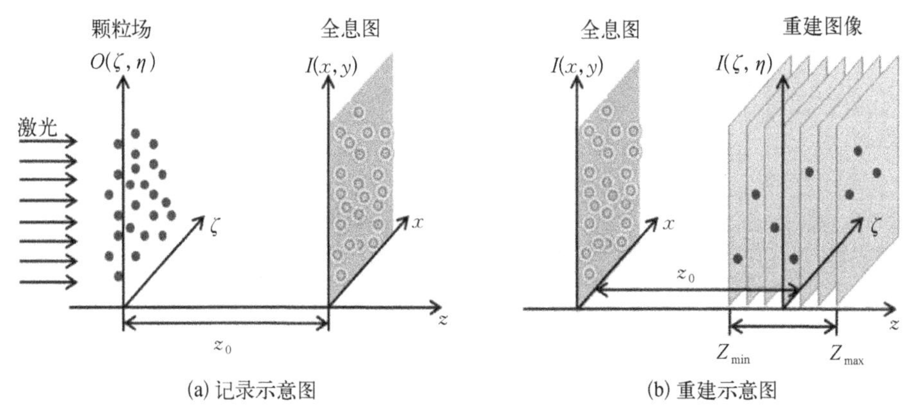

图3-29　数字全息记录和重建示意图[17]

在碎片云测量中，如图3-30所示，利用纳秒级的脉冲激光（相干性较好）照亮碎片云颗粒，颗粒散射光为物光波，沿原路通过碎片云颗粒的光束为参考光，用大像素尺寸的高速相机记录干涉条纹图，通过对碎片云全息图的数字重建，获得碎片云的三维结构特征，包括碎片的大小、形貌和三维位置分布。如果能够获得两个不同时刻的碎片云全息图，还可以获得碎片颗粒的三维速度值。

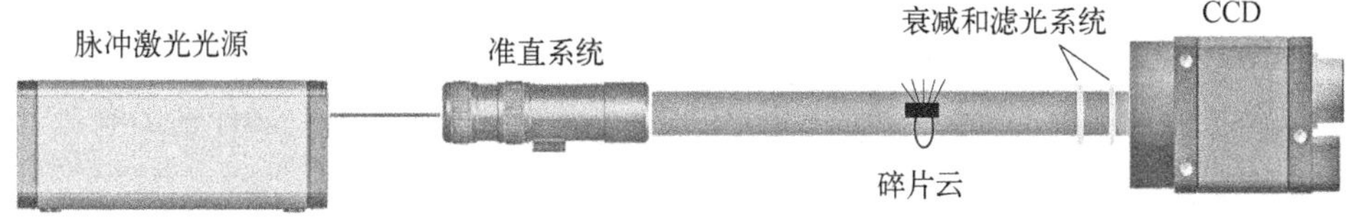

图3-30　碎片云全息测量光路示意图[17]

在CARDC的FD-18A碰撞靶上，开展了超高速碰撞碎片云的单幅和两序列全息测量。图3-31为全息测量系统在碰撞靶上的光路布置图，通过扩束镜9和准直器10后，实现更大尺寸的平行光束能够穿过碎片云区域。

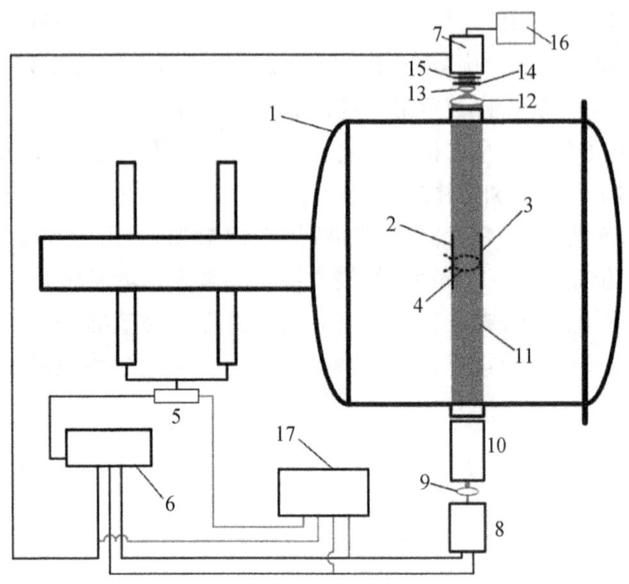

图 3-31　碎片云全息测量在碰撞靶上的光路示意图[17]

1—靶室;2—靶面;3—观察板;4—碎片云;5—测速仪;6—数字延时发生器;7—CCD 相机;8—纳秒级脉冲激光器;9—扩束镜;10—准直器;11—平行光束;12—透镜;13—透镜;14—532 nm 带通滤光片;15—中性滤光片;16—电脑;17—示波器

图 3-32 为碎片云全息图及处理结果,全息背景图看起来比较紊乱,具有大量噪声,这些噪声主要是不随时间变化的静态噪声,其来源主要包括光路中元器件的瑕疵、表面灰尘等。图 3-32(b)的试验全息图和图 3-32(a)的静态全息图相比,明显可以看出部分碎片云颗粒[图 3-32(b)中白色圈中的颗粒],通过减去背景等方法对全息图处理后可以获得图 3-32(c)所示的全息图,处理后的全息图像可以更加清晰看到碎片云颗粒图像。对全息图进行重构后就可以获得图 3-32(d)所示的碎片云颗粒,已经对碎片云颗粒进行了聚焦,其边缘比较清晰。对图 3-32(d)重构的全息图共计获得了 74 个碎片颗粒的三维分布,颗粒最小等效直径为 12 μm,最大等效直径为 353 μm。

为了获得碎片云的三维速度,在光路中使用了两台脉冲激光光源和两个 CCD,通过光路分光形式并控制 CCD 的曝光时间,使得第一时刻碎片云图像被第一个 CCD 记录,第二时刻碎片云图像被第二个 CCD 记录。

在弹丸直径 3 mm、速度 4.83 km/s、靶材厚度 1 mm、靶室压力 12 Pa 试验条件下,获得了两幅不同时刻的碎片云图像,如图 3-33 所示,左边第一幅碎片云记录时刻是在碰撞发生后 12.5 μs,第一幅和第二幅间隔时间为 1 μs。对图 3-33 全息图构建后清晰获得了不同时刻的碎片云颗粒图像(图 3-34),最小尺寸碎片颗粒等效直径为 12 μm。

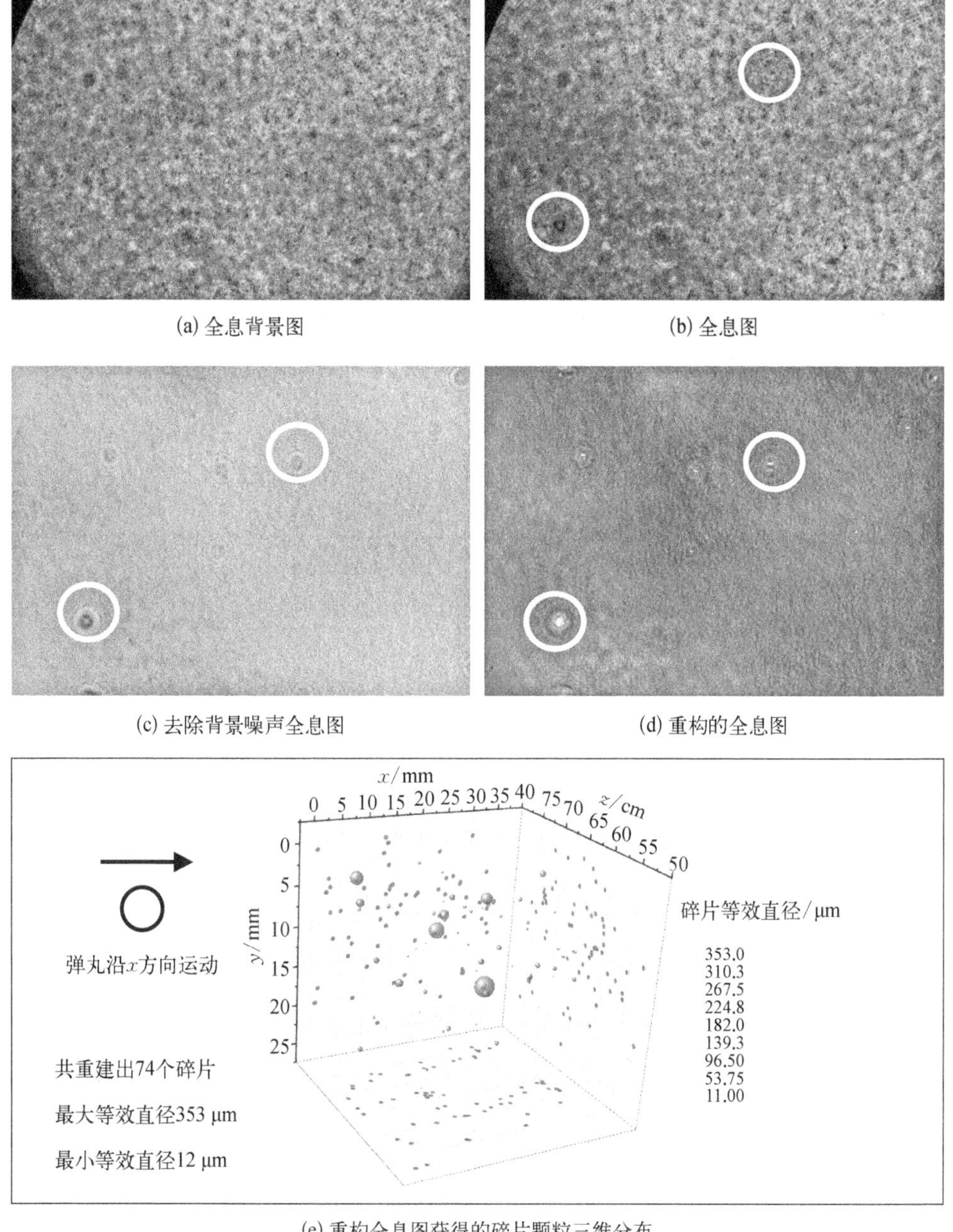

(a) 全息背景图

(b) 全息图

(c) 去除背景噪声全息图

(d) 重构的全息图

(e) 重构全息图获得的碎片颗粒三维分布

图 3－32　碎片颗粒全息重构

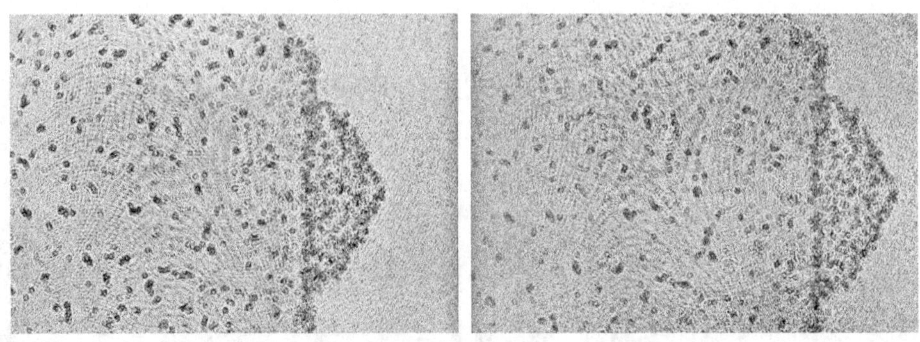

图 3-33 两个不同时刻的碎片云全息图像

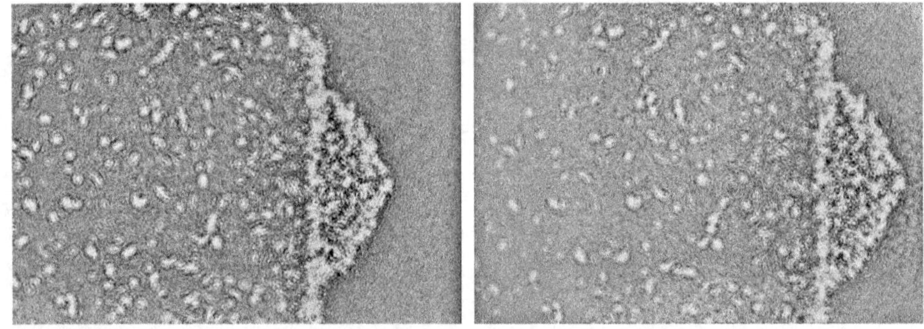

图 3-34 构建获得的不同时刻碎片云颗粒图像

采用最近邻法结合碎片的形貌，对两个不同时刻碎片颗粒进行匹配，得到了碎片云三维速度（图 3-35）。箭头方向代表碎片运动方向，颜色和长度代表轴向速度大小。可以看出碎片云头部的速度明显高于尾部，头部箭头矢量浓密，碎片数量多。

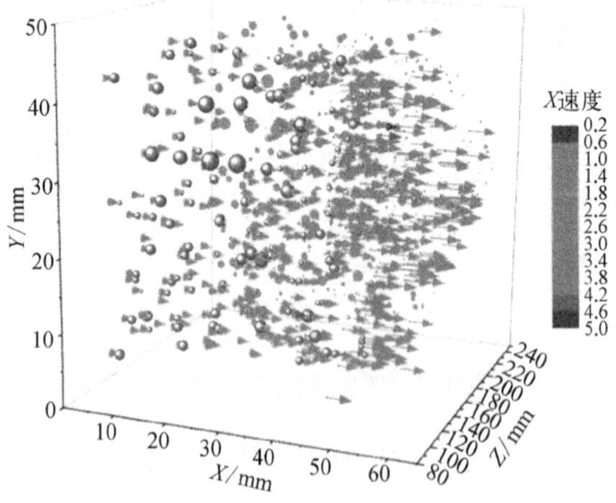

图 3-35 碎片云颗粒三维速度分布

3.3 超高速撞击光辐射测量技术

超高速撞击会出现强烈的光辐射现象,对光辐射现象的研究可以了解撞击的强烈程度、撞击物的主要组成成分、撞击火球温度、撞击产物电离度、气化率等信息[18-23]。在地面超高速撞击试验中,由于撞击物的尺度通常较小,撞击光辐射现象持续时间极短,因此,超高速撞击光辐射测量技术与常规的辐射测量技术要求不同,具有响应时间快、灵敏度高等特点。超高速撞击辐射测量技术主要包括超高速撞击辐射光谱测量技术、超高速撞击辐射强度演化过程的测量技术、超高速撞击辐射亮度分布测量技术等。

3.3.1 超高速撞击辐射光谱测量技术

超高速撞击辐射光谱测量技术包括撞击辐射某时段的积分光谱测量技术和撞击辐射的时间光谱测量技术。通常对超高速撞击辐射光谱的测量波段集中在紫外至近红外波段,通过对撞击辐射光谱中原子或分子在紫外至近红外波段的特征谱强度的处理,可以得到撞击气化原子或分子在某时段的平均温度或温度随撞击时间的变化过程[20, 21, 24];通过对撞击辐射光谱非特征谱强度曲线的拟合,可以得到撞击过程某时段的等效辐射温度或撞击等效辐射温度随撞击时间的变化过程[25]。

1. 超高速光谱测量系统组成及测量原理

超高速撞击辐射某时段的积分光谱通常采用超高速积分光谱测量系统进行测量,超高速撞击辐射的时间光谱通常采用超高速时间光谱测量系统进行测量。

1) 超高速积分光谱测量系统组成及测量原理

超高速积分光谱测量系统用于测量超高速撞击辐射过程中某时段内的积分光谱分布及强度。可采用C-T结构平面光栅光谱仪、中阶梯光栅光谱仪等光谱仪作为分光系统,采用具有高时间响应、高灵敏度的ICCD、emICCD或SCMOS等探测器作为记录设备进行测量。高时间响应、高灵敏度的记录设备是实现测量撞击过程中某时段积分光谱的关键。

C-T光栅光谱仪即采用切尼-特纳(Czerny-Turner)光路结构进行光谱分光的光谱仪,通常采用一凹面反射镜作为准直镜将从狭缝入射的复色光变成平行光,采用平面反射光栅作为色散元件将平行入射的复色光衍射成波长与衍射角度各不相同的单色平行光,再采用凹面镜将衍射角度各不相同的单色平行光汇聚在焦面上形成一系列按波长顺序排列的单色条纹,利用面阵探测器或线阵探测器对焦面上的条纹进行记录处理得到光谱分布。图3-36给出了典型C-T光栅光谱仪的光路。图3-37给出了平面反射光栅的分光原理。

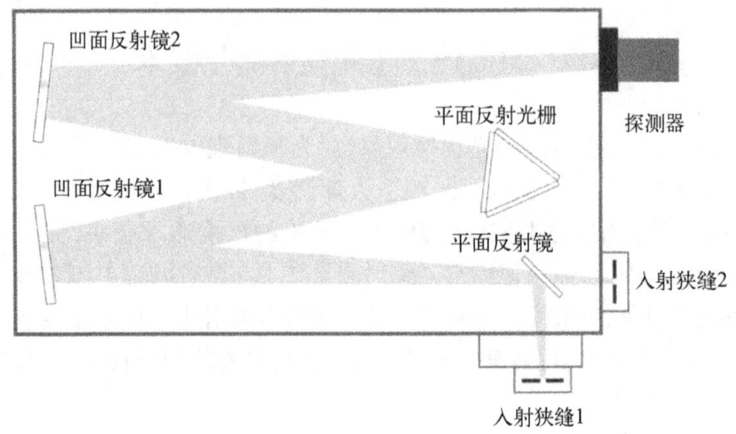

图 3-36 典型 C-T 光栅光谱仪的光路

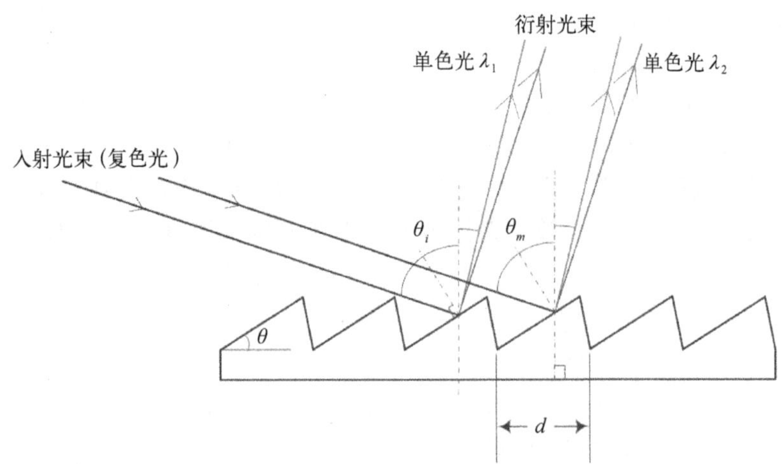

图 3-37 平面反射光栅衍射分光原理

当入射光以一定角度 θ_i 照射到光栅上时，衍射角 θ_m 满足式(3-7)时发生干涉加强现象：

$$d(\sin\theta_m + \sin\theta_i)/\lambda = m \tag{3-7}$$

式中，d 为光栅间距，即光栅常数；m 是一个整数，$m = 0, \pm 1, \pm 2, \cdots$；$\lambda$ 为波长。

对于不同波长 λ 的光，取同一 $m(m \neq 0)$，则各种波长的光将有不同衍射角 θ_m，从而实现了复色光的衍射分离，分离后的光通过成像镜后，在成像面上按衍射级次 m 和波长大小排列形成系列条纹，每一条纹对应一个波长，利用面阵或线阵探测器进行测量即可得到光谱图。为避免不同波长光线的衍射条纹在不同 m 级次下产生重叠，并获得最强衍射谱线，通常 m 取 1，且测量波长带宽控制在一定范围。

C－T 光栅光谱仪的测量波段大小与光谱仪焦距、光栅刻线密度、光谱仪的分谱成像面宽度以及探测器光敏面宽度相关，光谱分辨率与光谱仪焦距、入射狭缝大小、光栅刻线密度、探测器的像元大小相关。C－T 光栅光谱仪通过转动平面反射光栅，可以改变单次测量光谱波段。为消除测量波段外辐射光谱和二次或多次衍射对测量的影响，通常在测量光路中还加装滤光片等光学元件。

中阶梯光栅光谱仪即采用中阶梯光栅作为分光元件的光谱仪，通常采用凹面反射镜作为准直镜将从狭缝入射的复色光变成平行光，采用中阶梯光栅和棱镜作为交叉色散装置将平行入射的复色光分离成具有空间分布特点的各种单色光。再利用凹面反射镜作为成像镜将各种单色光成像在成像面上，形成二维空间分布的亮点，不同位置的亮点对应不同波长，利用面阵探测器对成像面上的具有 2D 分布的单色光进行记录处理得到光谱分布。图 3－38 给出了德国 LTB 公司的 ARYELLE 中阶梯光栅光谱仪光路。

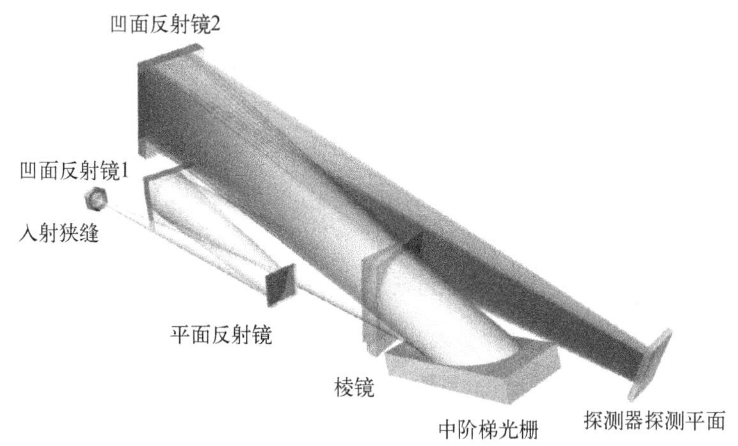

图 3－38　ARYELLE 中阶梯光栅光谱仪光路图

中阶梯光栅是一种粗光栅，光栅常数大，刻槽截面形状为宽而深的直角，刻槽中角度较大的小斜平面为工作面。工作面与光栅平面的夹角为闪耀角 θ，闪耀角一般在 63°以上，衍射级次一般在 30 级以上，使得其相当于刻线密度为几千的平面光栅的 1 级衍射，从而具有非常高的分辨率。中阶梯光栅的分光原理见图 3－39。

为了获得高的衍射效率，光栅通常选择在满足李特洛条件下使用，即在入射角 θ_i 等于衍射角 θ_m 且等于闪耀角 θ 这一条件下使用，此时，中阶梯光栅分光满足式（3－8）：

$$2d\sin\theta/\lambda = m \tag{3-8}$$

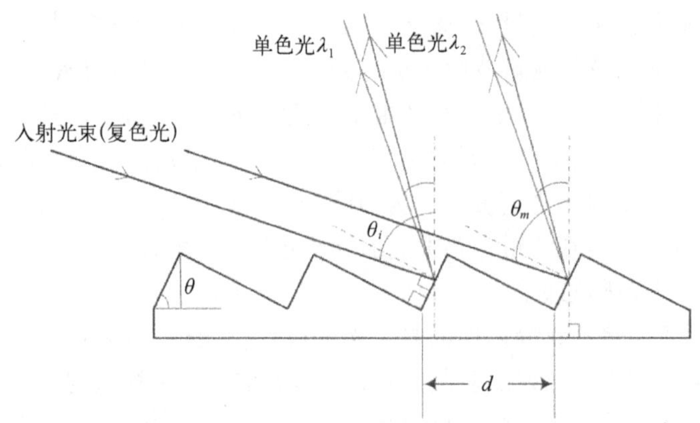

图 3-39　中阶梯光栅衍射分光原理

式中，d 为光栅常数；m 为衍射级次，是整数；λ 为波长。

中阶梯光栅和棱镜结合，将入射的复色光在 2D 方向上将不同波长、不同衍射级次的光区分开形成单色光，被成像镜成像在光谱仪成像面上不同 2D 空间区域，采用成像探测器作为探测器件，一次性将成像面上的光信号记录下来，再借助软件的分析功能，还原出不同空间位置对应的光波长并给出完整的光谱曲线。中阶梯光栅光谱仪中无转动器件，使用简单，一次性就可获得大范围的光谱。

ICCD、emICCD 或 SCMOS 等探测器通常由微通道板像增强器(microchannel plate，MCP)和 CCD、EMCCD 或 CMOS 探测器及控制系统组成。微通道板像增强器既具有图像亮度放大作用也同时起到快门作用，其组成及基本工作原理见图 3-40。

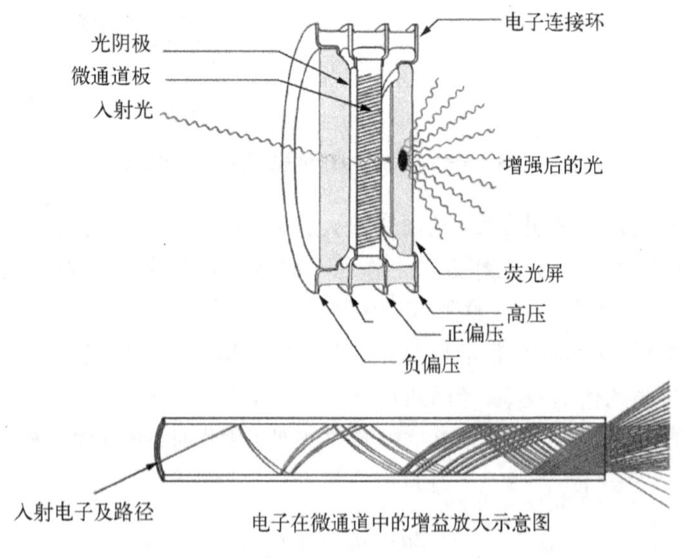

图 3-40　微通道板像增强器基本工作原理

微通道板像增强器通过控制电子加速级间电压脉宽使曝光时间可根据需要控制在纳秒或微秒水平,并将入射光照射到光阴极上产生的电子加速进入微通道板上的微通道中,又可通过控制微通道板上的倍增级间高压大小以控制增益将入射的电子进行数量增殖放大后经过加速轰击到荧光屏上,使荧光屏产生较强发光,达到荧光屏后的常规 CCD 探测器、EMCCD 探测器或 CMOS 探测器可进行探测记录的水平。

2）超高速时间光谱测量系统组成及测量原理

超高速时间光谱测量系统用于测量超高速撞击辐射过程中的辐射光谱分布及谱强度随时间变化的历程。通常采用光栅光谱仪作为分光系统将被测辐射复色光衍射转换为随时间变化且按波长顺序排列的单色光,条纹相机作为光谱的时间-空间转换及亮度增强系统将光谱仪输出的随时间变化的光谱转换成二维空间平面上随空间变化的亮度得到增强的光谱,采用 CCD、CMOS、EMCCD、ICCD、emICCD 或 SCMOS 等探测器作为记录设备进行测量。条纹相机是实现时间光谱测量的关键。

超高速时间光谱测量系统的基本工作原理是:光栅光谱仪输出的光谱图像经条纹相机狭缝后的耦合透镜成像耦合到条纹相机的长条形光电阴极上,各光谱对应位置产生出电子,各位置的电子被加速栅网加速后通过扫描偏转板,在不同偏转电压下电子会在垂直方向上偏转不同的角度,进入到微通道板像增强器(MCP)上不同位置的微通道内进行增殖放大并加速轰击到对应位置的荧光屏上使荧光屏发光,一方面实现了光谱图像亮度的放大,另一方面,将光谱随时间的变化转化成了光谱随空间的变化,此时,采用 CCD、CMOS、EMCCD、ICCD、emICCD 或 SCMOS 等探测器对条纹相机荧光屏上的空间光谱图像进行记录处理即可得到时间光谱。图 3-41 给出了条纹相机的基本工作原理。偏转电压的扫描时间决定了测量的时间光谱的时长。时间光谱测量系统时间分辨率通常与扫描时长相关,扫描时间越短,时间分辨率越高。常用的超高速时间光谱测量系统时间分辨率可根据需要设置在皮秒、纳秒或微秒水平。

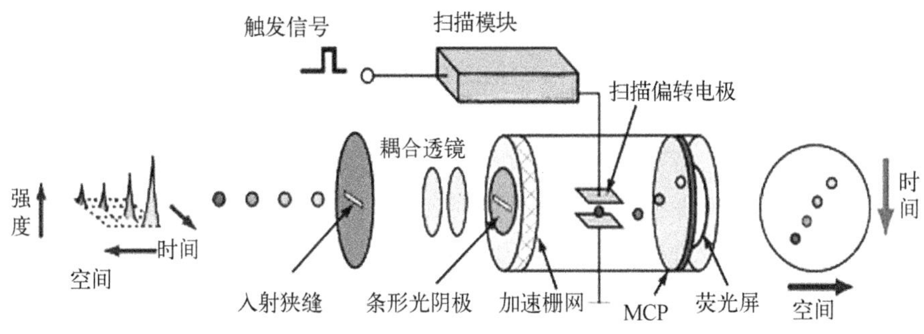

图 3-41 条纹相机的基本工作原理

2. 超高速撞击辐射光谱测量方案

图 3-42 给出了在弹道靶上开展超高速撞击辐射光谱测量的方案示意图，图中的光谱测量系统可以是超高速积分光谱测量系统，也可以是超高速时间光谱测量系统；测量位置可以根据测量需要进行布置；光辐射接收端可以是光纤端面、光纤耦合透镜端面、成像透镜端面，也可以直接采用光谱仪狭缝。在其他设备上进行测量的方案类似。

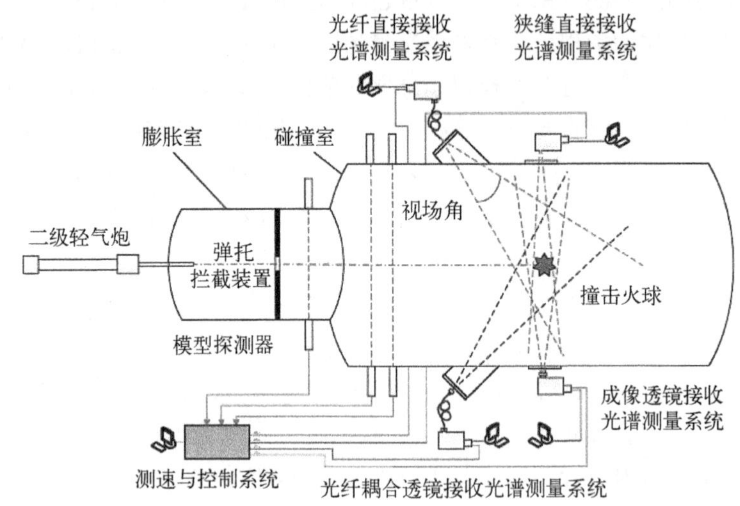

图 3-42　超高速撞击辐射光谱测量方案示意图

无论是采用光纤、光纤耦合透镜还是采用成像镜头收集撞击辐射，其透射波段都需满足测量需要。光纤端面、光纤耦合透镜或成像镜头需正对需测量的撞击辐射区域中心且距离中心足够远(采用撞击辐射直接照射光谱仪狭缝的测量方式则要求狭缝正对需测量的撞击辐射区域中心且距离该中心足够远；测量距离最好保证 10 倍以上测量撞击辐射区最大尺度)，且满足测量视场需要。为了减少背景反射撞击辐射和环境辐射对测量数据的影响，背景涂覆吸光材料或进行亚光处理并尽量减小在测量撞击辐射区以外的视场。为了准确控制测量撞击辐射指定时间段的积分光谱或撞击辐射指定时间段内的时间光谱，积分光谱测量系统或时间光谱测量系统需要具有自动控制延时功能的控制系统给出准确的触发信号。

正式试验测量前，需要使用标准光谱源对光谱测量系统进行波长校准，并采集和保存背景噪声；做试验测量数据处理时需进行背景扣除，提高测量信号的信噪比。背景扣除可以有两种方式：一是试验采集信号时直接就扣除背景信号；二是先保存背景噪声文件，试验后数据处理时再扣除背景噪声。背景噪声通常采用采集多帧背景数据求平均的方法进行，以降低随机噪声的影响。

采用中阶梯光栅光谱仪作为分光系统的积分光谱测量系统，其输入接口一般为光纤连接，因此，其对撞击光辐射的接收端一般为光纤端面或光纤耦合透镜。

3. 超高速撞击辐射光谱测量数据处理方法

1）超高速积分光谱测量系统数据处理方法

超高速积分光谱测量系统通常采用标准光源进行标定。图3-43为标定光路示意图。试验测量时如果光路中有光学窗口或滤光片，则标定时需将该窗口或滤光片放入光路中。光源端面与光学窗口表面、光纤端面、光纤耦合透镜端面、成像透镜端面或狭缝端面平行且同轴。图中给出的是采用光纤耦合透镜进行光收集模式。标定时，保持光谱仪参数（光栅、中心波长、狭缝宽度等）和探测器参数（增益、像素数量及列高度范围）与试验测量时参数一致。

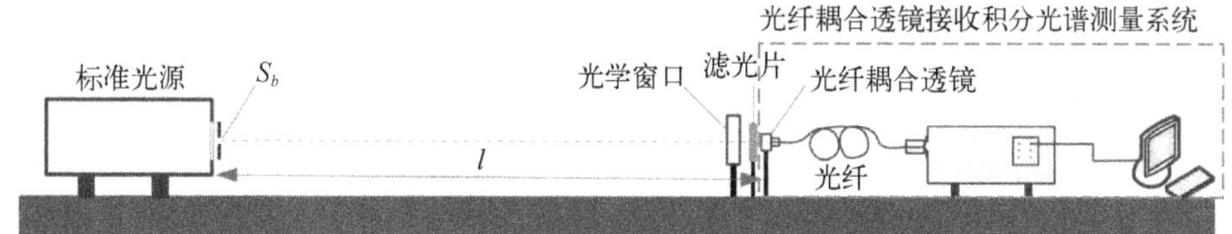

图3-43　积分光谱测量系统标定光路示意图

当采用光纤端面或光谱仪入射狭缝作为光接收端时，通过调整标定光源与光纤端面或狭缝距离 l（需大于10倍光源辐射面积）、调节光源辐射面积 S_b（如果可调情况下，且需小于光谱测量系统视场），或调节光源的光谱辐射亮度 L，或调节探测器积分时间 Δt 可以得到一系列在探测器积分时间内光源照射到光纤端面或光谱仪狭缝上的光谱辐射能量密度 $Q_{i,\lambda_j}(l_k, S_{b,m}, L_{n,\lambda_j}, \Delta t_p)$ 与光谱测量系统对应的读数 $C_{i,\lambda_j}(l_k, S_{b,m}, L_{n,\lambda_j}, \Delta t_p)$（已扣除背景噪声），其中，

$$Q_{i,\lambda_j}(l_k, S_{b,m}, L_{n,\lambda_j}, \Delta t_p) = \frac{L_{n,\lambda_j} \times S_{b,m} \times \Delta t_p}{l_k^2}(i, j, k, m, n, p = 1, 2, 3, 4, \cdots) \tag{3-9}$$

通过对每一波长 λ_j 下的一系列 $Q_{i,\lambda_j}(l_k, S_{b,m}, L_{n,\lambda_j}, \Delta t_p)$ 与 $C_{i,\lambda_j}(l_k, S_{b,m}, L_{n,\lambda_j}, \Delta t_p)$ 进行线性拟合，可以得到拟合曲线：

$$Q_{\lambda_j} = A_{\lambda_j} \times C_{\lambda_j} + B_{\lambda_j} \tag{3-10}$$

式中，针对每一个波长 λ_j，A_{λ_j}、B_{λ_j} 为一组常数。

利用(3-10)对试验测量数据 $C_{\text{test},\lambda_j}$ 进行处理即可得到撞击条件下积分时间段内的平均光谱辐射强度 $I_{\text{test},\lambda_j}$：

$$I_{\text{test},\lambda_j} = \frac{Q_{\text{test},\lambda_j} \times l_{\text{test}}^2}{\Delta t_{\text{test}}} = \frac{(A_{\lambda_j} \times C_{\text{test},\lambda_j} + B_{\lambda_j}) \times l_{\text{test}}^2}{\Delta t_{\text{test}}} \tag{3-11}$$

式中，$C_{\text{test},\lambda_j}$ 为试验测量得到的波长 λ_j 下的光谱测量系统读数(扣除背景噪声)；l_{test} 为试验测量距离；Δt_{test} 为试验时探测器的积分时间。

当采用光纤耦合透镜或成像镜头作为光接收端时,标定光源与光纤耦合透镜或成像镜头端面距离需与试验测量时相同,成像镜头光圈需与试验测量时相同,调节光源辐射面积 S_b(如果可调情况下,且需小于光谱测量系统有效视场),或调节光源的光谱辐射亮度 L，或调节探测器积分时间 Δt 可得到一系列在积分时间内光源照射到光纤耦合透镜或成像镜头端面的光谱辐射能量密度 $Q_{i,\lambda_j}(S_{b,m}, L_{n,\lambda_j}, \Delta t_p)$ 与光谱测量系统对应的读数 $C_{i,\lambda_j}(S_{b,m}, L_{n,\lambda_j}, \Delta t_p)$(已扣除背景噪声)，其中，

$$Q_{i,\lambda_j}(S_{b,m}, L_{n,\lambda_j}, \Delta t_p) = \frac{L_{n,\lambda_j} \times S_{b,m} \times \Delta t_p}{l_{\text{test}}^2} \quad (i, j, m, n, p = 1, 2, 3, 4, \cdots) \tag{3-12}$$

通过对每一波长 λ_j 下的一系列 $Q_{i,\lambda_j}(S_{b,m}, L_{n,\lambda_j}, \Delta t_p)$ 与 $C_{i,\lambda_j}(S_{b,m}, L_{n,\lambda_j}, \Delta t_p)$ 进行线性拟合,可以得到与式(3-10)类似的拟合曲线。利用式(3-11)对试验测量数据 $C_{\text{test},\lambda_j}$ 进行处理即可得到撞击条件下积分时间段内的平均光谱辐射强度 $I_{\text{test},\lambda_j}$。

针对超短曝光时间测量状态,为减少探测器对时间响应的非线性影响,建议标定时保持积分时间 Δt 与试验测量时的积分时间 Δt_{test} 相同。

2）超高速时间光谱测量系统数据处理方法

超高速时间光谱测量系统的标定光路与超高速积分光谱测量系统的标定光路相同,标定方法相似。不同的是,超高速时间光谱测量系统标定时扫描时间需与试验测量时一致。标定时,保持光谱仪参数(光栅、中心波长、狭缝宽度等)、条纹相机参数(狭缝高度、增益、扫描时间等)、探测器参数(增益、积分时间等)与试验测量时参数一致,将触发模式改为手动模式。

当采用光纤端面或光谱仪入射狭缝作为光接收端时,通过调整标定光源与光纤端面或狭缝距离 l(需大于 10 倍光源辐射面积)、调节光源辐射面积 S_b(如果可调情况下,且需小于光谱测量系统视场),或调节光源的光谱辐射亮度 L 可以得到一系列在探测器扫描时间内光源照射到光纤端面或光谱仪狭缝上的各时刻 t_p 的光谱辐射照度 $E_{i,t_p,\lambda_j}(l_k, S_{b,m}, L_{n,\lambda_j})$ 与探测器上对应的读数 $C_{i,t_p,\lambda_j}(l_k, S_{b,m}, L_{n,\lambda_j})$(已扣除背景噪声),其中,

$$E_{i,t_p,\lambda_j}(l_k, S_{b,m}, L_{n,\lambda_j}) = \frac{L_{n,\lambda_j} \times S_{b,m}}{l_k^2} \quad (i, j, k, m, n, p = 1, 2, 3, 4, \cdots) \tag{3-13}$$

通过对每一波长 λ_j 在 t_p 时刻的一系列 $E_{i,\, t_p,\, \lambda_j}(l_k,\ S_{b,\, m},\ L_{n,\, \lambda_j})$ 与 $C_{i,\, t_p,\, \lambda_j}(l_k,\ S_{b,\, m},\ L_{n,\, \lambda_j})$ 进行线性拟合，可以得到拟合曲线：

$$E_{t_p,\, \lambda_j} = A_{t_p,\, \lambda_j} \times C_{t_p,\, \lambda_j} + B_{t_p,\, \lambda_j} \tag{3-14}$$

针对每一时刻 t_p 和特定波长 λ_j，$A_{t_p,\, \lambda_j}$、$B_{t_p,\, \lambda_j}$ 为常数。

通过标定，就可以得到超高速时间光谱测量系统在测量的每一时刻、每一波长下的一系列标定曲线。

利用式(3-14)对试验测量数据 $C_{\text{test},\, t_p,\, \lambda_j}$（已扣除背景信号）进行处理即可得到撞击条件下各测量波长 λ_j 在不同时刻 t_p 的光谱辐射强度 $I_{\text{test},\, t_p,\, \lambda_j}$：

$$I_{\text{test},\, t_p,\, \lambda_j} = E_{t_p,\, \lambda_j} \times l_{\text{test}}^2 = (A_{t_p,\, \lambda_j} \times C_{\text{test},\, t_p,\, \lambda_j} + B_{t_p,\, \lambda_j}) \times l_{\text{test}}^2 \tag{3-15}$$

式中，l_{test} 为试验测量距离。

当采用光纤耦合透镜或成像镜头作为光接收端时，标定光源与光纤耦合透镜或成像镜头端面距离需与试验测量时相同，成像镜头光圈需与试验测量时相同，调节光源辐射面积 S_b（如果可调情况下，且需小于光谱测量系统有效视场），或调节光源的光谱辐射亮度 L 可得到一系列在积分时间内光源照射到光纤耦合透镜或成像镜头端面的光谱辐射照度可以得到一系列在探测器扫描时间内光源照射到光纤端面或光谱仪狭缝上的各时刻 t_p 的光谱辐射照度 $E_{i,\, t_p,\, \lambda_j}(S_{b,\, m},\ L_{n,\, \lambda_j})$ 与探测器上对应的读数 $C_{i,\, t_p,\, \lambda_j}(S_{b,\, m},\ L_{n,\, \lambda_j})$（已扣除背景噪声），其中，

$$E_{i,\, t_p,\, \lambda_j}(S_{b,\, m},\ L_{n,\, \lambda_j}) = \frac{L_{n,\, \lambda_j} \times S_{b,\, m}}{l_{\text{test}}^2} \quad (i,\ j,\ m,\ n,\ p = 1,\ 2,\ 3,\ 4,\ \cdots) \tag{3-16}$$

通过对每一波长 λ_j 在 t_p 时刻的一系列 $E_{i,\, t_p,\, \lambda_j}(S_{b,\, m},\ L_{n,\, \lambda_j})$ 与 $C_{i,\, t_p,\, \lambda_j}(S_{b,\, m},\ L_{n,\, \lambda_j})$ 进行线性拟合，可以得到类似于式(3-14)的时间光谱测量系统在测量的每一时刻、每一波长下的一系列标定曲线。

结合标定曲线和式(3-16)，对试验测量数据 $C_{\text{test},\, t_p,\, \lambda_j}$（已扣除背景信号）进行处理即可得到撞击条件下各测量波长 λ_j 在不同时刻 t_p 的光谱辐射强度 $I_{\text{test},\, t_p,\, \lambda_j}$。

3.3.2　超高速撞击辐射强度演化过程的测量技术

超高速撞击辐射强度演化过程的测量技术是指采用超高速撞击辐射强度测量系统用于测量对超高速撞击辐射感兴趣波段的辐射强度随撞击时间演化的一种测量方法。对超高速撞击辐射强度感兴趣的波段主要有两类：一类是可以用于研究超高速撞击气化物温度的气化产物中具有强特征辐射组分的多个特征辐射波段，

一般在紫外至可见光波段内；一类是可用于较好研究撞击辐射温度的非特征辐射波段，一般选择可见光、近红外、短波红外、中波红外波段。通过对超高速撞击气化物中具有强特征辐射组分的多个特征辐射波段的辐射强度演化过程的测量和数据处理，可以得到气化产物的温度随撞击时间的演化过程，进而得到气化产物的等效辐射面积或等效辐射体积随撞击时间的演化过程以及气化率或离化率随撞击时间的演化过程；通过对超高速撞击多个非特征辐射波段的辐射强度演化过程的测量和数据处理，可以得到超高速撞击过程的等效辐射温度随撞击时间的演化过程进而得到超高速撞击等效辐射面积或等效辐射体积随撞击时间的演化过程[25-27]。

1. 超高速撞击辐射强度测量系统组成及测量原理

超高速撞击辐射强度演化通常采用超高速撞击辐射强度测量系统测量，该系统通常由具有高频响应和宽频带的辐射计、高速数据采集处理系统组成。辐射计由视场限制装置、通带外具有高截止率的滤光片、光电探测器、具有大带宽的高频放大器等组成。视场限制装置限制辐射计测量视场，只允许需要测量区域的辐射进入辐射计视场中；滤光片用于限制测量波段，在探测器响应波长范围内，只允许测量波段内的光辐射照射到探测器光敏面上；光电探测器用于将光信号转换为电信号；放大器用于将电信号放大并以电压形式输出。辐射计不同的测量波段由不同的滤光片和探测器来实现。

用于超高速撞击辐射测量的辐射计对光的收集有多种模式，如采用双狭缝限制视场，光通过双狭缝空间直接照射，或用光纤端面直接接收，或采用光纤耦合透镜接收，或采用成像透镜接收。图 3－44 给出了四种光收集模式辐射计基本结构图。用于超高速撞击辐射测量的辐射计用探测器选用具有高频率响应的探测器，对于地面试验条件，一般需选用频率响应不小于 5 MHz 的探测器。0. 2～1. 1 μm 内一般选用光电倍增管、PIN 型 Si 光电二极管，测量波段在 0. 9～2. 7 μm 内一般选用 PIN 型 InGaAs 光电二极管、InSb 探测器，测量波段在 3～5 μm 内一般选用 InSb 或

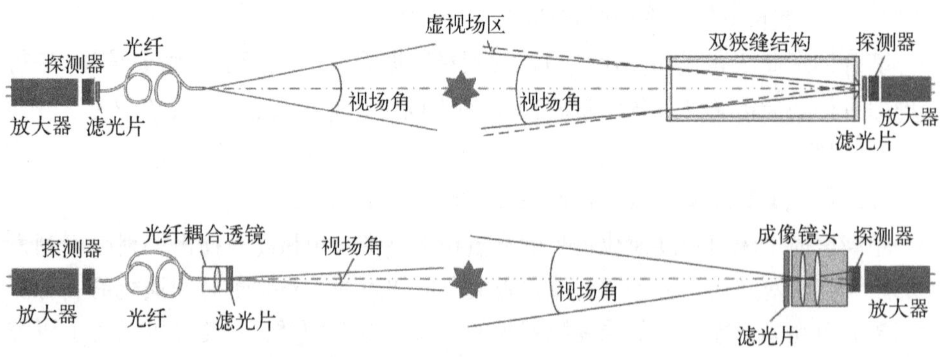

图 3－44　辐射计基本结构

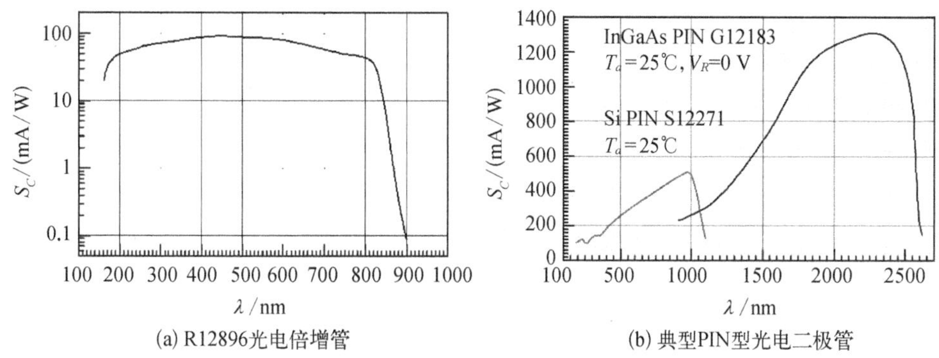

(a) R12896光电倍增管　(b) 典型PIN型光电二极管

图 3-45　几种具有高时间响应的光电探测器的典型光谱响应曲线

S_C 为光谱响应灵敏度；T_a 为环境温度；V_R 为偏置电压

HgCdTe 探测器。对于 InGaAs、InSb 或 HgCdTe 等红外探测器，通常需要制冷，降低探测器的热噪声。图 3-45 给出了两种典型探测器的光谱响应曲线。

辐射计中的放大器带宽和阻抗需与探测器匹配，增益根据具体测量的超高速撞击试验状态和数据采集处理系统的测量量程等参数设置，基本原则是输出信号不饱和、不过低、不超数据采集处理系统的测量量程。

2. 超高速撞击辐射强度演化过程测量方案

图 3-46 给出了在弹道靶上开展超高速撞击辐射强度演化过程测量的方案。在其他设备上进行测量的方案类似。无论是采用光纤、光纤耦合透镜还是采用成像镜头收集撞击辐射，其透射波段都需满足测量需要。与光谱测量方案类似，光纤端面、光纤耦合透镜或成像镜头正对测量的撞击辐射区域中心且距离中心足够远，且满足测量视场需要，背景涂覆吸光材料或进行亚光处理并尽量减小在测量撞击

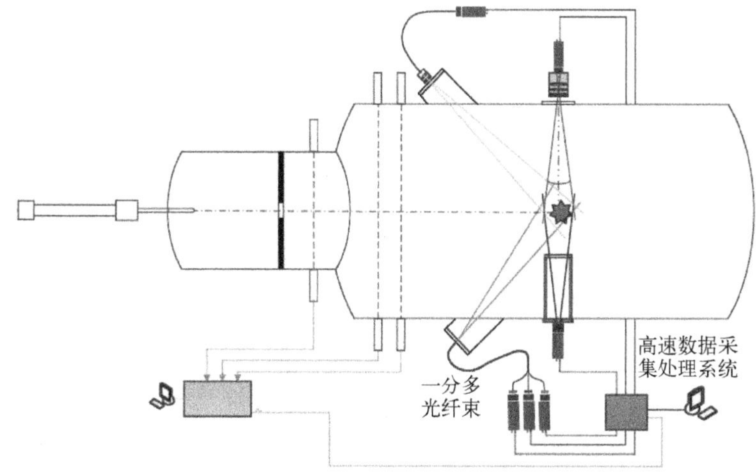

图 3-46　超高速撞击辐射强度演化过程测量方案

辐射区以外的视场。为了获得从撞击起始点开始的撞击辐射演化过程，高速数据采集处理系统可以采用内触发模式或外触发模式，但需注意触发时刻及存储模式设置，确保撞击辐射信号的可靠采集和存储。

3. 超高速撞击辐射强度演化过程测量数据处理方法

辐射计采用标准光源进行标定。图 3－47 为标定光路示意图，试验测量时如果光路中有光学窗口，则标定时需将该窗口放入光路中。光源端面与光学窗口表面、光纤端面、耦合透镜端面、成像透镜端面或探测器光敏面平行且同轴。

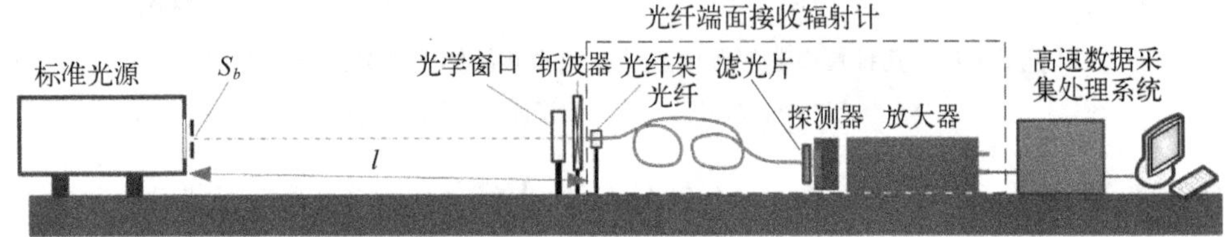

图 3－47　典型辐射计标定光路图

斩波器用于将标准光源的稳定辐射调制成交变辐射照射到辐射计上，调制频率在辐射计的频响范围内。当采用光纤端面或探测器直接作为光接收端时，通过调整标定光源与光纤端面或与探测器光敏面距离 l（需大于 10 倍光源辐射面积）、调节光源辐射面积 S_b（如果可调情况下，且需小于辐射计视场），或调节光源的光谱辐射亮度 L 可以得到一系列等效辐射照度 $E_i(l_k, S_{b,m}, L_{n,\lambda})$ 对应的辐射计输出电压 $V_i(l_k, S_{b,m}, L_{n,\lambda})$，其中，

$$E_i(l_k, S_{b,m}, L_{n,\lambda}) = \int_0^{\infty} \frac{s_\lambda \tau_{1,\lambda} \tau_{2,\lambda} L_{n,\lambda_j} S_{b,m}}{l_k^2} \mathrm{d}\lambda \quad (i, k, m, n = 1, 2, 3, 4, \cdots) \tag{3-17}$$

式中，s_λ 为探测器的相对光谱响应率；$\tau_{1,\lambda}$ 光纤的相对光谱透过率（无光纤时，$\tau_{1,\lambda} = 1$）；$\tau_{2,\lambda}$ 为滤光片与光学窗口的相对光谱透过率。

通过对同一测量波段下的一系列 $E_i(l_k, S_{b,m}, L_{n,\lambda})$ 与 $V_i(l_k, S_{b,m}, L_{n,\lambda})$ 进行线性拟合，可以得到拟合曲线：

$$E = AV + B \tag{3-18}$$

式中，针对每一个测量波段，A、B 为一组常数。

通过标定，利用式（3－18）对试验测量数据 V_t 进行处理就可以得到撞击辐射在辐射计上测量波段内产生的每一时刻下的等效辐射照度 E_t：

$$E_t = AV_t + B \tag{3-19}$$

如果测量波段带宽 $\Delta\lambda$ 不大，s_λ、$\tau_{1,\lambda}$、$\tau_{2,\lambda}$、L 在测量波段内变化不大，有

$$\begin{cases} E_t = \int_0^{\infty} \dfrac{s_\lambda \tau_{1,\lambda} \tau_{2,\lambda} L_{t,\lambda} S_t}{l_{\text{test}}^2} \mathrm{d}\lambda = \int_0^{\infty} \dfrac{s_\lambda \tau_{1,\lambda} \tau_{2,\lambda} I_{t,\lambda}}{l_{\text{test}}^2} \mathrm{d}\lambda \approx \dfrac{s_{\lambda_0} \tau_{1,\lambda_0} \tau_{2,\lambda_0} I_{t,\lambda_0}}{l_{\text{test}}^2} \Delta\lambda \\ I_{t,\lambda} = L_{t,\lambda} S_t \end{cases} \tag{3-20}$$

式中，$I_{t,\lambda}$ 是波长为 λ 下的撞击辐射在 t 时刻的光谱辐射强度；S_t 是波长为 λ 下的撞击辐射在 t 时刻的辐射面积；λ_0 为测量波段中心波长；s_{λ_0} 为探测器相关光谱响应率在波长为 λ_0 时的值；τ_{1,λ_0} 为光纤的相对光谱透过率在波长为 λ_0 时的值；τ_{2,λ_0} 为滤光片与光学窗口的相对光谱透过率在波长为 λ_0 时的值。

则撞击辐射在 t 时刻、在测量波段内向辐射计测量位置方向上的辐射强度 I_t 为

$$I_t = I_{t,\lambda_0} \Delta\lambda = \frac{E_t l_{\text{test}}^2}{s_{\lambda_0} \tau_{1,\lambda_0} \tau_{2,\lambda_0}} = \frac{(AV_t + B) l_{\text{test}}^2}{s_{\lambda_0} \tau_{1,\lambda_0} \tau_{2,\lambda_0}} \tag{3-21}$$

撞击辐射在 t 时刻、在测量波段内向辐射计测量位置方向上的平均光谱辐射强度 $I_{t,\lambda}$ 为

$$I_{t,\lambda} = \frac{(AV_t + B) l_{\text{test}}^2}{\Delta\lambda s_{\lambda_0} \tau_{1,\lambda_0} \tau_{2,\lambda_0}} \tag{3-22}$$

当采用光纤耦合透镜或成像镜头作为光接收端时，标定光源与光纤耦合透镜或成像镜头端面的距离 l 需与试验测量条件下相同，调节光源辐射面积 S_b（如果可调情况下，且需小于辐射计测量视场），或调节光源的光谱辐射亮度 L 可以得到一系列等效辐射照度 $E_i(S_{b,m}, L_{n,\lambda})$ 对应的辐射计输出电压 $V_i(S_{b,m}, L_{n,\lambda})$，其中，

$$E_i(S_{b,m}, L_{n,\lambda}) = \int_0^{\infty} \frac{s_\lambda \tau_{3,\lambda} \tau_{2,\lambda} L_{n,\lambda_j} S_{b,m}}{l_{\text{test}}^2} \mathrm{d}\lambda \quad (i, m, n = 1, 2, 3, 4, \cdots) \tag{3-23}$$

式中，s_λ 为探测器的相对光谱响应率；$\tau_{3,\lambda}$ 为光纤耦合透镜与光纤的相对光谱透过率或成像透镜的相对光谱透过率；$\tau_{2,\lambda}$ 为滤光片与光学窗口的相对光谱透过率。

通过对同一测量波段下的一系列 $E_i(S_{b,m}, L_{n,\lambda})$ 与 $V_i(S_{b,m}, L_{n,\lambda})$ 进行线性拟合，可以得到拟合曲线：

$$E = AV + B \tag{3-24}$$

式中，针对每一个测量波段，A、B 为一组常数。

通过标定，利用式(3-24)对试验测量数据 V_t 进行处理就可以得到撞击辐射

在辐射计上测量波段内产生的每一时刻下的等效辐射照度 E_t：

$$E_t = AV_t + B \tag{3-25}$$

如果测量波段带宽 $\Delta\lambda$ 不大，s_λ、$\tau_{2,\lambda}$、$\tau_{3,\lambda}$、L 在测量波段内变化不大，有

$$\begin{cases} E_t = \int_0^\infty \dfrac{s_\lambda \tau_{3,\lambda} \tau_{2,\lambda} L_{t,\lambda} S_t}{l_{\text{test}}^2} \mathrm{d}\lambda = \int_0^\infty \dfrac{s_\lambda \tau_{3,\lambda} \tau_{2,\lambda} I_{t,\lambda}}{l_{\text{test}}^2} \mathrm{d}\lambda \approx \dfrac{s_{\lambda_0} \tau_{3,\lambda_0} \tau_{2,\lambda_0} I_{t,\lambda_0}}{l_{\text{test}}^2} \Delta\lambda \\ I_{t,\lambda} = L_{t,\lambda} S_t \end{cases} \tag{3-26}$$

式中，τ_{3,λ_0} 为光纤耦合透镜与光纤的相对光谱透过率或成像透镜的相对光谱透过率在波长为 λ_0 时的值。

则撞击辐射在 t 时刻、在测量波段内向辐射计测量位置方向上的总辐射强度 $I_{t,\Delta\lambda}$ 为

$$I_{t,\Delta\lambda} = I_{t,\lambda_0}\Delta\lambda = \frac{E_t l_{\text{test}}^2}{s_{\lambda_0}\tau_{3,\lambda_0}\tau_{2,\lambda_0}} = \frac{(AV_t + B) l_{\text{test}}^2}{s_{\lambda_0}\tau_{3,\lambda_0}\tau_{2,\lambda_0}} \tag{3-27}$$

撞击辐射在 t 时刻、在测量波段内向辐射计测量位置方向上的平均光谱辐射强度 I_{t,λ_0} 为

$$I_{t,\lambda_0} = \frac{(AV_t + B) l_{\text{test}}^2}{\Delta\lambda s_{\lambda_0}\tau_{3,\lambda_0}\tau_{2,\lambda_0}} \tag{3-28}$$

3.3.3 超高速撞击辐射亮度分布测量技术

超高速撞击辐射亮度分布测量技术指采用超高速辐射成像测量系统测量对超高速撞击辐射感兴趣的波段在某方向上的辐射亮度分布的一种测量方法。对超高速撞击辐射亮度感兴趣的波段主要有两类：一是超高速撞击前期以气化物强特性辐射为主的波段，一般在紫外至可见光内某些特征波段；二是超高速撞击后期以强热辐射为主的波段，一般在近红外、短波红外、中波红外波段。

1. 超高速辐射成像测量系统组成及测量原理

超高速撞击辐射亮度分布通常采用超高速辐射成像测量系统进行测量，可用于测量的系统有超高速紫外至近红外辐射成像测量系统、超高速短波红外辐射成像测量系统、超高速中波红外辐射成像测量系统、高速长波红外辐射成像测量系统等。

超高速辐射成像测量系统通常由通带外具有高截止率的成像滤光片、成像镜头、具有高时间响应的成像探测器系统、专用控制与采集软件及计算机平台等组

成。成像探测器通常需要制冷,降低热噪声,对于超高速撞击辐射成像测量,考虑到减少运动模糊问题,积分时间一般不会大于 1 μs,探测器采用电制冷即可满足测量要求。

超高速紫外至近红外辐射成像测量系统的成像探测器主要有 ICCD、emICCD 或 SCMOS 探测器,最短积分时间可达 ns 量级甚至更低;超高速短波红外辐射成像测量系统的成像探测器主要有 InGaAs 面阵探测器,最短积分时间可达 1 μs;超高速中波红外辐射成像测量系统的成像探测器主要有 InSb、HgCdTe 面阵探测器,最短积分时间分别可达 0.5 μs、0.17 μs;超高速长波红外辐射成像测量系统的成像探测器主要有 HgCdTe、T2SLS、SLS 面阵探测器,最短积分时间分别可达 0.2 μs、1 μs、0.5 μs。

2. 超高速撞击辐射亮度分布测量方案

利用超高速辐射成像测量系统开展超高速撞击辐射亮度分布测量的方案与利用超高速光谱测量系统、超高速辐射强度测量系统开展超高速撞击辐射光谱、辐射强度的测量布置方案类似,在此不再赘述。

成像镜头光轴正对撞击辐射区域中心,在辐射区域放置具有漫反射特性的物体,用弱光照射物体,调节镜头焦距,使物体成像清晰,为便于定量化数据处理和减少处理误差,测量距离最好不小于 10 倍目标最大尺度。背景涂覆吸光材料或进行亚光处理并尽量减小在测量撞击辐射区以外的辐射进入成像系统视场。为了准确控制测量撞击辐射指定时间点的辐射图像,超高速辐射成像测量系统需要具有自动控制延时功能的控制系统给出准确的触发信号。

正式试验测量前,需要使用标准板对超高速辐射成像测量系统进行空间分辨率测量,并采集和保存背景噪声;做试验测量数据处理时需进行背景扣除,提高测量信号的信噪比。背景扣除可以有两种方式,一是试验采集信号时直接就扣除背景信号,二是先保存背景噪声文件,试验后数据处理时再扣除背景噪声。背景噪声通常采用采集多帧背景数据求平均的方法进行,以降低随机噪声的影响。

3. 超高速撞击辐射亮度分布测量数据处理方法

超高速辐射成像测量系统通常采用积分球或大面积黑体炉等标准光源进行标定。图 3-48 为标定光路示意图。积分球主要用于超高速紫外至近红外辐射成像测量系统、超高速短波红外辐射成像测量系统的标定,大面积黑体炉主要用于超高速中波红外辐射成像测量系统、超高速长波红外辐射成像测量系统的标定。如果光路中有光学窗口,则标定时需将该窗口放入光路中,光源端面与光学窗口表面、成像透镜端面平行且同轴。标定时,保持超高速辐射成像测量系统和标定源距离与试验测量距离一致,成像测量系统增益、光圈与试验测量时一致。

调节光源的光谱辐射亮度 L, 或调节探测器积分时间 Δt (在调节光源光谱辐射亮度 L 可满足动态标定范围时,建议 Δt 不调节,并保持与试验测量时一致)可以

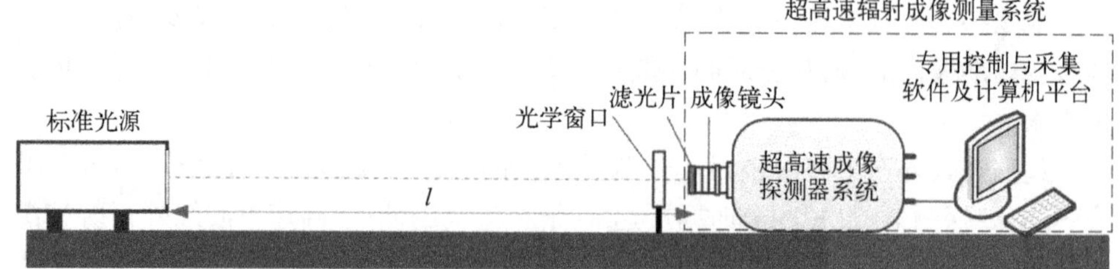

图 3-48 超高速辐射成像测量系统标定光路示意图

得到一系列在探测器积分时间内光源照射到探测器像素 (i, j) 上的等效辐射能量 $Q_{i,j,k}(L_{n,\lambda}, \Delta t_p)$ 与超高速辐射成像测量系统对应像素 (i, j) 的读数 $C_{i,j,k}(L_{n,\lambda}, \Delta t_p)$（已扣除背景噪声），其中，

$$Q_{i,j,k}(L_{n,\lambda}, \Delta t_p) = \Delta t_p \int_0^{\infty} \frac{L_{n,\lambda} S_b S_{\text{len}} \tau_{i,j,\lambda}}{l_{\text{test}}^2} \mathrm{d}\lambda \quad (i, j, k, n, p = 1, 2, 3, 4, \cdots) \tag{3-29}$$

式中，S_b 为像素 (i, j) 对应的目标面积；S_{len} 为成像镜头（含滤光片）的有效通光面积；$\tau_{i,j,\lambda}$ 为超高速辐射成像测量系统在像素 (i, j) 上光谱响应系数（也称仪器系数），与滤光片透过率、镜头透过率、探测器像素的光谱响应率等相关。

通过对每一像素在同一测量波段下的一系列 k 下 $Q_{i,j,k}(L_{n,\lambda}, \Delta t_p)$ 与 $C_{i,j,k}(L_{n,\lambda}, \Delta t_p)$ 进行线性拟合，可以得到拟合曲线：

$$Q_{i,j} = A_{i,j} \times C_{i,j} + B_{i,j} \tag{3-30}$$

式中，针对每个像素，$A_{i,j}$、$B_{i,j}$ 为一组常数。

利用式(3-30)对试验测量数据 $C_{\text{test},i,j}$ 进行处理即可得到撞击条件下积分时间段内的各像素的等效辐射能量 $Q_{\text{test},i,j}$：

$$Q_{\text{test},i,j} = A_{i,j} C_{\text{test},i,j} + B_{i,j} \tag{3-31}$$

如果测量波段带宽 $\Delta\lambda$ 不大，$\tau_{i,j,\lambda}$、L 在测量波段内变化不大，式(3-29)可改写为

$$Q_{i,j,k}(L_{n,\lambda}, \Delta t_p) = \Delta t_p \int_0^{\infty} \frac{L_{n,\lambda} S_b S_{\text{len}} \tau_{i,j,\lambda}}{l_{\text{test}}^2} \mathrm{d}\lambda \approx \frac{L_{n,\lambda_0} S_b S_{\text{len}} \tau_{i,j,\lambda_0}}{l_{\text{test}}^2} \Delta t_p \Delta\lambda \tag{3-32}$$

此时，像素 (i, j) 测量的等效辐射能量 $Q_{\text{test},i,j}$ 可改写为

$$Q_{\text{test},i,j} = A_{i,j} C_{\text{test},i,j} + B_{i,j} \approx \frac{L_{\text{test},i,j,\lambda_0} S_b S_{\text{len}} \tau_{i,j,\lambda_0}}{l_{\text{test}}^2} \Delta t_{\text{test}} \Delta\lambda \tag{3-33}$$

像素 (i, j) 测量的对应位置超高速撞击辐射在 t 时刻、在测量波段和测量方向上的辐射亮度 $L_{\text{test}, i, j}$ 为

$$L_{\text{test}, i, j} = \frac{A_{i, j}C_{\text{test}, i, j} + B_{i, j}}{\Delta t_{\text{test}} S_b S_{\text{len}} \tau_{i, j, \lambda_0}} \Delta l_{\text{test}}^2 \tag{3-34}$$

像素 (i, j) 测量的对应位置超高速撞击辐射在 t 时刻、在测量波段和测量方向上的平均光谱辐射亮度 $L_{\text{test}, i, j, \lambda}$ 为

$$L_{\text{test}, i, j, \lambda} = \frac{A_{i, j}C_{\text{test}, i, j} + B_{i, j}}{\Delta\lambda \Delta t_{\text{test}} S_b S_{\text{len}} \tau_{i, j, \lambda_0}} \Delta l_{\text{test}}^2 \tag{3-35}$$

利用图像处理软件可将辐射亮度分布数据转换成图像。

3.4　碎片云动量测量

当一个物体受到超高速撞击时，根据可能产生的反溅或者喷射碎片云情况，被撞击物体的最终动量增量可能大于或小于撞击体的初始动量。当小行星受到超高速撞击时，被撞击行星表面溅射出的巨大碎片云团的动量远大于入射撞击体的初始动量，被撞行星的动量增量可能数倍大于撞击体的动量；当航天器结构受到空间碎片超高速撞击时，被贯穿的太阳能帆板或防护结构缓冲屏获得的动量可能与撞击碎片的初始动量方向相反，而航天器最终获得的动量则大于碎片的初始动量。对于空间碎片 Whipple 防护结构设计，为了降低缓冲屏的穿透碎片云对其后板的二次损伤，应使穿透碎片云的动量尽可能分散。开展碎片云动量特性研究不仅可以掌握超高速碰撞的动量传递特性，还可掌握碎片云的二次损伤能力，开展空间碎片防护结构的性能评估与优化设计。

3.4.1　动量传递特性

碎片云动量特性的研究手段包括数值仿真和试验测量，试验测量大多基于弹道摆装置开展。弹道摆装置是一种古老而又行之有效的冲击动量测量装置，利用单个或多个弹道摆装置可以对超高速撞击情况下碎片云动量特性进行测量。根据碎片云特征概况，试验测量研究可分为厚靶的动量传递特性研究与薄靶的动量传递特性研究。

厚靶超高速撞击时主要表现为成坑，此时产生巨大的反溅碎片云，因而动量传递为明显的动量增强，典型的案例为行星撞击的动量增强效应。该方面研究可追溯到 20 世纪 60 年代，B. P. Denardo 等利用弹道摆开展了半无限铝的超高速撞击试验，获得了动量增强效应随撞击速度、弹丸尺度和材料的变化规律[28, 29]。K. A.

Holsapple 等通过数值和试验方法获得了大量行星体材料的动量增强效应数据，并构建了行星撞击动量增强效应的理论模型和缩尺模型[30-32]。J. D. Walker 等利用数值仿真方法研究了动量增强系数随靶材密度、强度、孔隙率以及弹丸尺度等参数的变化规律，通过试验方法开展行星撞击的缩尺规律研究[33, 34]。H. Tobias 等利用弹道摆试验方法开展了对各类岩石材料的超高速碰撞动量传递特性试验，获得了动量增强系数随岩石孔隙率及撞击速度的变化规律[35]。M. Yanagisawa 等通过建模和试验方法研究了斜撞击行星体情况下的动量传递特性[36]。

薄靶超高速撞击时，不仅产生反溅碎片云，随着靶板的剥落和贯穿，同时产生贯穿后的喷射碎片云。薄靶的动量传递特性随碎片云的动量不同而变化，研究中不仅关注薄板的动量变化，同时关注碎片云的动量分布特性。目前的研究集中于空间碎片防护结构的撞击碎片云动量分布特性，主要目的是通过不同防护结构受空间碎片撞击时的碎片云动量分布特性，评估防护结构的性能并开展优化设计。

薄靶动量传递特性的数值仿真研究很多，在此主要介绍试验测量研究情况。20 世纪 60 年代，C. R. Nysmith 等设计了一套特殊的弹道摆装置，开展了动量传递特性试验研究，获得了铝球弹丸对 2024 - T3 薄铝板最高达 8.1 km/s 的超高速撞击下靶体的动量增量和碎片云的动量分布特性，并建立动量传递物理过程的数学模型[37]。在 20 世纪 90 年代，P. L. Master 等设计了多组弹道摆组合的碎片云动量测量系统，开展了铝球弹丸对铝板超高速撞击的碎片云动量测量试验，通过碎片云动量的特征点拟合了动量分布轮廓，认为碎片云动量符合高斯分布或三角分布，穿透碎片云动量的放大系数为 2.3～3.0[38]。H. C. John 等利用金属飞片动量测量装置和弹道摆装置分别开展了碎片云动量分布测量试验，比较了两种测量方法的精确性，并通过对铜、铝和镉材料的球弹丸超高速撞击碎片云动量测量，对比分析了各种材料防护结构的特点[39]。A. M. Scott 等在超高速碰撞速度缩比规律研究中利用弹道摆装置测量了锌、镉和铝等不同靶材料在不同撞击速度下的碎片云动量的放大系数[40]。

国内关于碎片云动量及动量传递特性研究起步较晚。迟润强等开展了铝球超高速撞击薄铝板的碎片云动量特性数值仿真研究，得到碎片云动量随撞击速度、薄板厚度的变化规律[41]；王惠等开展了 Whipple 防护屏的动量分布规律数值仿真研究，得到了穿透碎片云动量密度近似成三角形分布的结论[42]。CARDC 超高速所开展了基于弹道摆的铝球对铝蜂窝靶和花岗岩靶的撞击动量增强测量试验，获得了超高速撞击动量传递特性随速度的变化规律[43]。

3.4.2 碎片云动量传递基本原理

一个质量 m 的弹丸以速度 v 撞击靶板而产生反溅碎片云和穿透碎片云的碰撞过程，根据动量守恒定律，弹丸、反溅碎片云、靶板和穿透碎片云的动量满足以下关系：

$$mv = \Delta p_t - p_e + p_s \tag{3-36}$$

式中，Δp_t 为靶板的动量增量；p_e 为反溅碎片云的动量；p_s 为穿透碎片云的动量。

弹丸和靶板不变，撞击速度 v 不断增大时，图 3－49 给出了各部分动量的变化特征，据此将碰撞过程的动量传递特性分为以下四个阶段[37]。

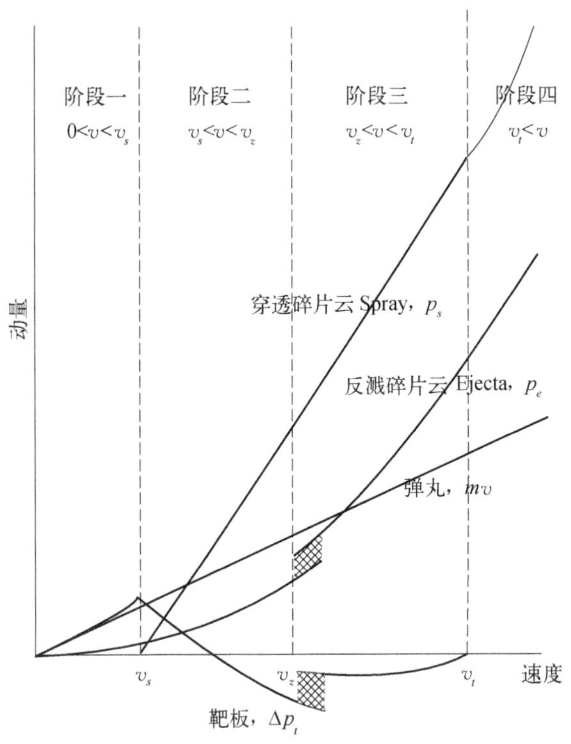

图 3－49　超高速碰撞过程动量传递随碰撞速度变化的特性曲线[37]

第一阶段：靶板的后面没有剥落和击穿，穿透碎片云动量为零，但具有反溅碎片云动量，则动量守恒关系变为式(3－37)：

$$mv + p_e = \Delta p_t \tag{3-37}$$

厚靶撞击的动量传递即符合该阶段的特性，由于存在反溅碎片云，碰撞过程传递给被撞击靶板的动量将大于弹丸的初始动量，即动量增强效应。一般以动量增强系数 β 表征动量传递的效率，β 定义为传递给撞击靶板的动量与入射弹丸的初始动量的比值，其计算式为

$$\beta = \frac{\Delta p_t}{mv} = 1 + \frac{p_e}{mv} \tag{3-38}$$

对于行星撞击，动量增强系数 β 是评估动量传递特性的重要指标，β 随撞击速度、撞击体与目标体的材料性能以及撞击姿态等因素的变化，一般情况下 β 大于 1，相关的数值仿真研究表明对于无气孔类材料在超高速撞击下 β 最高可达到 10[31, 33]。

第二阶段：当碰撞速度达到靶板后面剥落速度阈值 v_s 时，靶板后面出现剥落，喷射碎片云的动量开始由零增大，靶板的动量开始减小，在一定情况靶板动量变为负值，此时碰撞后靶板速度增量与入射弹丸速度方向相反。

第三阶段：当碰撞速度达到靶板前面剥落速度阈值 v_z 时，靶板前面产生剥落现象，因而此时靶板动量增量和反溅碎片云动量会出现一个阶跃的增加。当碰撞速度高于阈值 v_z 并继续增大时，靶板动量增量逐渐减小，直至减小到零，表明此时碰撞后靶体速度为零。

第四阶段：当碰撞速度高于靶体动量为零的速度阈值 v_t 后，靶板动量增量保持为零，此种动量传递特性一般出现在薄板的超高速撞击情况时，此时穿透碎片云动量存在被放大的现象。动量守恒变为式(3-39)：

$$mv + p_e = p_s \tag{3-39}$$

3.4.3　碎片云动量传递特性测量

1. 动量测量装置

碎片云动量传递特性测量的试验方法包括基于撞击自由靶体[36]或金属飞片[39]的测量方法和基于撞击弹道摆的测量方法[35, 37–39, 43]，但前者的测量精度较低，基于弹道摆的测量方法更多采用。弹道摆物理原理可以简化为单摆运动，多用于炮口冲量测量和弹丸速度测量等。弹道摆动量测量装置按照结构形式分为吊绳式弹道摆[35, 37, 39, 43]、刚性摆臂式物理摆[38, 44]和弹簧悬吊式弹道摆[45]；按照测量功能分为被撞靶体动量测量装置[35, 43, 44]、反溅碎片云动量测量装置[37]和穿透碎片云动量测量装置[38, 39, 45]。下面根据测量功能介绍几种弹道靶装置。

1）靶体动量测量弹道摆装置

靶体动量测量弹道摆装置主要测量由弹丸传递给靶体的动量，常用作测量厚靶动量传递特性。图 3-50 是基于悬吊式弹道摆的靶体动量测量系统[43]，该系统在弹道靶设备上安装和使用。靶体通过弹道摆装置悬吊安装在靶室内部，调整吊点位置及吊绳长度，使吊绳处于铅直状态，靶体的碰撞表面与入射弹丸轴线垂直，靶体与靶架的质心处于弹丸入射轴线上。入射弹丸速度由速度测量系统测出，高速摄影通过速度测量信号实现触发并拍摄弹道摆在弹丸与靶体超高速碰撞后的摆动轨迹。通过对摆动轨迹的分析，得出弹道摆的摆动速度及位移，进而解算出靶体的动量。也可采用激光位移传感器进行弹道摆运动的测量[35, 46]。

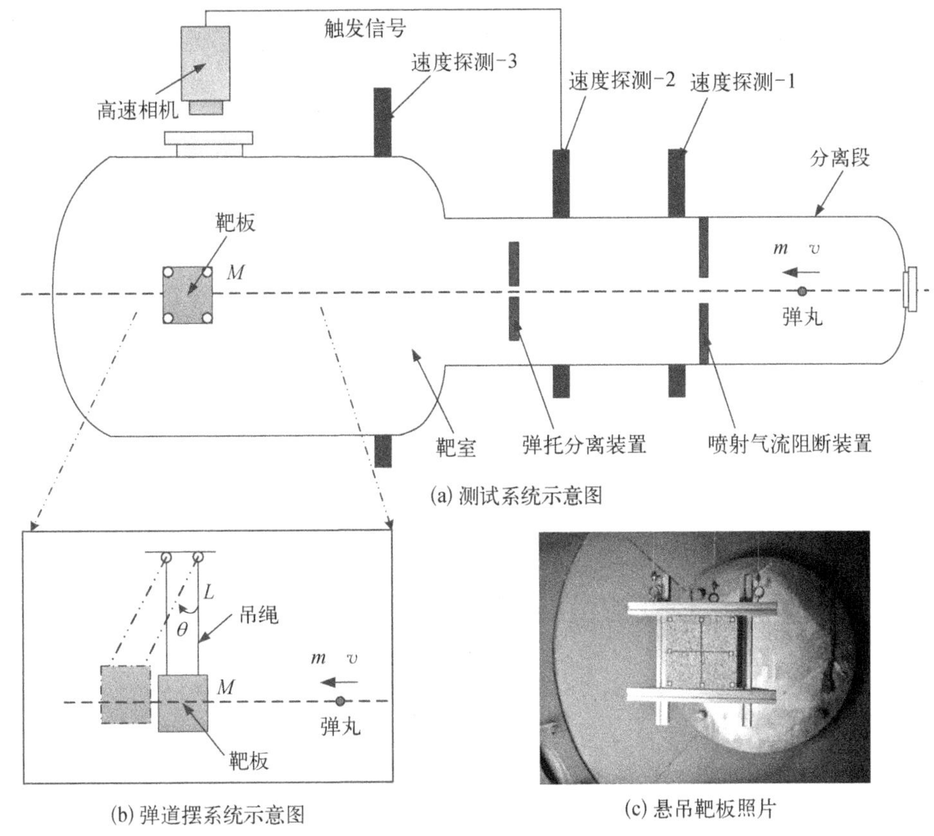

(a) 测试系统示意图

(b) 弹道摆系统示意图

(c) 悬吊靶板照片

图 3-50　靶体动量测量弹道摆系统方案示意图[43]

应当注意的是，尽管靶室的真空压力非常低（一般可达 10 Pa 以下），但发射器喷射气流将不可避免地冲击弹道摆产生附加冲量，给测量带来较大误差。为了提高弹道摆的测量精度，可采用炮口的快闭阀门来阻断气流[35, 37]。另一种较简单的方法是，采用较长的靶室，设置气流膨胀室和碰撞室，在膨胀室设置气流阻挡板，分散阻滞高速气流；同时，设计标定试验，即发射不带弹丸的弹托模型标定出气流冲击带来的干扰，并在后期数据处理中予以消除。

另外，撞击的偏心以及弹道摆系统的摩擦等因素也可能降低弹道摆的试验精度。为了克服这些因素带来的误差，一是试验前通过弹道摆与发射轴线的相对位置，降低撞击的偏心误差；另外试验前标定摆动测量出系统阻尼误差，作为系统误差量在后期的数据处理进行修正。

2）碎片云动量测量弹道摆装置

图 3-51 是一个经典的基于弹道摆的穿透碎片云动量测量系统。当弹丸撞击靶板后，产生的穿透碎片经过分离孔撞击悬吊的弹道摆装置，高速相机测量系统记

录弹道摆运动轨迹。弹道摆装置采用五根吊索进行三吊点悬吊，其中两个吊点采用双吊索悬挂，这种方式主要目的是方便弹道摆装置的调节。弹道摆装置的前端是一个圆柱形碎片收集腔，结构如图 3-52 所示，其内壁面由一层聚乙烯材料衬套制成，目的是利用聚乙烯材料收集高速飞行的碎片。

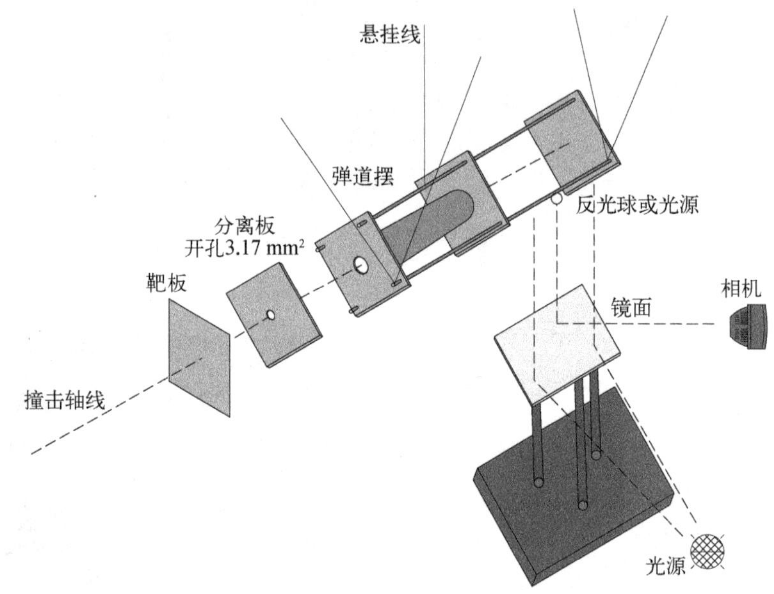

图 3-51　碎片云动量测量弹道摆系统示意图[39]

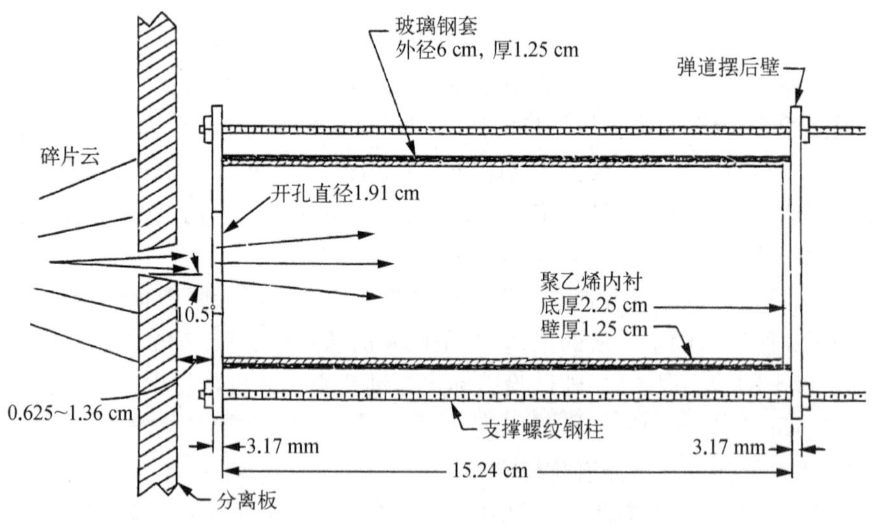

图 3-52　弹道摆碎片收集腔示意图[39]

图 3-53 是一套多弹道摆组合测量装置,用于测量防护结构缓冲屏的反溅碎片云动量,也可用于测量穿透碎片动量。装置由两组弹道摆组合而成:一组靶板弹道摆,悬吊缓冲屏靶板,并测量弹丸撞击时靶板的动量变化;另一组是反溅碎片弹道摆,悬吊反溅碎片收集装置,测量反溅碎片云的动量。反溅碎片收集装置采用聚乙烯材料板收集溅射碎片,并在接近靶板的一侧设计了一个延伸腔,用来收集大角度溅射碎片。弹道摆装置通过五吊索方式悬吊,其中两个吊点采用双吊索悬挂,以方便弹道摆装置的调节。弹道摆的运动通过高速相机记录。

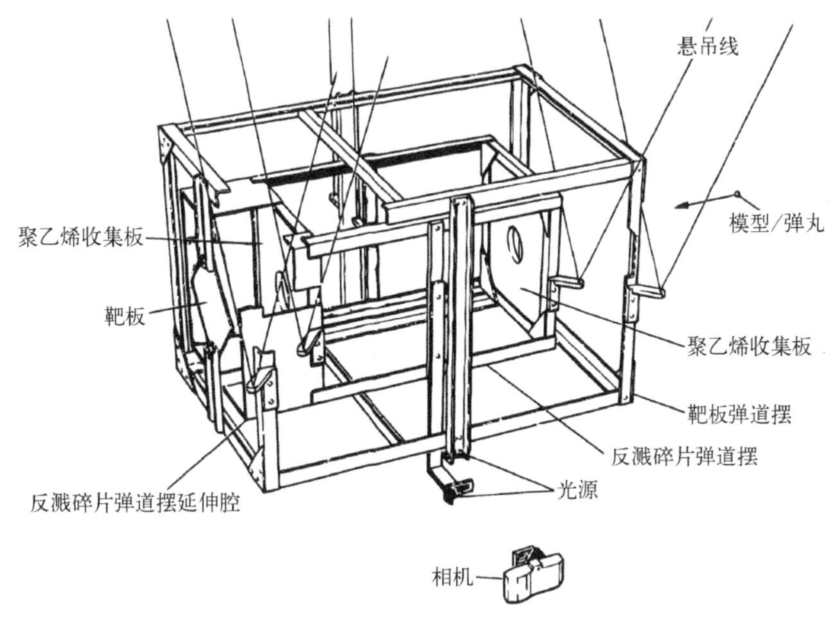

图 3-53　组合式弹道摆碎片云动量测量装置示意图[37]

3）碎片云动量分布测量弹道摆装置

对于穿透碎片云,往往更加关注碎片云的动量分布特征,以评估其二次损伤能力。碎片云动量分布测量方法通常是利用多个布置在碎片云轮廓上的弹道摆装置对不同位置的碎片云动量进行测量,然后再拟合出碎片云的动量分布特征。因此碎片云动量分布测量弹道摆试验装置如图 3-54 所示,缓冲屏后方的穿透碎片云喷射至弹道摆装置布置的轮廓位置时被测量出动量大小。为了使每个弹道摆测量的是该轮廓位置的法向动量,在弹道摆装置前方设置带有分离孔的碎片挡板。

2. 碎片云动量传递测量分析方法

弹道摆测量超高速撞击碎片云动量传递的分析主要包括动量增强系数计算和碎片云动量分布计算。

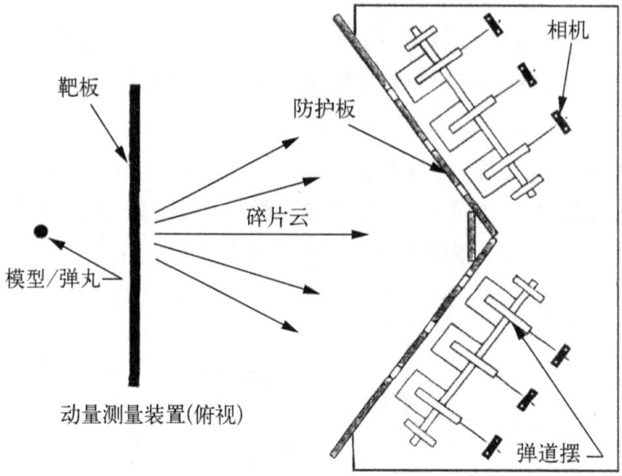

图 3-54　碎片云动量分布测量弹道摆装置示意图[37]

1）动量增强系数计算方法

动量增强系数计算需要利用弹道摆测量出靶体动量增量 Δp_t 或者反溅碎片云的动量 p_e，两者计算过程类似，这里介绍通过测量靶体动量增量的计算方法。弹道摆的物理过程可以简化为单摆运动，对于绳索类弹道摆，若考虑绳索质量相对靶体质量较小，从而不计绳索质量时，则靶体的动量增量就是靶体质量乘以其质心摆动初速度，即为

$$\Delta p_t = MV_t \tag{3-40}$$

对于吊索质量不能忽略或者摆臂式的弹道摆，则可以通过动量矩定理计算。受到冲击的靶体沿摆动轨迹做圆周运动，碰撞过程动量守恒应用动量矩定律：

$$\Delta p_t \cdot h = J\omega \tag{3-41}$$

式中，

$$\omega = \frac{V_t}{r} \tag{3-42}$$

因此，过程中靶体动量增量为

$$\Delta p_t = \frac{JV_t}{hr} \tag{3-43}$$

式中，M 为靶体质量；V_t 为靶体质心摆动初速度；ω 为靶体摆动角速度；J 为弹道摆对吊点的转动惯量；h 为撞击点相对吊点的距离；r 为靶体质心离吊点的距离。

对于弹道摆的摆动惯量 J 可以通过摆动周期公式获得，周期公式如式(3－44)所示：

$$T = 2\pi\sqrt{\frac{J}{Mgr}} \tag{3-44}$$

故测量出摆动周期便可由式(3－44)计算得到转动惯量：

$$J = \frac{T^2 Mgr}{4\pi^2} \tag{3-45}$$

另外，对于弹道摆摆动的初速度，传统计算时一般通过摆动最大角度 θ_m 计算得出，主要通过摆动过程应用机械能守恒定律有

$$\frac{1}{2}J\omega^2 = Mgr(1 - \cos\theta_m) \tag{3-46}$$

通过将式(3－42)、式(3－45)代入式(3－46)，可得

$$V_t = \frac{2\pi r}{T}\sqrt{2(1 - \cos\theta_m)} = \frac{4\pi r}{T}\sin\frac{\theta_m}{2} \tag{3-47}$$

将靶体的动量增量代入式(3－38)便可计算得到动量增强系数。但测量试验中往往会有发射器喷射气流的影响，在试验中需要标定气流引入的冲量 I'，此时动量增强系数计算式为

$$\beta = \frac{\Delta p_t - I'}{mv} \tag{3-48}$$

2）碎片云动量分布计算方法

碎片云动量分布测量得到是位于碎片云轮廓上局部位置的动量，通过多个测量点拟合出碎片云的动量分布特征。单个位置弹道摆动量测量的计算方法与3.4.2节所述一样，不再赘述。为了直观反映碎片云动量分布特征，通常需要将测得的动量转换为动量面密度计算，即用测得的动量值除以弹道摆碎片分离孔的面积 s：

$$p_i' = \frac{\Delta p_i}{s} \tag{3-49}$$

式中，Δp_i 是第 i 个弹道摆测得的碎片云动量；p_i' 是碎片云轮廓上第 i 处的动量密度。

相关仿真和试验结果表明，球弹丸正撞击薄板时，穿透碎片云呈轴对称形，动

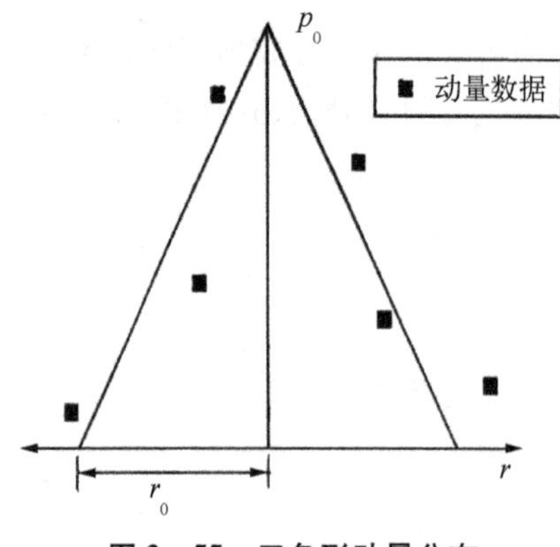

图 3-55 三角形动量分布拟合示意图[38]

p_0 为中心轴上的动量

量密度随测量位置至碎片云中心轴距离 r_0 的散布点可以通过高斯分布或近似三角形分布拟合[38, 39, 42]，三角形分布拟合如图 3-55 所示。因此可根据三角形分布，通过积分求得碎片云的总动量为

$$p_{\text{tot}} = \int_0^{r_0} 2\pi r\left(p' - p'\frac{r}{r_0}\right)\mathrm{d}r = \frac{\pi p' r_0^2}{2} \tag{3-50}$$

式中，p_{tot} 是碎片云总动量；p' 是三角形分布拟合得出碎片云中心动量值；r_0 是三角形分布拟合得出碎片云轮廓半径。

3. 碎片云动量传递特性测量结果

下面给出了部分碎片云动量传递特性试验测量结果，以供参考。

1）Whipple 防护屏超高速碰撞动量增强特性研究

C. J. Maiden 等开展了多种空间碎片防护结构超高速撞击碎片云动量传递研究[47]。采用弹道摆装置对 Whipple 结构后板的动量进行测量，计算得到缓冲屏穿透碎片云动量增强系数，并分别对缓冲屏厚度、后板间距、镉-镉撞击和低密度弹丸材料撞击对动量增强系数的影响规律，以及铝-铝碰撞和镉-镉碰撞碎片云动量分布规律进行了讨论。

（1）缓冲屏厚度的影响。

图 3-56 是不同厚度缓冲屏 Whipple 结构碎片云动量增强系数的测量结果。在缓冲屏厚度相对较薄时（厚度 1.02 mm，0.64 mm 和 0.31 mm），动量增强系数随速度的变化规律相似，开始时随碰撞速度增大动量增强系数增大，而当碰撞速度大于 5 km/s 后动量增强系数基本保持 1.3 左右不变；而在厚缓冲屏较厚时（厚度 1.6 mm），动量增强系数随速度持续增大。分析认为，对于缓冲屏厚度，薄板的超高速碰撞动量增强系数值普遍小于 2，而对于厚靶的动量增强系数则没有上限值，因此厚的缓冲屏的动量增强效果较为明显；Whipple 结构撞击动量增强的主要贡献来源于固态碎片，而熔化或气化的碎片贡献较小，故薄缓冲屏 Whipple 结构在碰撞速度高于 5 km/s 后基本维持不变（该研究认为 5 km/s 是碎片融化阈值）。

（2）后板间距的影响。

表 3-1 是 Whipple 防护结构的后板间距对碎片云动量增强系数的影响数据表，试验中直径 3.18 mm 铝球弹丸撞击 1100-O 铝防护屏，后板间距小于前述试验的 5.08 cm。动量增强系数测量值均接近 1.3，可见后板间距对于 Whipple 防护结构的碎片云动量增强系数没有影响。

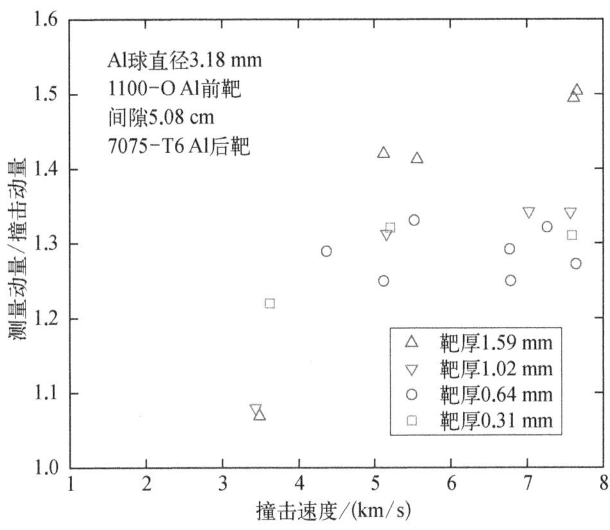

图 3-56　不同厚度缓冲屏的 Whipple 结构的碎片云动量增强系数测量结果

表 3-1　后板间距对动量增强系数影响试验数据表

试验编号	缓冲屏厚度/mm	碰撞速度/(km/s)	后板距缓冲屏间距/cm	动量增强系数
D-1225	1.02	5.88	2.54	1.32
9996	1.02	6.46	1.27	1.30
1351	1.02	7.74	1.27	1.33
1352	0.64	7.07	1.27	1.35

(3) 镉-镉撞击的影响。

为研究碎片云熔化和气化对动量增强系数的影响,采用超高速撞击下较容易熔化与气化的镉-镉弹靶开展试验。表 3-2 是直径 3.18 mm 镉球弹丸撞击镉质 Whipple 防护屏的试验数据表。试验采用了 0.64 mm 和 0.33 mm 的两种厚度缓冲屏,0.33 mm 缓冲屏动量增强系数值整体上小于 0.64 mm 缓冲屏,但两种缓冲屏呈现的动量增强规律类似。以 0.64 mm 厚度缓冲屏为例,撞击速度高于 3.18 km/s 后碎片云熔化并逐步气化,动量增强系数随撞击速度增大而增大,而当撞击速度在 5.38 km/s 甚至更高时,碎片云呈现气化状态,此时动量增强系数不再增大,稳定在约 1.4。值得注意的是,理论上气化后的碎片云撞击后板产生动量增强效果较显著,动量增强系数甚至可达到 2。但试验数据却远小于 2,其可能原因包括气体与后板没有产生较理想的弹性碰撞、气化碎片云膨胀导致法向碰撞动量减小等。

表 3-2 镉球弹丸撞击镉板 Whipple 屏试验数据表

试 验 编 号	缓冲屏厚度/mm	碰撞速度/(km/s)	动量增强系数
D-1046	0.64	3.18	1.21
1324	0.64	5.38	1.41
1327	0.64	5.76	1.38
1045	0.64	6.40	1.42
1454	0.64	6.40	1.39
1230	0.33	3.60	1.26
1463	0.33	5.18	1.28
1019	0.33	5.61	1.34

(4) 低密度弹丸撞击的影响。

为研究弹丸密度对碎片云动量增强效果的影响,选择了两种较低密度材料弹丸开展试验。弹丸材料分别为 Inlyte 和尼龙,其中 Inlyte 材质由许多小玻璃球组成,整体密度约为 0.7 g/cm^3;尼龙材料的密度为 1.15 g/cm^3。缓冲屏为 1100-O 铝板,后板为 7075-T6 铝板,后板间距 5.08 cm。表 3-3 给出了两种弹丸撞击铝 Whipple 屏的试验结果。分析发现,两种低密度弹丸材料的试验后后板上均仅呈现明显的小坑,而没有明显的熔化铝材撞击的痕迹,这一点上区别于铝弹丸的撞击情况。尼龙弹丸撞击的动量增强系数明显较高,达到了 1.5。可以说明在没有熔化与气化产生的情况下,提高弹丸密度可以使动量增强系数提高。

表 3-3 低密度弹丸撞击铝 Whipple 屏试验数据表

试验编号	弹 丸	缓冲屏厚度/mm	碰撞速度/(km/s)	动量增强系数
D-1391	ϕ4.90 mm Inlyte	0.64	4.69	1.20
1394	ϕ4.90 mm Inlyte	0.64	7.91	1.24
1393	ϕ4.90 mm Inlyte	0.305	4.68	1.25
1349	ϕ4.19 mm 尼龙	1.02	6.31	1.55
1371	ϕ4.19 mm 尼龙	1.02	7.13	1.50

(5) 碎片云动量分布的讨论。

采用多组弹道摆装置实现碎片云动量分布测量方法开展试验,同时对铝-铝撞击和镉-镉撞击进行对比分析。铝-铝撞击的试验状态为直径 3. 18 mm 铝球弹丸以 7. 2 km/s 撞击铝质缓冲屏,镉-镉撞击的试验状态为直径 3. 18 mm 镉球弹丸以 5. 65 km/s 撞击镉质缓冲屏。图 3 - 57 是测量得到的两组试验状态下的碎片云动量分布曲线图。由于镉-镉撞击的弹丸质量为 0. 145 g,而铝-铝撞击的弹丸质量为 0. 047 g,因此试验测量得到镉-镉撞击时的碎片云动量值整体高于铝-铝撞击的碎片云动量值。镉-镉撞击的试验状态下碎片云呈现气化状态,而铝-铝撞击的试验状态下碎片云呈现熔化状态。镉-镉撞击的碎片云动量分布较为平坦,而铝-铝撞击的碎片云动量分布较集中于中轴线附近。

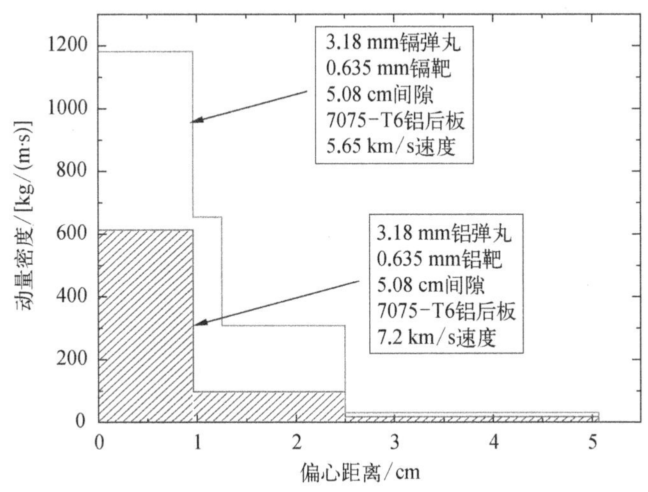

图 3 - 57　Whipple 结构的碎片云动量分布测量结果

2）超高速碰撞的动量增强及缩尺效应试验研究

美国西南研究所(Southwest Research Institute, SWRI)的 J. D. Walker 等基于小行星撞击问题开展了岩石类靶材(密度 2. 7 g/cm^3)超高速碰撞动量增强和缩尺效应的大量研究[33, 34, 48]。弹丸材料采用了铝、尼龙和聚乙烯等,弹丸形状包括球和圆柱;试验采用的靶材包括玄武岩和花岗岩,玄武岩被认为与铝具有相近的材料声速,花岗岩(密度 2. 3 ~ 2. 6 g/cm^3)则具有与铝具有相近的材料密度。该试验采用弹道摆装置进行测量动量传递特性,如图 3 - 58 所示。

图 3 - 59 给出了动量增强测量结果,为了进行对比同时给出了铝靶材的试验数据。对比相同碰撞速度和弹丸质量情况下,不同材料弹丸的试验结果,可发现材料密度越大的弹丸撞击产生的动量增强效果越明显。对比软铝靶材(1100 - O)和硬铝靶材(2024 - T4)的试验结果,可发现动量增强效应随靶材材料强度的增大而增大。分析铝靶材的试验数据,可以发现相同碰撞速度下大尺寸弹丸产生的动量增强系数较高,动量增强系数存在明显的弹丸缩尺效应。

图 3－58　SWRI 岩石类靶材试验照片

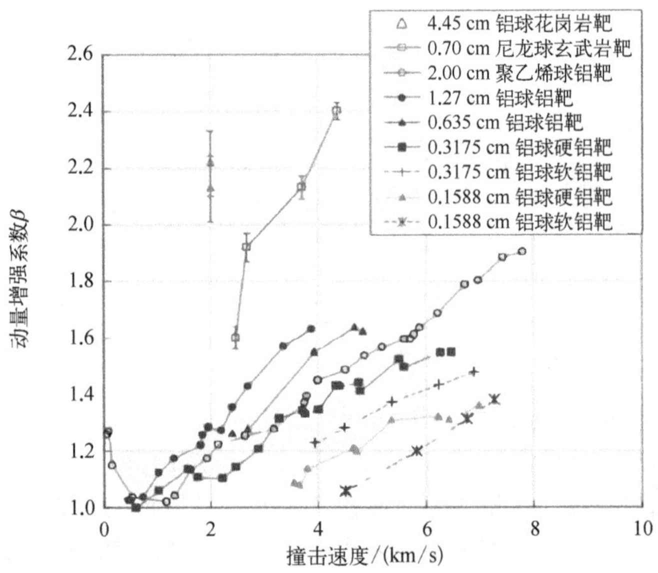

图 3－59　SWRI 超高速碰撞动量增强系数测量试验结果

J. D. Walker 研究给出了动量增强系数 β 与弹丸材料密度和弹丸尺度之间的关系式为 $\beta(v)-1=(\rho/\rho_{\mathrm{ref}})^{a}(D/D_{\mathrm{ref}})^{b}\cdot[\beta_{\mathrm{ref}}(v)-1]$。根据试验数据，拟合得到了铝靶和岩石类靶的动量增强系数计算式，分别如式(3－51)和式(3－52)所示。

铝靶材：
$$\beta(v)-1=\left(\frac{\rho}{\rho_{\mathrm{ref}}}\right)^{0.5}\left(\frac{D}{D_{\mathrm{ref}}}\right)^{0.4}(0.179v-0.105) \tag{3-51}$$

岩石类靶材：
$$\beta(v)-1=\left(\frac{\rho}{\rho_{\mathrm{ref}}}\right)^{0.5}\left(\frac{D}{D_{\mathrm{ref}}}\right)^{0.4}(0.851v-0.866) \tag{3-52}$$

式中，v 为碰撞速度(km/s)；ρ 为弹丸材料密度；D 为弹丸直径；ρ_{ref} 和 D_{ref} 是设定的试验中参考案例，$\rho_{ref} = 2.78\ g/cm^3$，$D_{ref} = 1.27\ cm$，相应的参考动量增强系数关系：2024 铝靶参考动量增强系数 $\beta_{ref}(v) = 0.179v + 0.895$；岩石类靶参考动量增强系数 $\beta_{ref}(v) = 0.851v + 0.134$。可见对于 2024 靶，当碰撞速度 $v = 0.585$ km/s 时，$\beta = 1$；对于岩石类靶，当 $v = 1.107$ km/s 时，$\beta = 1$。

3）铝球撞击花岗岩靶材动量增强测量试验

CARDC 超高速所的 7.6 mm 发射器上开展了铝球撞击花岗岩靶材动量增强测量试验[43]。试验标定了发射气流对弹道摆的冲击干扰，最高撞击速度 8.7 km/s。还进行了铝蜂窝靶材的对比试验。表 3－4 给出了靶材材料性能及规格等参数，表 3－5 给出了试验状态及分析结果。

表 3－4　试验靶材参数表

试验靶材	密度/(kg/m^3)	材料强度/MPa	材料孔隙率	靶材规格/mm
铝蜂窝板	2.7×10^3	—	93%～95%	110×110×45
花岗岩	2.65×10^3～2.69×10^3	132	0～1%	110×110×100

表 3－5　试验状态参数及结果数据表

序号	弹　丸	弹丸质量/g	碰撞速度/(km/s)	靶材质量/kg	靶材	靶材质心速度/(m/s)	靶材质心位移/mm	动量增强系数 β(速度计算)	动量增强系数 β(摆动角度计算)	备注
01	无	—	5.150	4.145	花岗岩	0.004	0.8	—	—	标定试验
02		—	7.100	4.140	花岗岩	0.006 4	1.2	—	—	
03	ϕ4 mm Al 球	0.093	3.390	1.784	铝蜂窝	0.177	30.0	1.001	0.811	三吊绳
04		0.093	6.533	1.796	铝蜂窝	0.330	55.6	0.975	0.796	
05		0.093	5.147	4.145	花岗岩	0.465	76.4	4.027	3.171	
06		0.093	6.284	4.141	花岗岩	0.674	118.0	4.776	3.967	
07	ϕ3 mm Al 球	0.041	7.109	4.140	花岗岩	0.297	50.8	4.216	3.427	—
08		0.041	8.700	4.150	花岗岩	0.407	71.7	4.735	3.969	—
09	ϕ4 mm Al 球	0.093	5.108	3.980	花岗岩	0.389	80.3	4.063	3.257	双吊绳
10		0.093	5.247	3.788	花岗岩	0.493	102.0	4.083	3.830	单吊绳

图 3－60 是试验测得的不同材料在不同撞击速度下的动量增强系数 β 试验结果,图中同时给出了 β 值的经验公式计算值[35]。

$$\beta - 1 \sim \left(v_0\sqrt{\frac{\rho_t}{Y_t}}\right)^{3\mu-1} \cdot \left(\frac{\rho_t}{\rho_p}\right)^{1-3\tau} \tag{3-53}$$

式中,ρ_p 是弹丸的密度;ρ_t 是靶材的密度;Y_t 是靶材的强度;μ 是缩比参数;τ 是拟合指数。

图 3－60 中同时给出了如前面所述的靶材质心速度测量方法和靶材最大摆动角度测量方法对应的两种测量模型计算结果。由图可知,通过测量弹道摆初速计算值与经验公式符合较好,而传统弹道摆得通过最大摆角计算动量的方法存在一定的系统误差,这是因为真实的弹道摆存在摩擦等干扰,可通过测控手段直接测量出弹道摆的摆动初速度降低误差。图中实线为以弹道摆摆动初速度计算的动量值;虚线是以弹道摆摆动最大角度计算的动量值;中心线是经验公式计算值。

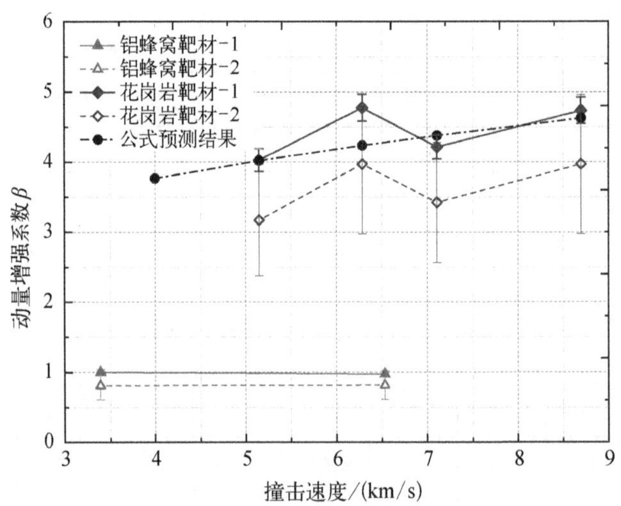

图 3－60　不同材料在不同撞击速度下的动量增强系数 β 试验测量结果

图 3－61 和图 3－62 给出了部分铝蜂窝靶材和花岗岩靶材的试验结果。铝蜂窝靶反溅碎片非常少,而花岗岩靶反溅碎片非常多,这也是花岗岩靶动量增强系数比较大的原因。随着撞击速度提高,反溅明显增强,撞击成坑也明显增大,所以动量增强效应也显著,撞击速度高于 8 km/s 后试验测得的 β 值在 4.5 以上。

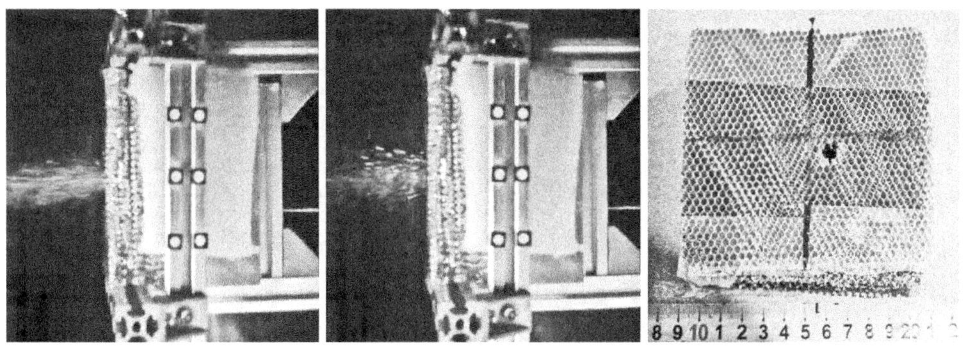

图 3-61　6.533 km/s 撞击速度下铝蜂窝靶反溅碎片序列照片及试验后铝蜂窝靶材照片

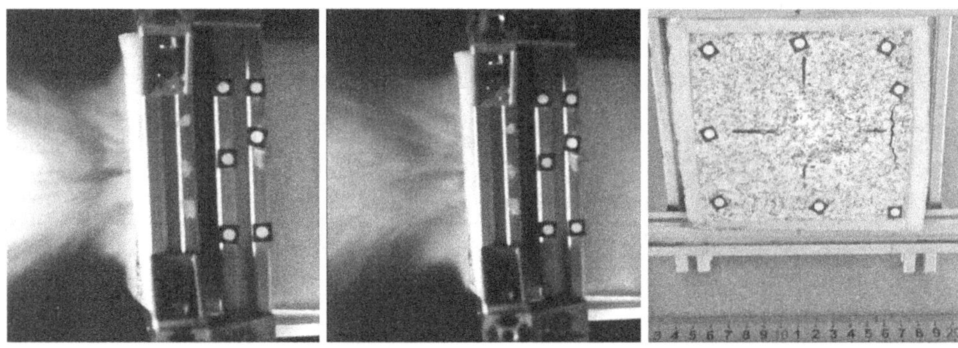

(a) 7.109 km/s撞击速度下花岗岩靶反溅碎片序列照片及试验后的花岗岩靶材照片

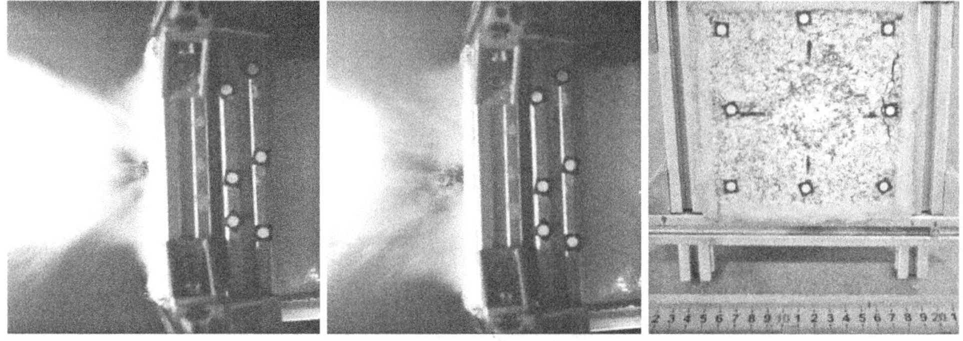

(b) 8.7 km/s撞击速度下花岗岩靶反溅碎片序列照片及试验后的花岗岩靶材照片

图 3-62　花岗岩靶试验结果图

3.5　超高速撞击感知技术

为了降低空间碎片对航天器的撞击风险，对于尺寸较大的（厘米级以上）、运行轨迹可跟踪监测的碎片，航天器一般采用轨道机动调整主动规避，如 1999 年 10

月,国际空间站首次采用轨道调整方式,来降低空间碎片的撞击风险[49]。对于尺寸较小的(厘米级以下)、运行轨迹难以跟踪监测的碎片,航天器只能采用被动防护措施。为保证航天器的在轨安全运行,还需发展超高速撞击感知技术。超高速撞击感知技术主要是撞击事件、撞击位置、撞击损伤程度等信息的快速测试识别,实现撞击物尺寸、方向、速度等参数的快速评估,对航天器的在轨安全维护、运行决策、防护技术改进等具有重要的意义。其主要原理是通过探测超高速撞击产生的典型效应(如应力波、光和电磁等),以及人为附加效应(如击穿电阻膜产生的电阻变化、击断金属丝\光纤产生的信号中断等),来实现信息的测量识别。

国外从20世纪开始陆续开展了多种超高速撞击感知技术的开发和应用研究,比较典型的如20世纪90年代,欧洲空间局(ESA)在哥伦布(Columbus)舱上开展的撞击源定位测试试验,试验示意图见图3-63[50]。德国EMI利用超声波传感器开展了单层铝合金板和铝蜂窝板的超高速撞击感知研究,如图3-64所示,通过采集提取超高速撞击产生的超声应力波时间差来感知撞击位置[51]。日本宇宙航空研究开发机构(Japan Aerospace Exploration Agency, JAXA)研究了一种利用微细金属条阵列对百微米到数毫米尺度空间碎片撞击位置、撞击速度等参数进行测量感知的技术,采用的微细金属条阵列见图3-65[52]。国内起步稍晚,但也发展出多种感知技术,取得了系列研究成果[53,54]。相关成果也将逐步应用到载人航天领域。

超高速撞击感知技术作为一种航天技术发展到一定程度后的新兴技术,目前尚未形成相应的技术标准,本书仅对目前国内外发展较为成熟的几种感知技术进行简单论述。

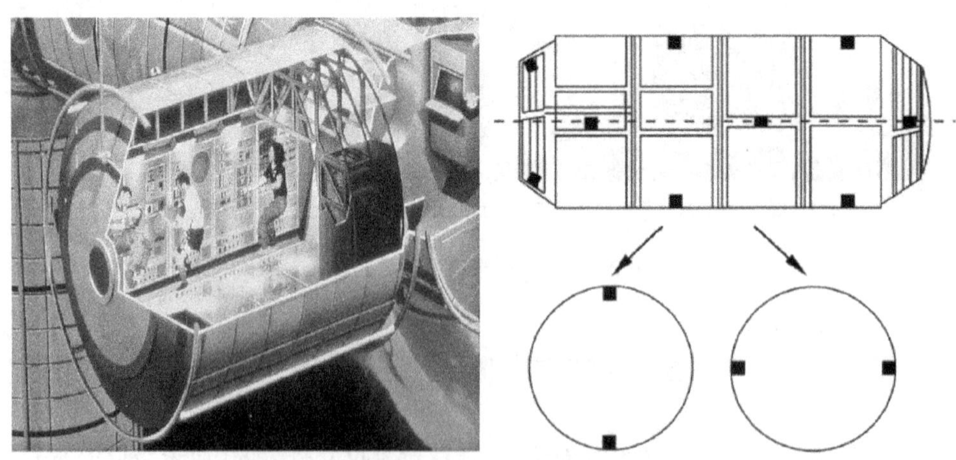

图3-63　欧洲空间局在哥伦布舱上开展的感知测试示意图[50]

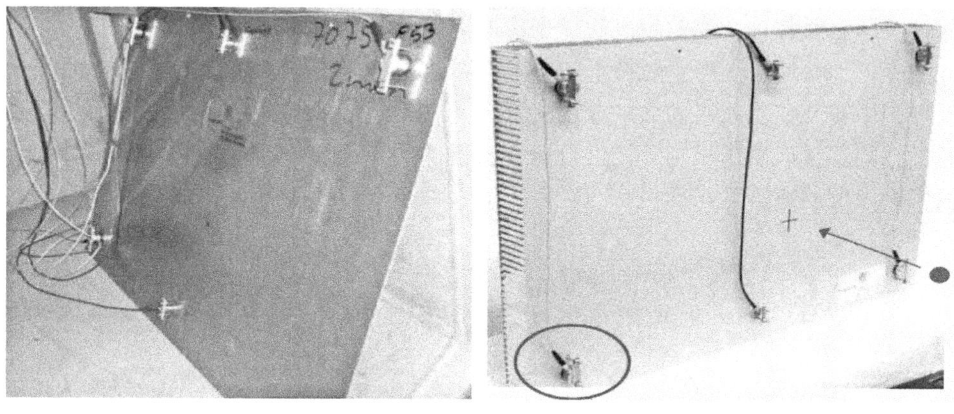

图3－64 EMI开展的超声波感知试验[51]

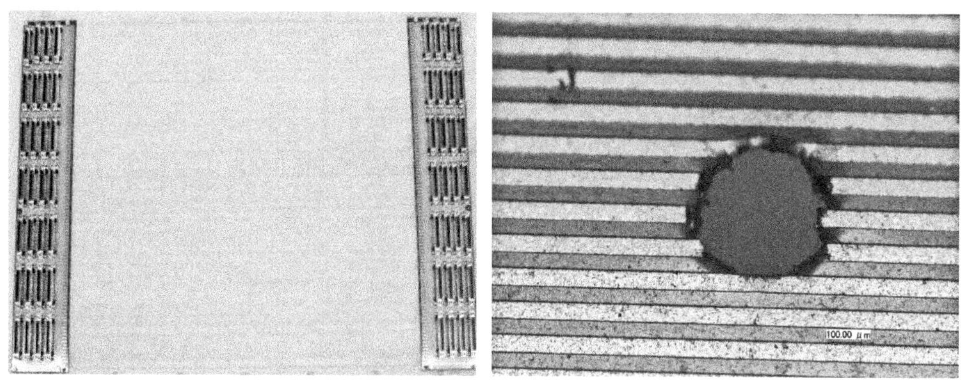

图3－65 日本JAXA研究采用的微细金属条阵列[52]

3.5.1 基于声发射的超高速撞击感知技术

基于声发射技术的在轨感知技术受到广泛的关注，它技术成熟，具有被动、实时性、感知能力强、资源占用率低、环境适应性强、对结构形状不敏感等特点。基于声发射的空间碎片撞击在轨感知技术一般需具有三个功能："感知"空间碎片撞击事件；"定位"撞击源位置；"评估"损伤程度。

材料中局域源快速释放能量产生瞬态弹性波的现象称为声发射(acoustic emission, AE)，声发射是一种常见的物理现象，其信号频率通常为20 kHz～1 MHz。声发射信号传播到物体表面后，可用一个或多个传感器记录其波形。声发射信号中携带丰富的信息，包括声发射现象是否发生、声发射源位置等，对外部载荷引起的结构损伤最为敏感。弹丸撞击航天器壁板在局部损伤区域产生冲击波，材料会发生断裂、成坑、相变等不可逆变形，冲击波进入弹塑性区域后退化为弹塑性波，弹塑性波传播一段距离后在弹性区退化为弹性波[55]。这种超高速撞击产生的远场弹性波即为通常意义上的超高速撞击声发射信号。

图 3－66 是基于声发射技术的“空间碎片撞击在轨感知系统”的工作原理。该系统利用安装在航天器表面的超声传感器网络采集空间碎片撞击声发射信号，并通过感知、定位、损伤识别等技术分析撞击事件类型、撞击源位置及损伤模式，对撞击情况作出动态监测与预报。

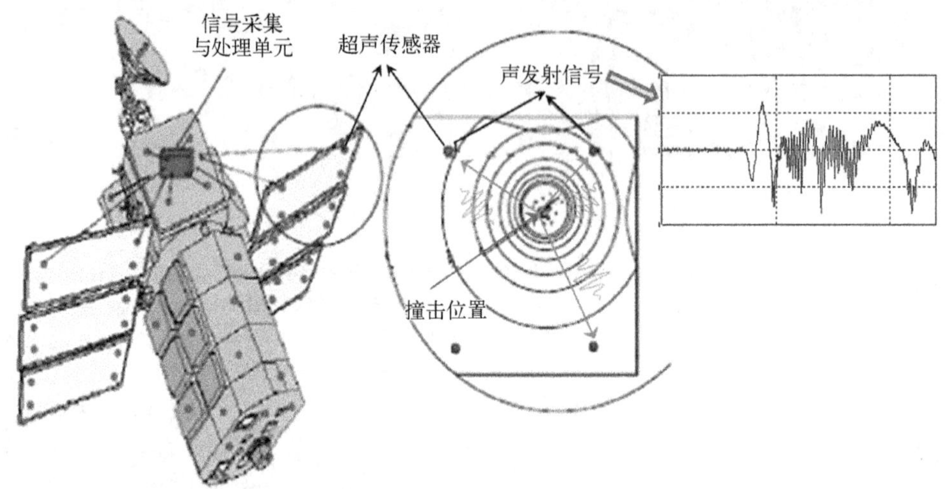

图 3－66　航天器空间碎片撞击在轨感知系统示意图[51]

航天器“空间碎片撞击在轨感知试验系统”包含硬件和软件两部分系统。硬件包括 5 个主要模块：宽频超声传感器、线缆、电荷变换器、多通道高速数据采集单元、数据处理单元。软件系统主要包括 3 个部分："感知"算法模块、“定位”算法模块、“损伤评估”算法模块。

由于航天器所使用的结构材料以板材为主，其受到弹丸的高速撞击后产生瞬态弹性波本质大都是板波(lamb wave)，这种波的特点是频率范围宽、响应强、传播距离远、信号中包括多个导波模态。关于载人航天器上的超高速撞击声发射问题，可通过板波理论来解决，也称这种方法为模态声发射。当弹丸直径、撞击速度，以及壁板厚度变化时，声发射信号的波速、幅值、模态、频谱等特征也存在差异[56]。基于此，可通过获取信号的时域、频域特征来“感知”超高速撞击事件，“定位”撞击源位置，“评估”损伤模式。

板波有两种基本形式，薄板中层的质点以纵波分量振动为对称(S)型，以横波分量形式振动为反对称(A)型，如图 3－67 所示[57]。板波的每种型式又可进一步分为具有不同波速的若干种模态，可通过求解 Lamb-Rayleigh 频散方程获得不同模态的相速度、群速度曲线。对于如图 3－68 所示的厚度为 $2h$ 的线弹性自由板问题，可得到著名的 Lamb-Rayleigh 频散方程：

$$
\begin{aligned}
&(k^2-q^2)^2\cos(ph)\sin(qh)+4pqk^2\cos(qh)\sin(ph)=0\\
&(k^2-q^2)^2\sin(ph)\cos(qh)+4pqk^2\sin(qh)\cos(ph)=0
\end{aligned} \tag{3-54}
$$

式中,p 和 q 分别为

$$
\begin{aligned}
p^2&=\omega^2/c_l^2-k^2\\
q^2&=\omega^2/c_s^2-k^2
\end{aligned} \tag{3-55}
$$

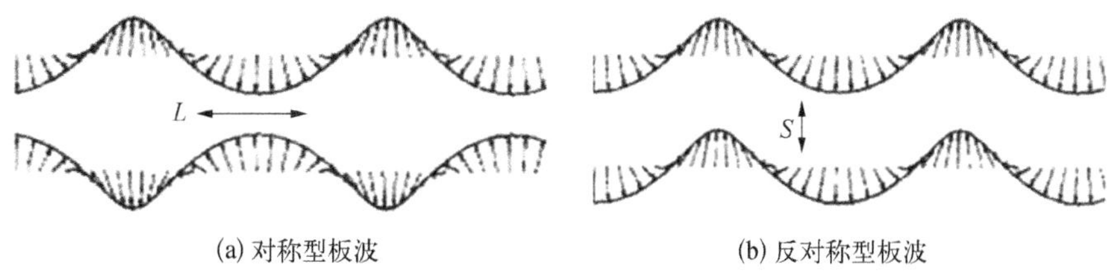

(a) 对称型板波　　(b) 反对称型板波

图3-67　板波的对称模态和反对称模态示意图[57]

图3-68　自由板问题的几何描述

求解方程组(3-54)即可获得板波频散曲线。由于三角函数(包括双曲函数)的周期性和多分支性,频散曲线也具有多个分支。根据频散曲线截止频率由低到高的顺序对各分支曲线分别编号,其中对称模态依次标记为S0、S1、S2…,反对称模态依次标记为A0、A1、A2…。图3-69是2.5 mm厚的5A06铝合金平板2 MHz以下各模态成分相速度、群速度频散曲线。

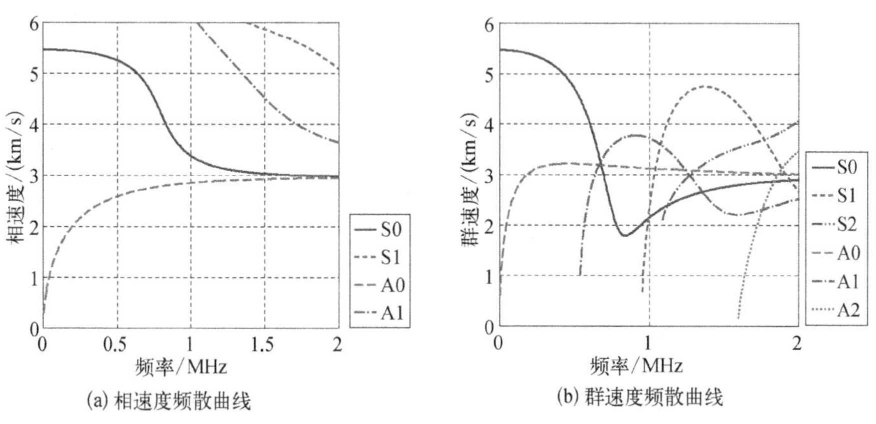

(a) 相速度频散曲线　　(b) 群速度频散曲线

图3-69　5A06铝合金平板的频散曲线(2.5 mm厚)

声发射信号中不同模态中的不同频率成分以各自的群速度 $c_g^m(f)$ 在靶板中传播，到达距离声发射源为 s 的某点的时刻 $t^m(f)$ 为

$$t^m(f) = t_0 + \frac{s}{c_g^m(f)} \tag{3-56}$$

式中，m 表示第 m 个模态；f 表示频率；t_0 为时间零点。

对超高速撞击声发射信号进行小波变换，将得到信号能量在时-频联合空间的分布情况，从而获得信号中不同模态的不同频率成分在时间上的分布情况。根据式(3-56)将频散曲线叠加到声发射信号的小波谱图中，信号中各模态成分将分布在相应的频散曲线附近，如图 3-70 所示。根据信号小波谱中群速度曲线附近能量分布情况辨识信号模态成分，超高速撞击声发射信号主要包括 S0、S2、A0 等三种模态的板波，其中高频分量的出现是超高速撞击特有的现象，适用于进行“感知”超高速撞击事件和“评估”损伤模式。在频域上能量主要集中在三个频带：20~350 kHz、350~650 kHz 和 1.2~1.8 MHz，三个频段的频率范围主要受靶件厚度的影响，靶件越厚频率越低。

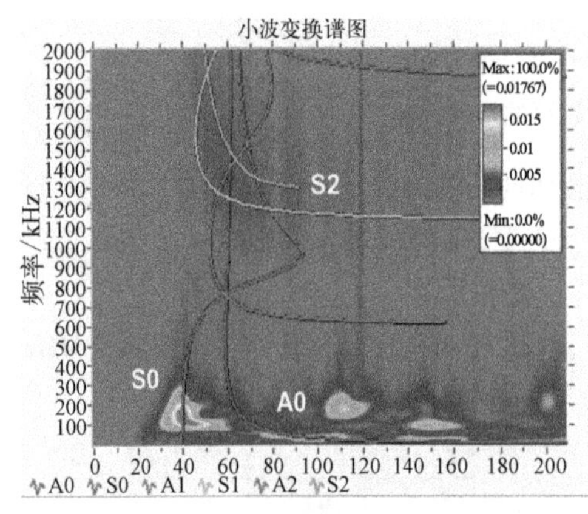

(a) 模态特征

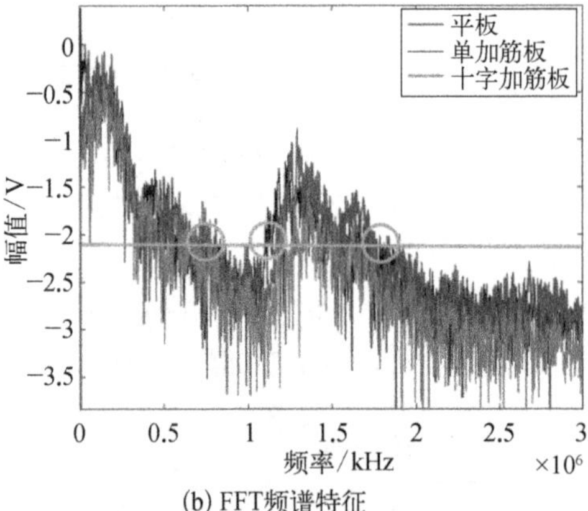

(b) FFT频谱特征

图 3-70　超高速撞击声发射信号的频域特征(弹丸 3.2 mm，速度 1.888 km/s，板厚 2.5 mm)

S0 模态速度最快(图 3-70，图 3-71)，不会与其他模态成分叠加到一起，容易从时域信号中分离出来；并且 S0 模态幅值相对较强，能够传播较远的距离，适用于用进行“定位”撞击源位置。

实际工程中，强噪声环境下的超高速撞击事件“感知”以及撞击源“定位”技术已经能够到达较高的精度。然而，由于超声信号在实际舱体结构上传播时的复杂性以及空间碎片撞击后特有的损伤形式(大量散布的弹坑和微观损伤)，二次碎片

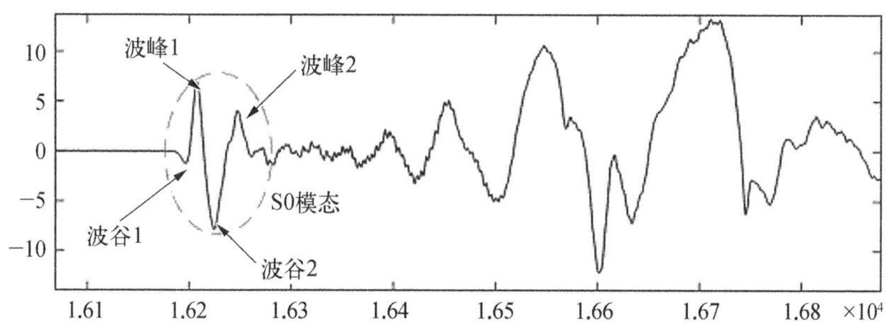

图 3 − 71　典型超高速撞击声发射信号(弹丸 3.2 mm，速度 1.888 km/s，板厚 2.5 mm)

云撞击损伤模式识别技术仍具有一定的难度和不确定性。在未来的工作中仍需要不断探索，以求得到满足工程需求的超高速撞击损伤模式识别方法。与此同时，由于实际工程中对感知测量设备质量和体积限制，没法在舱体上布置更加密集的传感器网络，导致无法获得更加全面的撞击或损伤信息。因此，需进一步开发质量小、体积小、功耗低的传感器和样机，为工程实际应用打好技术基础。

3.5.2　基于应力波测量的超高速撞击感知技术

广义来讲，在固体中传播的声波就是一种特定波段的应力波，基于声发射的超高速撞击感知技术实际上也是一种基于应力波测量的感知技术。在本节中，主要讨论广义上的应力波测量感知技术，并重点论述了基于聚偏氟乙烯(polyvinylidene fluorid, PVDF)传感器的感知测量技术。

超高速撞击产生的应力波将以撞击位置为中心沿被撞击材料向四周扩散传播，通过检测应力波传播到几个特定已知位置(应力波测量传感器安装位置，一般为三个及以上)的时差，可以计算出撞击位置，此外由于撞击强度与产生的应力波强度相关，理论上通过分析检测应力波幅值、频率等信息，可以判断出超高速撞击事件的撞击强度。

基于应力波测量的超高速撞击感知技术设备一般包括传感器模块、信号处理模块、数据处理中心三个部分，如图 3 − 72 所示。其中传感器模块为安装在目标特定位置上的系列传感器；信号处理模块主要完成对各传感器输出信号的调理、A/D 转换、缓存、输出等功能；数据处理中心完成对信号处理模块输出数据的接收、记录、分析和显示等。各模块之间的数据传输方式、模块配套数量、数据处理中心设备需根据实际应用要求进行调整。例如，针对不易布设连接线缆的测量目标，各模块之间可考虑采用数据无线传输方式；针对尺寸较大的测量目标，传感器模块和信号处理模块的配套数量也会增大；针对空间目标，数据处理中心可能是目标总体配套中控系统的子模块，而非空间目标，数据处理中心一般为地面数据接收处理平

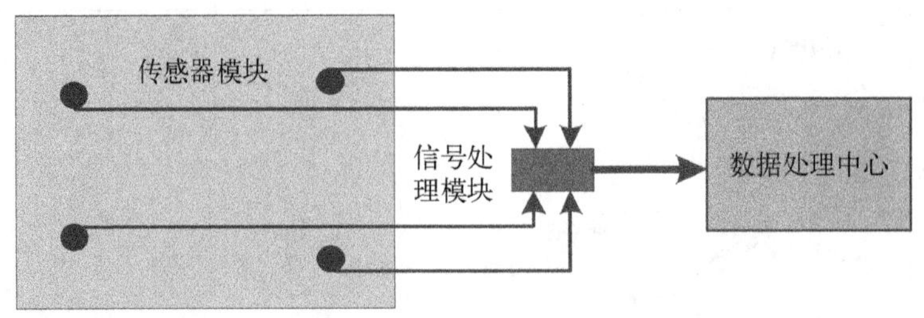

图 3-72 基于应力波测量的感知测量设备组成示意图

台等。

基于撞击产生的应力波信号特征，确定传感器量程、频率、灵敏度、线性度、工作温度范围等参数需求，完成传感器选型，例如：要分析撞击产生应力波的频谱分布特征，需选用宽频带传感器；要探测微小尺寸空间碎片撞击事件，需选用高灵敏度传感器；基于空间使用环境，需选用工作温度范围宽的传感器；等等。根据待测的目标结构、尺寸、环境要求等情况，开展传感器布局与安装方式设计，例如：目标待测区域不宜打孔安装，则需选用可以粘贴安装的传感器；待测区域需要实现的撞击位置定位精度要求较高，则需增加传感器的安装密度；等等。

撞击事件的测量判别由传感器是否检测到撞击产生的应力波信号来决定，而传感器判断是否检测到有效撞击产生应力波信号的最简单方法为信号阈值判断法。这种阈值判断法原理简单，当某一个或某一区域传感器检测到超过一定阈值强度的信号时，即可判定发生撞击事件。此外，为了提高撞击事件识别的可靠性，还可以信号阈值判断法的基础上进行必要改进，如采用多个传感器均检测到应力波信号，或者检测信号需超过阈值一定次数甚至信号超过阈值的时间长度需达到一定值为判别依据等。

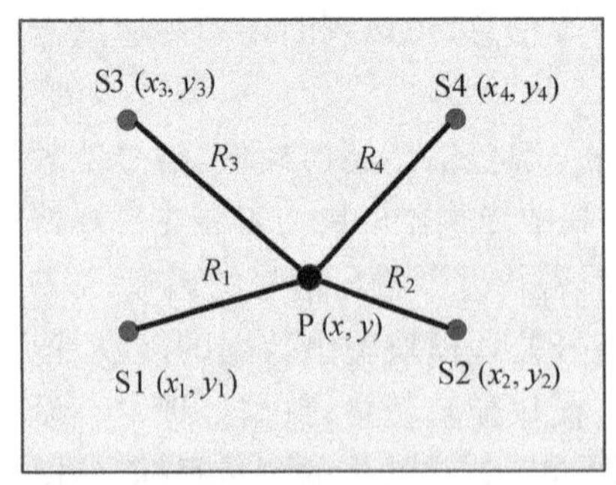

图 3-73 撞击位置时序测量示意图

撞击位置测量判别的基本方法为时序分析法，即通过检测应力波信号传递到多个传感器的时间差，以及检测到撞击应力波信号的传感器位置坐标，建立撞击位置坐标与这些传感器位置坐标之间的关联关系，最后通过解算关联关系式，获得撞击位置坐标。已知四个传感器 S1、S2、S3、S4 的安装位置(图 3-73)分别为(x_1, y_1)、(x_2, y_2)、(x_3, y_3)、(x_4, y_4)，检测到应力波达到的时刻分别为 t_1、t_2、t_3 和 t_4，应力波在待测目标材料的传播速度为 V，则可以通过建立下列关联关系式，计算出撞击位置 P 的坐标(x, y)：

$$\begin{cases}\sqrt{(x-x_2)^2+(y-y_2)^2}-\sqrt{(x-x_1)^2+(y-y_1)^2}=R_2-R_1=V(t_2-t_1)\\ \sqrt{(x-x_3)^2+(y-y_3)^2}-\sqrt{(x-x_1)^2+(y-y_1)^2}=R_3-R_1=V(t_3-t_1)\\ \sqrt{(x-x_4)^2+(y-y_4)^2}-\sqrt{(x-x_1)^2+(y-y_1)^2}=R_4-R_1=V(t_4-t_1)\end{cases} \tag{3-57}$$

另外,需要补充说明一点是当应力波传播速度 V 已知时,理论上利用两个关系式即可获得撞击点位置坐标,也就是说利用三个传感器也能够实现对撞击点位置坐标的测量计算。

检测应力波传播达到时间的最基本方法是设定一个特定阈值,以各传感器检测信号达到阈值的时刻为撞击产生应力波达到传感器位置的时刻。在实际应用中,由于超高速撞击过程的复杂性以及信号传播过程产生的畸变等,传感器检测到的应力波波形未必是理想的源波形,仅通过检测传感器信号第一个阈值时刻将会带来较大的测量误差。为此,必要时需采用一些改进方法,如基于模态声发射相关理论,利用小波分析技术,消除应力波传播达到传感器的时刻与设定检测信号阈值之间的关联[58],以达到降低时序测量误差、提高撞击位置测量精度的目的。

撞击强度与应力波信号强度直接关联,理论上讲,通过检测判断传感器信号的强弱可以实现对撞击强度的测量识别,但实际上进行撞击强度的测量相对要复杂一些,主要有两个影响因素:一是超高速撞击过程较为复杂,还没有建立针对超高速撞击强度的标准表征方法和参数;二是撞击产生的应力波信号在传播过程中存在不同程度的衰减、反射、色散、畸变等,导致各传感器难以检测到理想状态下的源信号。目前,一般针对超高速撞击感知应用目的,常用撞击成坑、成坑深度、撞击穿孔、穿孔尺寸等来表示撞击强度,而测量识别这类撞击强度的方法主要有特征分析法、神经网络法等。特征分析法的基本思路是通过分析测量信号的波形、频谱、模态等,揭示信号特征与损伤模式之间的对应关系,建立两者之间的关联规律,如通过分解检测信号的高频和低频部分,利用低频幅值变化来表征不同损伤模式[59]、分析 A0、S0 等模态特征幅度与冲击动量的关系[53]等。神经网络法用于超高速撞击感知测量的基本思路是:神经网络一般包括输入节点、隐含节点层和输出节点层,输入节点层对应应力波信号检测数据,输出节点层对应撞击强度相关特征,隐含节点层为一层或多层内部神经元和权值,通过建立学习训练建立神经网络输入信号特征与撞击强度特征之间的关联关系[60]。

在实际测量应用中,由于待测目标结构、材料性质等往往比较复杂,因此影响测量误差的因素比较多。如结构为非均值单层结构、材料中的应力波传播速度各向异性等,在这种情况下,采用简单的数据处理方法一般难以获得理想的测量结果。为此,需要采用一些改进方法,如神经网络法、多传感器数据融合技术[61]等,其思想在此不再赘述,感兴趣的读者可以查阅相关资料。

3.5.3　基于通断特性的超高速撞击感知技术

采用应力波测量的方式能够实现对超高速撞击事件、撞击位置的准确测量,对撞击强度或损伤程度的测量识别也能够取得较好效果,但难以实现对空间碎片尺度、撞击方向、撞击速度等参数的测量识别。本节重点论述一种基于网格线通断特性测量的撞击感知技术。

采用微细金属丝阵列来实现撞击感知是一种比较典型的基于网格线通断特性测量的撞击感知技术。在探测区域布置横纵交叉的金属丝阵列,当空间碎片撞击到金属丝阵列后,阵列中的部分金属丝被破坏,这部分金属丝中传输的信号被中断,通过检测金属丝编号和中断时间,即可测量识别出撞击事件发生时刻、撞击位置、撞击穿孔尺寸,同时利用间隔距离已知的多层金属丝阵列,可以获得撞击的方向、速度等信息。

如图 3-74 所示,基于通断特性的超高速撞击感知测量设备一般包括三个部分:一是金属丝阵列,包括至少两层及以上的金属丝网,每层金属丝网由横纵交错的金属丝编织而成;二是数据处理部件,一般由两级处理器组成,其中Ⅰ级为与金属丝网直接连接的处理器,用于监测接收每一路金属丝传输的中断信号,Ⅱ级用于接收处理每个Ⅰ级处理器输出数据,并把处理数据按要求提供给数据处理中心;三是数据处理中心,用于接收处理数据处理部件提供数据,地面测试阶段一般为测试处理平台,应用一般为目标总体的中控系统。

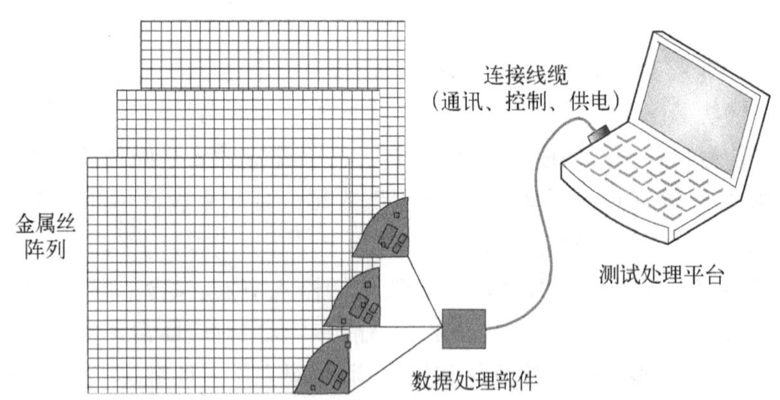

图 3-74　基于金属丝网的撞击参数测量示意图

根据目标待测区域尺寸、测量精度要求等,确定金属丝尺寸、间距、传输信号通道、编码格式等设计参数,如待测区域尺寸为 200 mm×200 mm,测量精度不低于 1 mm 时,两条金属丝的间距应不超过 1 mm,每层金属丝阵列所需的信号处理通道数不低于 400 个。根据目标结构特点和安装要求,确定金属丝阵列在目标结构上的安装方式。

通过检测发生信号中断的时间和金属丝编号,结合金属丝网已知的编网信息,即可实现对撞击事件、撞击位置、撞击强度以及撞击方向、速度等信息的测量。当检测到部分金属丝传输信号发生中断时,即可判断出撞击事件的发生,在实际应用过程中,为了增加撞击事件判别的准确性,可以设定当横纵两个方向的金属丝均发生信号中断才判定发生撞击事件。

根据监测到信号发生中断的金属丝编号,实现对撞击位置的测量,如根据纵向编织的、发生信号中断的金属丝编号,确定撞击位置的横坐标,根据横向编织的、发生信号中断的金属丝编号,确定撞击位置的纵坐标。测量误差不超过相连两条金属丝的间距,金属丝网编织密度越高,撞击位置测量精度也越高。

若以撞击穿孔尺寸来表征撞击强度,根据纵向编织的、发生信号中断的金属丝数目 N_y,来确定撞击穿孔横向尺度 D_x,根据横向编织的、发生信号中断的金属丝数目 N_x,确定撞击位置的纵向尺度 D_y。尺度测量误差不超过相连两条金属丝的间距 d。测量误差不超过相连两条金属丝的间距,金属丝网编织密度越高,撞击位置测量精度也越高。

$$\begin{cases} D_x = N_y d \\ D_y = N_x d \end{cases} \tag{3-58}$$

根据两层金属丝网的布置距离 L,以及同一次撞击事件在两层金属丝网上的撞击位置$(x_1,\ y_1)$和$(x_2,\ y_2)$,可以计算出撞击的方向 θ,见图 3-75。撞击方向测量精度主要与金属丝网编织密度、布置间距相关,一般而言,金属丝编网密度越高、布置间距越大,方向测量精度越高。

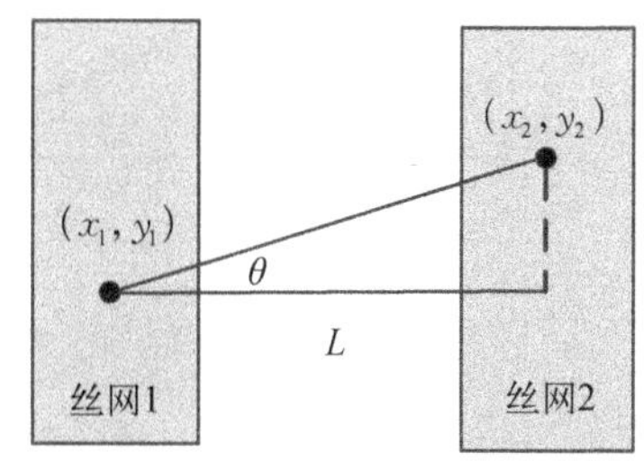

图 3-75　撞击方向测量示意图

$$\theta = \arccos\left[L/\sqrt{(x_2 - x_1)^2 + (y_2 - y_1)^2}\right] \tag{3-59}$$

通过检测前后两层金属丝网传输信号发生中断的时刻 T_1 和 T_2,结合两层金属丝网测得的撞击位置$(x_1,\ y_1)$和$(x_2,\ y_2)$,可以计算出撞击物体的速度 V,速度测量精度主要由时间检测精度、金属丝网布置间距以及撞击位置测量精度决定:

$$V = \sqrt{(x_2 - x_1)^2 + (y_2 - y_1)^2} / |T_1 - T_2| \tag{3-60}$$

基于网格线通断特性测量的撞击感知技术,与基于声发射测量的撞击感知技术相比,还具有能够测量撞击方向、撞击速度的优势,但需要的处理通道数相对较多,且随着测量精度要求的增高,所需数据处理通道数也越多,大区域测量的工程实现难度和成本也随之增大。

此外,根据实际应用环境要求,还可对通断网格的材料、编网方式、加工工艺等进行必要改进,如针对电磁兼容环境要求较高的应用场合,金属丝网可以用光纤网替换;在测量精度要求较高的情况下,可以加大网格编网密度;在测量空间、重量要求较为苛刻的应用场景,要通断网格设计加工过程中要注重小型化、轻质化工艺等。

3.5.4 基于电阻膜的超高速撞击感知技术

超高速撞击产生的现象或效应比较丰富,可采用不同的技术途径实现撞击感知测量。如利用超高速碰撞产生的光辐射、电磁辐射现象,通过检测光、电磁辐射强度变化等,可对撞击事件、撞击强度等信息感知监测[62],超高速撞击下的光辐射和微波辐射信号见图 3-76。

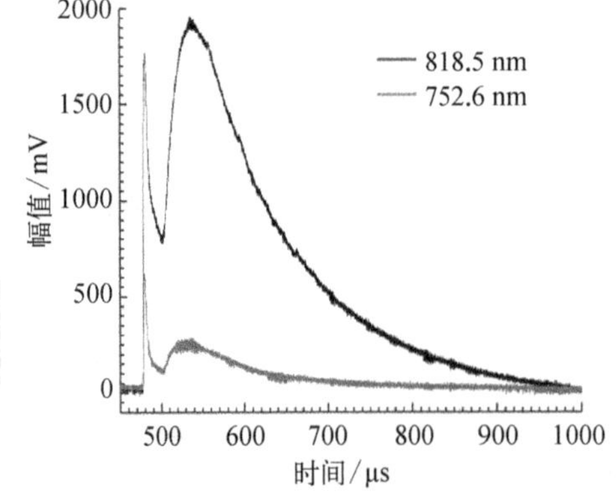

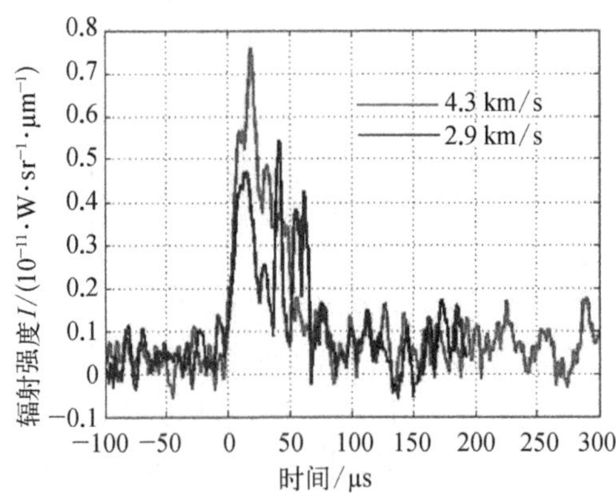

图 3-76 超高速撞击下的光辐射和微波辐射信号

基于电阻膜的撞击感知技术是通过在航天器关键部位金属壁上贴电阻膜,利用撞击穿孔使电阻膜上的检测电路导通的原理,实现对撞击穿孔位置感知定位的技术[63]。本节简要介绍基于电阻膜的感知技术。

如图 3-77 所示,电阻膜贴在导电金属壁上,中间用薄绝缘层隔离。当金属壁和电阻膜被击穿时,电路连通,特别是当撞击速度很高时,由于金属壁在穿孔处的高温熔融,使穿孔处的金属壁和电阻膜熔接起来,一直呈现导通状态。通过多个测量点的测试数据可以计算出撞击位置。电阻膜上测量点到穿孔点的电阻表达式为[63]

$$R_{di} = \frac{\rho}{2\pi t}\ln\frac{r_{di}^2}{r_p r_m} \tag{3-61}$$

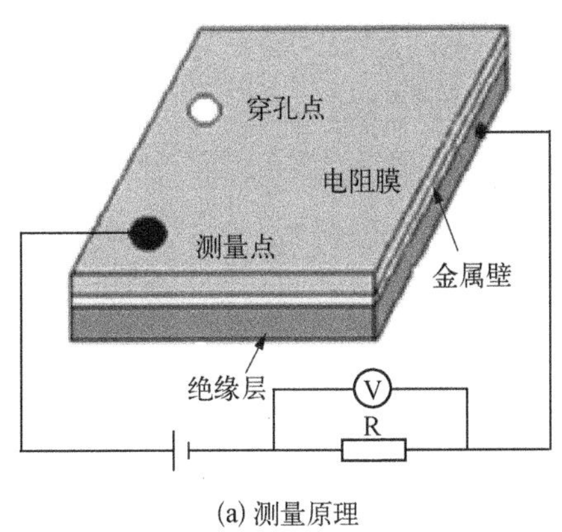

(a) 测量原理

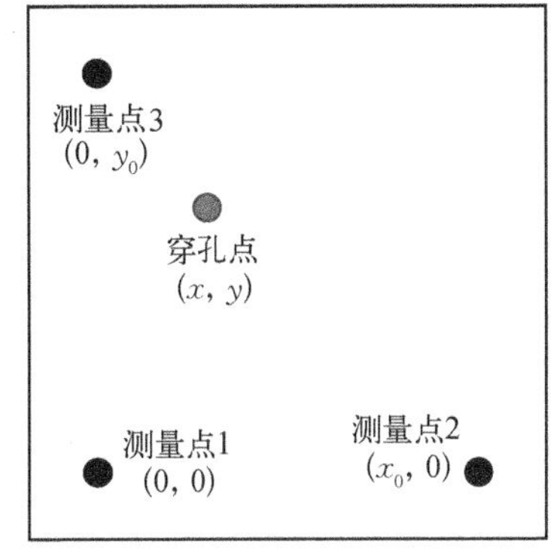

(b) 测量点布置

图 3－77　探测电路示意图[64]

式中，i 为测量点编号；ρ 为电阻膜的体电阻率（Ω·m）；t 为电阻膜的厚度（m）；r_{di} 为测量点到穿孔点的距离（m）；r_p、r_m 分别表示穿孔点和测量点的半径（m）。

考虑接触电阻及线路电阻等膜外电阻 R_c，总电阻可写为

$$R_i = \frac{\rho}{2\pi t}\ln\frac{r_{di}^2}{r_p r_m} + R_c \tag{3-62}$$

式（3－62）可变换为

$$R_i = \frac{\rho}{\pi t}\ln r_{di} + \left[R_c - \frac{\rho}{2\pi t}\ln(r_p r_m)\right] = A\ln r_{di} + B \tag{3-63}$$

式中，A 值只与电阻膜的特性参数有关；B 值不仅与电阻膜特性相关，还与测量点和穿孔点的大小及接触电阻大小相关。在穿孔事件发生的同一时刻，膜外电阻和穿孔大小对每一个测量支路都是相等的，所以 A 和 B 均为常数，各个测量点在任一时刻所取的探测电阻和距离对数均遵循线性关系。为了消除膜外电阻的影响，可以直接求解线性方程消除 B 项。根据电阻膜的体电阻率和厚度可以计算出系数 A 的值，然后穿孔点的坐标位置计算为

$$R_i - R_1 = A(\ln r_{di} - \ln r_{d1}) = A\ln\frac{r_{di}}{r_{d1}} = A\ln\frac{\sqrt{(x-x_i)^2+(y-y_i)^2}}{\sqrt{(x-x_1)^2+(y-y_1)^2}} \tag{3-64}$$

当电阻膜特性参数未知时，A 值未知，此时三点定位法无法进行穿孔点定位，须增加测量点才能消除 A 值并实现穿孔点定位，如采用图 3－78 所示的四点定位法进行穿孔点定位。

基于电阻膜特性的感知测量技术设备一般包括电阻膜、测量电路模块、数据采

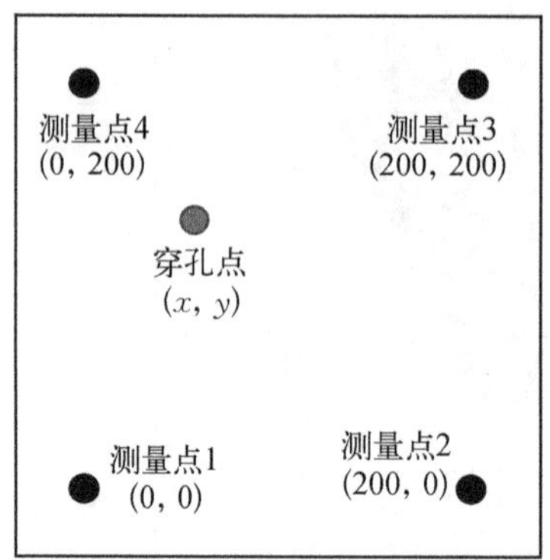

图 3－78　四测量点分布示意图[64]

集模块等三个部分,如图 3－79 所示。其中电阻膜紧贴在待测目标导电金属壁上,并在两者中间用薄绝缘层进行隔离;最基本的测量电路模块主要由稳压电源和分压电阻组成;数据采集模块为测量电路模块中各分压电阻电压的检测模块(如数据采集系统、示波器等)。

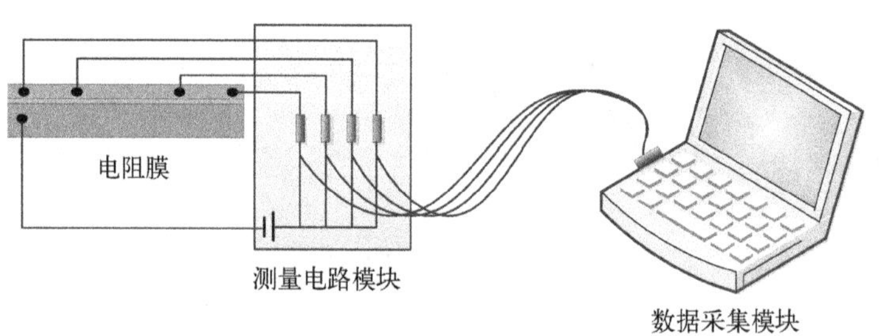

图 3－79　基于电阻膜的撞击参数测量示意图

基于电阻膜的感知技术能够实现对撞击穿孔事件、穿孔位置等信息的测量,但撞击穿孔位置的测量精度受穿孔导通情况的影响较大,导通情况越好、测量精度越高。此外,根据理论分析,这种技术还具备用于探测多次穿孔事件的能力,但随着穿孔次数的增加,定位精度会逐渐降低。

一般而言,采用不同的感知测量技术,测试原理不同,技术优势也有所不同,能够测量的感知参数也有所不同。例如:基于声发射的感知技术,能够实现对撞击事件、撞击位置的测量能力,对撞击损伤模式也具有较好的识别能力,但难以实现对撞击尺寸、方向、速度等参数的有效测量;基于通断特性的感知技术,能够实现对撞击事件、位置、强度以及撞击方向、速度等参数的测量,但随着待测区域尺寸的增加,所需测量数据通道显著增多,测量成本和工程实现难度也将迅速增大;基于电阻膜的感知技术,能够实现对撞击穿孔事件、位置等参数的测量,但对于未击穿撞击事件则无能为力,且实际应用时安装条件也要求较高;等等。

随着航天器结构复杂度、感知测量精准度等需求的逐步增加，上述这种单一类型的感知技术很可能难以满足现代航天器的撞击感知测量需求。因此，发展功能更加完善可靠的新型感知技术（如借鉴光纤光栅测量技术等），以及多种技术融合的综合感知技术（如美国开发的 DRAGONS 技术等）是将来感知技术发展的一种趋势，感兴趣的读者可以继续深入了解和探索开发。

3.6　弹道极限参数与靶材损伤参数测量

弹道极限[65]是指空间碎片造成航天器部件或分系统失效的极限尺寸，弹道极限定义了撞击条件和极限穿透碎片尺寸的关系，失效通常可定义为撞击造成穿透或崩落。弹道极限参数主要有撞击体大小、粒子密度、撞击速度、撞击入射角度等。

3.6.1　弹道极限参数测量技术

超高速撞击试验中，撞击体大小、粒子密度测量都在撞击前进行。撞击速度由速度测量系统获取。弹着点散布而引起的撞击角的变化很小，可以忽略其对撞击入射角的影响，试验前根据靶材姿态与弹丸预计飞行弹道角度确定撞击入射角。

根据已知的撞击条件参数及撞击试验结果，确定弹道极限参数。主要的弹道极限参数为临界弹丸直径和临界撞击速度。

确定临界撞击速度的方法为，在弹丸直径一定时，改变撞击速度，在某一撞击速度下开展多次重复试验，大于 50%试验中部件或分系统失效，则该速度定义为临界撞击速度。

确定临界弹丸直径的方法为，设撞击速度为 V_i 和 V_j 相近，V_i 撞击速度下直径为 d_{i1}，d_{i2}，…，d_{im} 的弹丸使试验件失效，V_j 撞击速度下直径为 d_{j1}，d_{j2}，…，d_{jn} 的弹丸不能使部件或分系统失效；设 $\min(d_{i1}, d_{i2}, \cdots, d_{im})$ 为 $d_{i1} \sim d_{im}$ 中的最小值，$\max(d_{j1}, d_{j2}, \cdots, d_{jn})$ 为 $d_{j1} \sim d_{jn}$ 中的最大值，则定义 $d_c = (\min + \max)/2$ 为该部件或分系统在撞击速度 $(V_i + V_j)/2$ 的临界弹丸直径。

3.6.2　弹道极限方程的描述

通常使用的弹道极限预测模型是弹道极限方程[66]（ballistic limit equation，BLE）。弹道极限方程是经验公式，其建立过程通常包括两个步骤[67]：首先通过理论分析提出方程的大致形式；然后利用试验数据拟合相关参数。这里简要介绍三类典型的弹道极限方程：单层板弹道极限方程[68]、Whipple 结构弹道极限方程[69]、填充式结构弹道极限方程[70]。

1. 单层板弹道极限方程

图 3－80 是单层板结构的试验数据和弹道极限曲线，图中曲线是目前广泛使

用的 NASA JSC 单层板弹道极限方程，可表示为

$$d_c=\left[\frac{t_b}{k}\frac{B^{0.25}\left(\frac{\rho_b}{\rho_p}\right)^{0.5}}{K\left(\frac{V}{C}\right)^{2/3}}\right]^{18/19} \tag{3-65}$$

式中，d_c 表示极限直径；t_b 表示靶板厚度；B 表示靶标布氏硬度；ρ_b 表示靶板密度；ρ_p 表示弹丸密度；V 为撞击速度；C 为声音在材料中的传播速度；k 和 K 为经验常数。

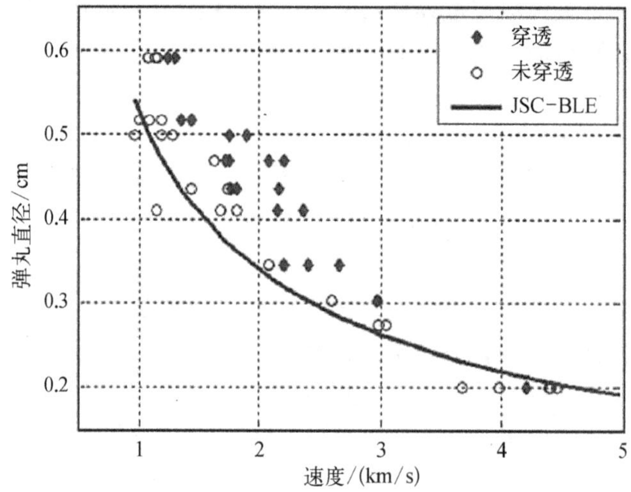

图 3-80　单层板撞击试验点与弹道极限曲线[68]

2. Whipple 结构弹道极限方程

Whipple 结构是最常见的航天器空间碎片防护构型，它是在航天器壳体外面增加一层缓冲屏来实现其防护功能，如图 3-81 所示。缓冲屏（bumper）用于破碎、熔化甚至气化弹丸，形成由弹丸碎片和缓冲层碎片组成的碎片云；碎片云在运动过程中不断扩张，缓冲屏和后墙（rear wall）之间的间距使得碎片云在横向得到一定程度的膨胀，扩大对后墙的作用面积，由此减小对后墙单位面积的冲量，降低对后墙的破坏；后墙通过弹塑性变形或侵蚀成坑吸收碎片云的碰撞动能或冲击动量，避免发生穿孔或剥落等失效破坏。

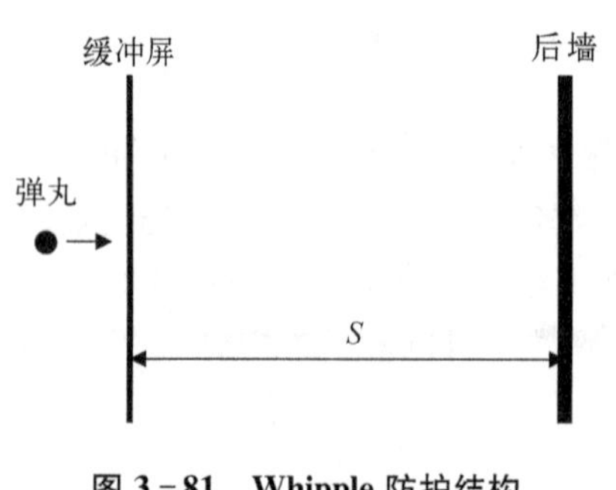

图 3-81　Whipple 防护结构示意图

常用 Christiansen 三段式方程来描述 Whipple

结构的弹道极限。撞击速度 $V_n \geq 7$ km/s 时，为破碎和碎片熔化段，Whipple 结构的弹道极限方程表示为

$$d_c = 3.919 t_w^{2/3} \rho_p^{-1/3} \rho_b^{-1/9} V_n^{-2/3} S^{1/3} \left(\frac{\sigma}{70}\right)^{1/3} \tag{3-66}$$

3 km/s < V_n < 7 km/s 时，为完全熔化段，Whipple 结构的弹道极限方程表示为

$$d_c = \left[\frac{t_w(\sigma/40)^{0.5} + t_b}{1.248\rho_p^{0.5}\cos\theta}\right]^{18/19} \times \left(1.75 - \frac{V_n}{4}\right) + \left[1.071 t_w^{2/3} \rho_p^{-1/3\frac{1}{3}} \rho_b^{-1/9} S^{1/3}\right] \times \left(\frac{V_n}{4} - 0.75\right) \tag{3-67}$$

$V_n \leq 3$ km/s 时，为弹道段，Whipple 结构的弹道极限方程表示为

$$d_c = \left[\frac{t_w(\sigma/40)^{0.5} + t_b}{0.6(\cos\theta)^{5/3}\rho_p^{0.5} V^{2/3}}\right]^{18/19} \tag{3-68}$$

式中，ρ_p、ρ_b 分别表示弹丸密度和缓冲屏密度（g/cm^3）；S 为缓冲屏和后墙之间的距离（cm）；t_b 为缓冲屏厚度（cm）；σ 为后墙屈服强度（ksi①）；t_w 为后墙厚度（cm）；θ 为弹丸速度方向与缓冲屏法线的角度；V_n 为弹丸速度的法向分量（km/s），且有 $V_n = V\cos\theta$。

弹道段时，弹丸撞击缓冲屏后不发生破碎，板间距的影响可不计，弹丸对后墙的损伤模式主要是侵彻，临界弹丸直径随撞击速度增加而减小。破碎和碎片熔化段时，弹丸撞击缓冲屏后发生破碎；随着撞击速度的提高，弹丸和缓冲屏材料的碎片颗粒变小，碎片云中碎片对后墙的损伤方式和弹道段基本相同，还是侵彻作用；但由于碎片颗粒变小，且部分碎片熔化导致碎片侵彻能力减弱，临界弹丸直径随撞击速度的增加而增加。完全熔化段时，通常认为碎片云对后墙的损伤主要是气化产物的作用；随着撞击速度的提高，碎片云中气化产物能量越来越高，其做功能力也越来越强，临界弹丸直径随撞击速度的增加而降低[71]。

通常认为，对铝撞击铝来说，破碎和碎片熔化段和完全熔化段以 7 km/s 为界限，如式（3-66）和式（3-67）所示。受发射器能力的限制，撞击 Whipple 结构速度大于 7 km/s 的试验结果较少。图 3-82 和表 3-6 是 CARDC 超高速所试验得到的 Whipple 结构在 7~8 km/s 撞击速度下弹道极限结果。试验中 Al 6061-T4 材料 Whipple 结构缓冲屏厚 1 mm，后墙厚 2.5 mm，缓冲屏与后墙间距为 66.5 mm，密度 2.69 g/cm^3；弹丸为 Al 2A12，密度为 2.86 g/cm^3。

① 1 ksi = 6.895 MPa。

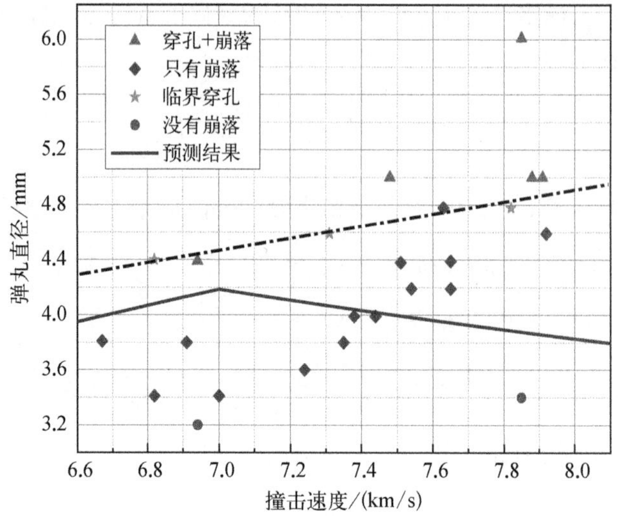

图 3-82　7~8 km/s 速度下 Whipple 结构弹道极限结果[72]

表 3-6　7~8 km/s 速度下 Whipple 结构撞击试验状态及损伤表[72]

试验编号	弹丸直径/mm	弹丸质量/g	撞击速度/(km/s)	后墙是否击穿	后墙是否剥落
w-1	6.01	0.316 3	7.85	是	是
w-3	5.00	0.182 7	7.91	是	是
w-4	3.99	0.093 4	7.44	否	是
w-5	3.99	0.093 3	7.38	否	是
w-8	3.40	0.058 8	7.85	否	否
w-14	3.80	0.081 3	7.35	否	是
w-16	3.81	0.082 1	6.67	否	是
w-17	3.80	0.081 4	6.40	否	是
w-18	3.80	0.083 7	6.91	否	是
w-19	3.60	0.070 3	7.24	否	是
w-20	3.41	0.057 5	6.82	否	是
w-21	3.41	0.060 4	7.00	否	是
w-22	3.20	0.047 7	6.94	否	否

续　表

试验编号	弹丸直径/mm	弹丸质量/g	撞击速度/(km/s)	后墙是否击穿	后墙是否剥落
w-23*	4.40	0.124 8	6.82	是	是
w-32	4.39	0.122 0	6.94	是	是
w-33	4.19	0.107 0	7.65	否	是
w-35	4.38	0.122 9	7.51	否	是
w-36	4.39	0.122 9	7.65	否	是
w-37	4.59	0.141 1	7.92	否	是
w-38*	4.78	0.159 7	7.82	是	是
w-40*	4.59	0.141 2	7.31	是	是
w-42	4.19	0.108 0	6.88	否	是
w-43	4.78	0.015 96	7.63	否	是
w-44	3.62	0.069 5	7.59	否	否
w-45	5.00	0.182 3	7.88	是	是
w-46	5.00	0.182 4	7.48	是	是

* 表示临界失效状态。

从试验结果来看，7～8 km/s 的撞击速度下，碎片云对后墙的损伤仍是固态、液态颗粒以及气化产物的共同作用，临界弹丸直径并没有随撞击速度的提高而降低，反而是继续增长；从后墙损伤特征的显微图像来看，随着撞击速度的提高，碎片熔化现象越来越显著，气化产物的量虽然也有增多，但总量较少，以致在膨胀时压力和温度快速下降，气体做功的损伤模式在本过程中并不占优；但熔化碎片液滴由于其强度的丧失，反而导致其侵彻能力的减弱；因此才会出现随着撞击速度的增加临界弹丸直径增加、而不是降低的趋势。

3. 填充式结构弹道极限方程

如图 3-83 所示为纤维填充式防护构型，采用高硬度陶瓷纤维布和高韧性芳纶纤维布填充于 Whipple 防护屏的外层铝缓冲屏和后墙之间。试验表明，该防护构型比传统的两层或三层铝板结构提供更好的空间碎片防护

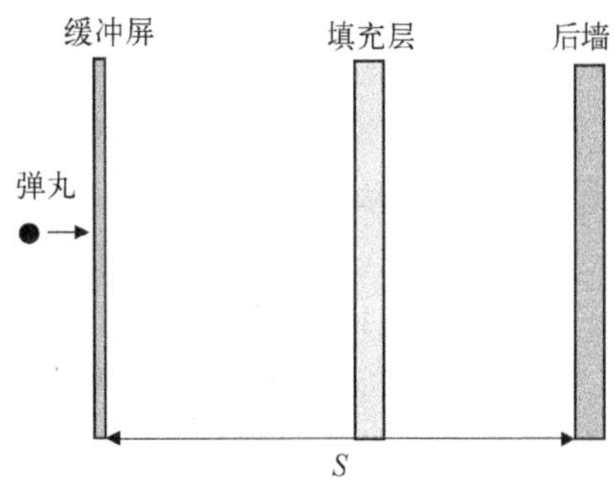

图 3-83　填充式防护结构示意图

性能。

当 $V_n \geqslant 6.5(\cos\theta)^{-1/3}$ 时，填充式结构的弹道极限方程表示为

$$d_c = 0.6(t_w\rho_w)^{1/3}S^{2/3}\rho_p^{-1/3}V^{-1/3}(\cos\theta)^{-0.5}(\sigma/40)^{1/6} \tag{3-69}$$

当 $2.7(\cos\theta)^{-0.5} < V_n < 6.5(\cos\theta)^{-1/3}$ 时，填充式结构的弹道极限方程表示为

$$d_c = \frac{0.321(t_w\rho_w)^{1/3}S^{2/3}\rho_p^{-1/3}(\cos\theta)^{17/18}(\sigma/40)^{1/6}[V-2.7(\cos\theta)^{-0.5}]}{[6.5(\cos\theta)^{-1/3}-2.7(\cos\theta)^{-0.5}]} + 1.031\rho_p^{-0.5}[t_w(\sigma/40)^{0.5}+0.37m_b](\cos\theta)^{-\frac{4}{3}}[6.5(\cos\theta)^{-\frac{1}{3}} - V][6.5(\cos\theta)^{-\frac{1}{3}}-2.7(\cos\theta)^{-0.5}] \tag{3-70}$$

当 $V_n \leqslant 2.7(\cos\theta)^{-0.5}$ 时，填充式结构的弹道极限方程表示为

$$d_c = 0.6(t_w\rho_w)^{1/3}S^{2/3}\rho_p^{-1/3}V^{-1/3}(\cos\theta)^{-0.5}(\sigma/40)^{1/6} \tag{3-71}$$

式中，ρ_w 为后墙的密度，g/cm^3；m_b 为填充层的面密度，g/cm^2；其他参数的定义同式(3-66)、式(3-67)和式(3-68)。

纤维填充式防护结构设计参数较多，图 3-84 中给出了四种不同的结构参数。

1）防护结构 1

缓冲屏为 1 mm 厚的 Al 2A12 板；填充层沿弹丸撞击方向依次为一层 β 布（阻燃布）、三层 SiC（碳化硅）、三层 Kevlar（凯夫拉）纤维织物和 20 层的 MLI（多层隔热材料），每层 SiC 的面密度为 0.033 g/cm^2，每层 Kevlar 的面密度为 0.017 6 g/cm^2；后墙为 3.5 mm 厚的 Al 5A06 板。

2）防护结构 2

缓冲屏为五层 MLI 包敷 1 mm 厚的 BC（铝基碳化硼）；填充层材料与防护结构 1 相同；后墙为 2.5 mm 厚的 Al 5A06 板。

3）防护结构 3

缓冲屏、填充层材料与防护结构 1 相同；后墙为 2.5 mm 厚的 Al 5A06 板。

4）防护结构 4

缓冲屏、后墙与防护结构 1 相同；填充层沿弹丸撞击方向依次为一层 β 布、0.5 mm 厚 2A12 铝板和 20 层 MLI。

以上四种填充式防护结构在 2.7~6.5 km/s 速度范围的超高速撞击试验；弹丸为 Al 2A12，密度为 2.86 g/cm^3，试验结果见表 3-7。参考式(3-69)、式(3-70)和式(3-71)拟合了它们的弹道极限曲线，如图 3-85 所示。

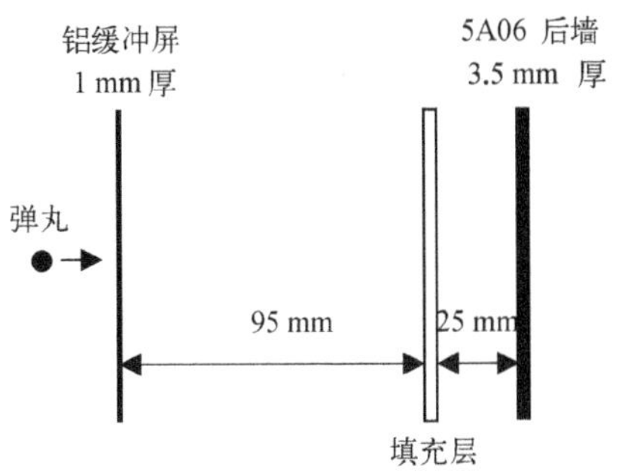

(a) 结构1

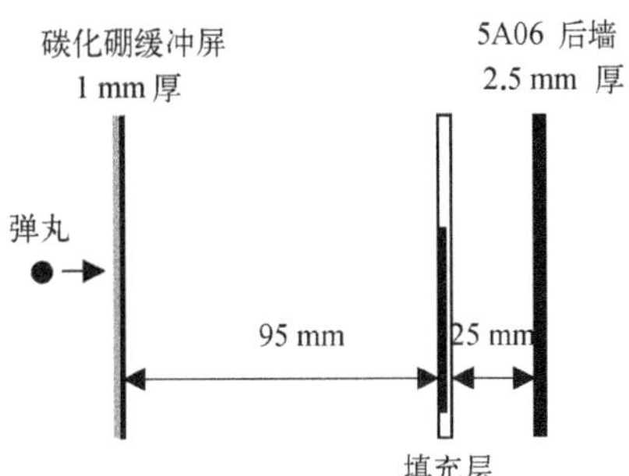

(b) 结构2

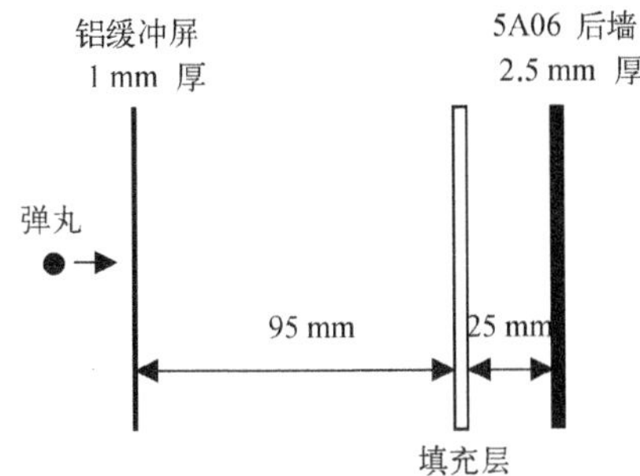

(c) 结构3

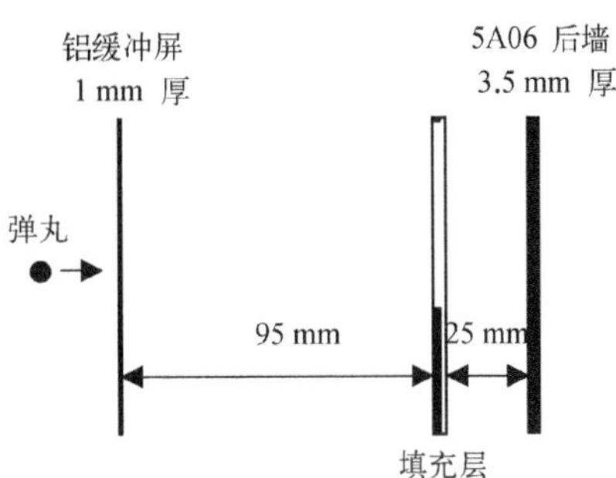

(d) 结构4

图 3-84　四种填充式防护结构示意图[73]

表 3-7　填充式防护构型超高速撞击试验结果[73]

靶材编号	弹丸直径/mm	弹丸质量/g	撞击速度/(km/s)	后墙是否穿透
1. 1	5. 74	0. 280 9	3. 30	否
1. 2	5. 92	0. 309 7	3. 61	是
1. 3	9. 50	1. 265 5	6. 12	是
1. 4	8. 44	0. 898 2	6. 09	否
1. 5	8. 90	1. 070 0	6. 30	是
1. 6	8. 90	1. 066 6	6. 09	是
1. 7	5. 02	0. 183 8	2. 91	是
2. 1	5. 00	0. 181 8	3. 46	否
2. 2	5. 24	0. 209 4	3. 45	是

续 表

靶材编号	弹丸直径/mm	弹丸质量/g	撞击速度/(km/s)	后墙是否穿透
2.3	7.50	0.626 1	6.11	否
2.4	8.40	0.898 1	6.30	是
2.5	8.00	0.758 8	6.09	否
2.6	4.25	0.111 6	2.88	否
3.1	8.00	0.758 8	6.13	否
3.2	8.40	0.898 0	6.25	否
3.3	8.90	1.063 6	6.14	是
3.4	5.00	0.183 0	3.92	否
3.5	5.00	0.183 2	3.40	否
3.6	5.24	0.209 6	3.49	否
3.7	5.50	0.244 0	3.35	是
4.1	8.40	0.896 6	6.30	否
4.2	8.90	1.063 6	6.17	是
4.3	5.74	0.278 4	3.11	是
4.4	5.74	0.276 8	3.46	否
4.5	5.94	0.310 8	3.42	否(后墙鼓包上有撕裂)

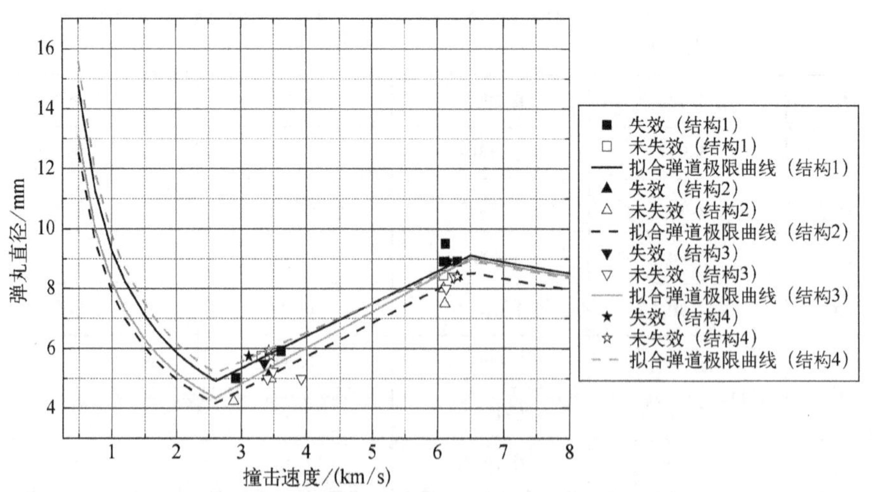

图 3-85 四种防护结构拟合弹道极限曲线比较

3.6.3　靶材损伤参数测量

试验后,靶材的损伤情况包含了撞击过程的诸多信息,对靶材损伤特征参数进行测量,可反推分析撞击情况。这些损伤参数主要包括:靶标成坑、穿孔、鼓包、剥落、裂纹、碎片云分布。对靶材损伤参数的测量主要是试验后的静态测量,相对简单。

靶标成坑的测量主要有坑深和坑径,可采用游标卡尺或三维光学扫描系统测量。坑深指靶标被碰撞面到坑底部的垂直距离,如图3-86所示。坑径指撞击坑的口径/大小,由成坑的形貌进行不同的计量方式。对圆形坑取其直径,对椭圆坑常取其长/短轴。对不规则坑取其坑形轮廓的最大尺寸为其长轴,并取正交于长轴的最大尺寸为其短轴,如图3-87所示。

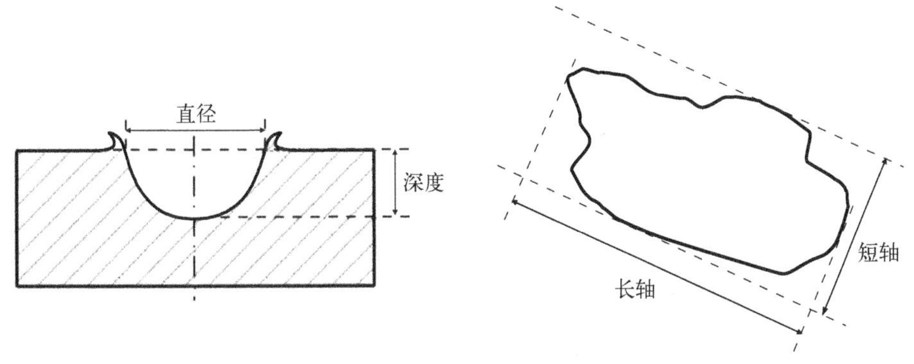

图3-86　撞击坑坑深测量示意图　　图3-87　不规则坑测量示意图

超高速撞击穿孔测量和成坑测量类似,但测量参数更多。典型的穿孔示意图见图3-88,测量值包括入口尺寸、出口尺寸和通孔尺寸。根据穿孔的形状,参考不同形状坑径的测量方式,可采用游标卡尺或三维光学扫描系统分别测量各处口径。

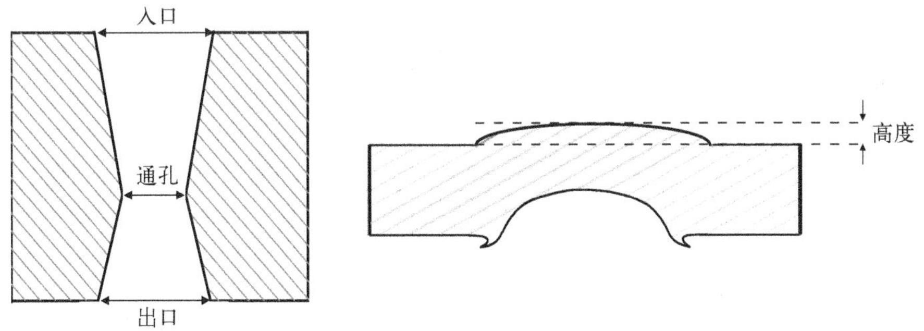

图3-88　穿孔尺寸测量示意图　　图3-89　鼓包测量示意图

鼓包是指靶材表面的凸起。主要测量鼓包高度和直径,可采用游标卡尺或三维光学扫描系统测量。鼓包高度以鼓包所在平面为基准,测量鼓包光滑曲面距离基准平面的最大距离，如图 3－89 所示。鼓包直径的测量也与鼓包形状相关。对圆形鼓包取其直径。对椭圆鼓包分别取其长/短轴。对不规则鼓包取其轮廓的最大尺寸为其长轴，并取正交于该尺寸方向的最大尺寸为其短轴，参考图 3－87 所示。

剥落现象通常由靶材内应力波反射引起。对剥落尺寸的测量也与剥落区域形状有关。对圆形剥落区取其直径。对椭圆剥落区分别取其长/短轴。对不规则崩落区取其轮廓的最大尺寸为其长轴，并取正交于该尺寸方向的最大尺寸为其短轴，参考图 3－90 所示。可采用游标卡尺测量直径。当条件允许时，应回收剥落出的材料（剥落片），并测量剥落片质量、尺寸。

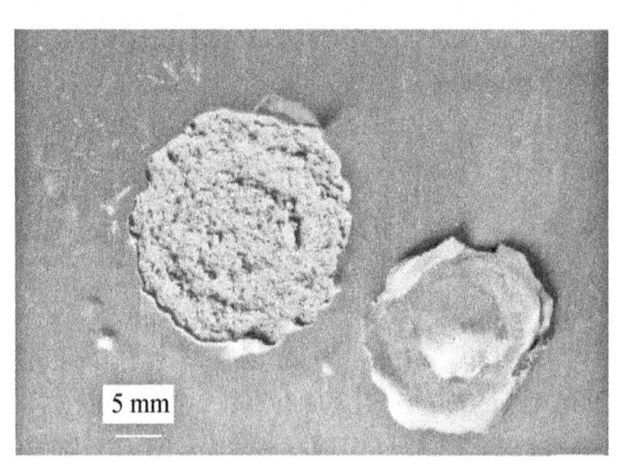

图 3－90　典型靶标表面剥落图像

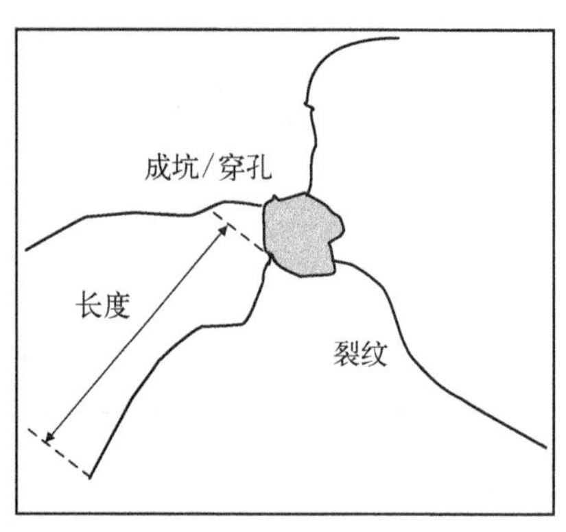

图 3－91　裂纹扩展长度测量示意图

在撞击后，靶材成坑和穿孔周围通常还有不规则的数条裂纹。裂纹的主要参数包括裂纹扩展长度和裂纹走向。通常取每条裂纹末端到起始位置的最短距离为裂纹扩展长度，如图 3－91 所示，可采用游标卡尺测量。裂纹走向通常采用数字相片的形式储存，可利用图像处理的方式加以分析。

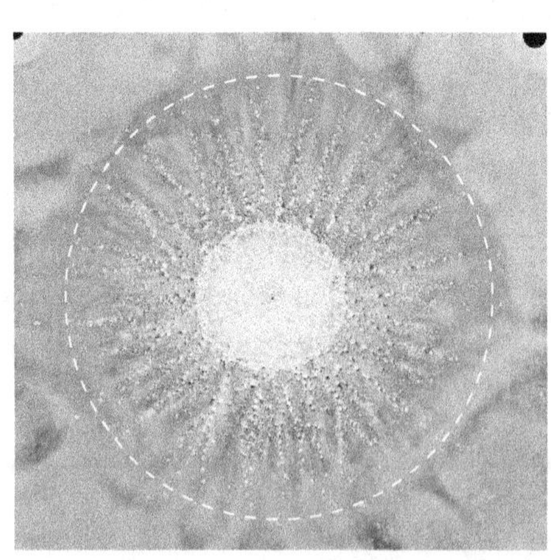

图 3－92　薄板正撞击产生的碎片云在验证板上形成的损伤分布图像

试验中第一次撞击产生的碎片云将继续扩散，并撞击后续结构上，在后续结构上形成区域性的损伤。后续结构包括多层防护结构后板（Whipple 结构后墙、多层防护结构除第一层外的其他防护层）、撞击验证板、碎片回收装置等。后续结构上的区域性损伤可以反映碎片云的分布情况，故此损伤区域测量也可称为碎片云分布测量。对于薄板超高速撞击产生的碎片云分布，通常采用圆形或椭圆形划定，以其直径或长短轴尺寸来表征，可采用游标卡尺测量。薄板正撞击产生的碎片云在验证板上形成的损伤分布图像如图 3-92 所示。

参考文献

[1] 褚波. 高速气炮撞击实验测控系统设计与实现[D]. 南京：南京理工大学，2013.

[2] 罗锦阳，罗庆，等. 弹道靶试验实时自动控制技术研究[C]. 乌鲁木齐：中国空气动力学会测控专委会六届三次全国交流会，2012.

[3] 张凯. 超高速碰撞 LY12 铝靶产生电磁辐射实验研究[D]. 北京：北京理工大学，2016.

[4] Piekutowski A J. Formation and description of debris clouds produced by hypervelocity impact [R]. NASA Contractor Report 4707, 1996.

[5] Crews J L, Christiansen E L. The NASA JSC hypervelocity impact test facility [C]. Huntsville: AIAA Space Programs and Technologies Conference, 1992.

[6] Palko R L, Cassady P L. Photogrammetric development and application at AEDC [C]. Williamsburg: 12th aerodynamic testing conference, 1982.

[7] Dugger P, Hendrix R. Measurements of the transient hypervelocity impact phenomena at the AEDC[R]. AIAA-94-0087, 1994.

[8] Harris H, Hendrix R. Upgrade in optical measurement capabilities of AEDC ballistic ranges [C]. Reno: AIAA Aerospace Sciences Meeting & Exhibit, 1994.

[9] Noord J V, Robinson J, Piekutowski A, et al. Results of hypervelocity impact tests on tape tethers[C]. Reno: AIAA Aerospace Sciences Meeting & Exhibit, 2002.

[10] Strader E A. A ballistic range for conducting non-routine studies [C]. Minneapolis: 46th Meeting of the Aeroballistic Range Association, 1995.

[11] Hayami R A. The application of light gas gun facilities for hypervelocity aerophysics research [C]. Reno: 17th Aerospace Ground Testing Conference, 1992.

[12] Evans H J, Williamsen J. Effects of uncertainty in hypervelocity impact performance equations and other parameters on variance in spacecraft vulnerability predictions [J]. International Journal of Impact Engineering, 1999, 23: 225-236.

[13] 机构间空间碎片协调委员会. 空间碎片防护手册[M]. 中国空间技术研究院卫星总体设计部，译，2000.

[14] 林木森，庞宝君，龚海鹏，等. 球形弹丸超高速正撞击 Whipple 防护结构损伤分析[J]. 宇航学报，2009(4)：1679-1685.

[15] 柳森，谢爱民，黄洁，等. 超高速碰撞碎片云的四序列激光阴影照相[J]. 实验流体力学，2010，24(1)：1-5.

[16] 谢爱民，黄洁，宋强，等. 多序列激光阴影成像技术研究及应用[J]. 实验流体力学，2014，28(4)：84-88.

[17] Zhou Y G, Xue Z L, Wu Y C, et al. Three-dimensional characterization of debris clouds under hypervelocity impact with pulsed digital inline holography [J]. Applied Optics, 2018, 57 (21): 6145-6152.

[18] Eichhorn G. Analysis of the hypervelocity impact process from impact flash measurements[J]. Planetary & Space Science, 1976, 24(8): 771-776, IN1-IN2, 777-781.

[19] Boslough M B, Ahrens T J, Vizgirda J, et al. Shock-induced devolatilization of calcite[J]. Earth & Planetary Science Letters, 1982, 61(1): 166 - 170.

[20] Sugita S, Schultz P H, Hasegawa S. Intensities of atomic lines and molecular bands observed in impact-induced luminescence[J]. Journal of Geophysical Research, 2003, 108: 1401 - 1417, 2003.

[21] Peter H S, Clara A E. Spectral probing of impact-generated vapor in laboratory experiments [J]. Icarus, 2015, 248: 448 - 462.

[22] Erl R E, Taylor J C, Michaelis C H, et al. Development of kill assessment technology for space-based applications[J]. Johns Hopkins Apl Technical Digest, 2014, 29(3): 289 - 297.

[23] Lawrence R J, Reinhart W D, Chhabildas L C, et al. Spectral measurements of hypervelocity impact flash[J]. International Journal of Impact Engineering, 2006, 33(1/12): 353 - 363.

[24] Djameel R, Masakazu S, Ichiro K. Spectroscopic study of radiation associated with hypervelocity impacts[C]. Fort Worth: Proceedings of the 23rd International Symposium on Shock Waves. 2001.

[25] Satish C G, Stanley G L, Thomas J A. Shock temperature in calcite ($CaCO_3$) at 95 - 160 GPa [J]. Earth and Planetary Science Letters, 2002(201): 1 - 12.

[26] 相升海，王迪，唐恩凌，等. 超高速碰撞天然白云石板产生闪光的辐射温度[J]. 强激光与粒子束，2015，27(1)：014003(4).

[27] Reinhart W D, Thornhill L C, Chhabildas L C, et al. Temperature measurements of expansion products from shock compressed materials using high-speed spectroscopy[J]. International Journal of Impact Engineering, 2008(35): 1745 - 1755.

[28] Denardo B P. Measurements of momentum transfer from plastic projectiles to massive aluminum targets at speeds up to 25600 ft/s[R]. NASA technical note D - 1210, 1962.

[29] Denardo B P, Nysmith C R. Momentum transfer and cratering phenomena associated with the impact of aluminum spheres into thick aluminum targets at velocities to 24000 ft/s[M]. New York: Gordon and Breach Science Publishers, 1964.

[30] Housen K R, Holsapple K A. Ejecta from impact craters[J]. Icarus, 2011, 211(1): 856 - 875.

[31] Holsapple K A, Housen K R. Momentum transfer in asteroid impacts. I. Theory and scaling [J]. Icarus, 2012, 221(2): 875 - 887.

[32] Holsapple K A, Housen K R. A crater and its ejecta: An interpretation of deep impact[J]. Icarus, 2007, 187(1): 345 - 356.

[33] Walker J D, Chocron S. Momentum enhancement in hypervelocity impact[J]. International Journal of Impact Engineering, 2011, 38(6): A1 - A7.

[34] Walker J D, Chocron S, Durda D D, et al. Scale size effect in momentum enhancement[J]. procedia engineering, 2013, 58: 240 - 250.

[35] Tobias H, Frank S, Jan H. Momentum transfer in hypervelocity impact experiments on rock targets[J]. Procedia Engineering, 2015, 103: 197 - 204.

[36] Yanagisawa M, Hasegawa S. Momentum transfer in oblique impacts: Implications for asteroid rotations[J]. Icarus, 1999, 146(1): 270 - 288.

[37] Nysmith C R, Denardo B P. Experimental investigation of the momentum transfer associated

with impact into thin aluminum targets[R], NASA TN D－5492, 1969.

[38] Master P L, Mount A, Zee R H. Momentum distribution in debris cloud during hypervelocity impact [C]. Huntsville: AIAA Space Programs and Technologies Conference, Huntsville, 1992.

[39] John H C. Momentum distribution in debris cloud produced by hypervelocity perforation of thin plates[R]. AFML－TR－68－174, 1968.

[40] Mullin S A, Jr Anderson C E, Wilbeck J S. Dissimilar material velocity scaling for hypervelocity impact[J]. International journal of impact engineering, 2003, 29(1/10): 469－485.

[41] 迟润强，管公顺，庞宝君，等. 碎片云动量特性数值仿真研究[J]. 高压物理学报，2009，23(1)：59－64.

[42] 王惠，王昭，张德志，等. Whipple 防护屏超高速碰撞碎片云动量分布研究[J]. 兵工学报，2014，35(2)：164－168.

[43] 邹胜宇，李鑫，罗庆，等. 基于弹道摆的超高速碰撞动量传递特性测量实验[C]. 哈尔滨：第三届全国超高速碰撞学术会议，2019.

[44] Tedeschi W J, Remo J L, Schulze J F, et al. Experimental hypervelocity impact effects on simulated planetesimal materials [J]. International Journal of Impact Engineering, 1995, 17(4－6): 837－848.

[45] Francesconi A, Giacomuzzo C, Grande A M, et al. Comparison of self-healing ionomer to aluminium-alloy bumpers for protecting spacecraft equipment from space debris impacts[J]. Advances in Space Research, 2013, 51(5): 930－940.

[46] Martin S, Erkai W, Max G, et al. Measuring ejecta characteristics and momentum transfer in experimental simulation of kinetic impact[J]. Acta Astronautica, 2019, 3(156): 297－300.

[47] Maiden C J, McMillan A R, Sennett R E, et al. Experimental investigations of simulated meteoroid damage to various spacecraft structures[R]. NASA CR－915, 1968.

[48] Walker J D, Chocron S, Durda D D, et al. Momentum enhancement from aluminum striking granite and the scale size effect[J]. International Journal of Impact Engineering, 2013, 56(6): 12－18.

[49] News U S. ISS performs first collision avoidance maneuver[J]. Orbital Debris Quarterly News, 2000, 5(1): 9－13.

[50] Forli O. In orbit in-service inspection [J]. Space Applications of Advanced Structural Materials, 1990, 3(24): 157－161.

[51] Schäfer F, Janovsky R. Impact sensor network for detection of hypervelocity impacts on spacecraft[J]. Acta Astronautica, 2007, 61(10): 901－911.

[52] Toshiya H, Yukihito K, Haruhisa M, et al. Development of in-situ micro-debris measurement system[C]. Cap Town: 62nd IAC, 2011.

[53] 唐颀. 超高速撞击板波特性与声发射空间碎片在轨感知技术[D]. 哈尔滨：哈尔滨工业大学，2008：78－94.

[54] 刘武刚，庞宝君，孙飞，等. 高速撞击的声发射源定位[J]. 无损检测，2008，30(3)：168－170.

[55] 刘治东. 空间碎片超高速撞击载人密封舱在轨感知技术研究[D]. 哈尔滨：哈尔滨工业大学

大学, 2014.

[56] 刘治东, 庞宝君, 刘刚. 超高速撞击声发射信号在靶板表面凸起结构处的模态转换现象[J]. 振动与冲击, 2014, 23(21): 114-118.

[57] Rose J L. Ultrasonic guided waves in solid media[M]. Cambridge: Cambridge university press, 2014.

[58] 耿荣生, 沈功田, 刘时风. 模态声发射——声发射信号处理的得力工具[J]. 无损检测, 2002, 24(8): 341-345.

[59] 刘武刚, 庞宝君, 韩增尧, 等. 基于声发射的单层铝板高速撞击损伤类型识别[J]. 宇航学报, 2011, 32(3): 671-675.

[60] 刘源, 庞宝君. 基于贝叶斯正则化 BP 神经网络的铝平板超高速撞击损伤模式识别[J]. 振动与冲击, 2016, 35(12): 22-27.

[61] 李光海, 刘正义. 声发射源多传感器数据融合识别技术研究[J]. 无损检测, 2003, 25(4): 171-175.

[62] Lawrence R J, Reinhart W D, Chhabildas L C, et al. Spectral measurements of hypervelocity impact flash[J]. International Journal of Impact Engineering, 2006, 33: 353-363.

[63] Fukushige S, Akahoshi Y, Koura T, et al. Development of perforation hole detection system for space debris impact[J]. International Journal of Impact Engineering, 2006, 33: 273-284.

[64] 文雪忠, 黄洁, 石安华, 等. 基于电阻膜的超高速撞击穿孔点的定位技术[C]. 烟台: 第五届全国空间碎片专题研讨会, 2009.

[65] Ryan S, Christiansen E L. A ballistic limit analysis programme for shielding against micrometeoroid and orbital debris[J]. Acta Astronautica, 2011, 69(5/6): 245-257.

[66] Christiansen E L, Kerr J H. Ballistic limit equations for spacecraft shielding[J]. International Journal of Impact Engineering, 2001, 16(1-10): 93-104.

[67] Schonberg W P, Compton L E. Application of the NASA/JSC whipple shield ballistic limit equations to dual-wall targets under hypervelocity impact[J]. International Journal of Impact Engineering, 2008, 35(12): 1792-1798.

[68] Hayashida K B, Robinson J H. Single wall penetration equations[R]. NASA TM-10365, 1991.

[69] Robinson J H, Hayashida K B. Double-plate penetration equations[R]. NASA TM-2000-209907, 2000.

[70] Ryan S, Christiansen E L. Hypervelocity impact testing of advanced materials and structures for micrometeoroid and orbital debris shielding[J]. Acta Astronautica, 2013, 83(2/3): 216-231.

[71] Hopkins A K, Lee T W, Swift H F. Material phase transformation effects upon performance of spaced bumper systems[J]. Journal of Spacecraft & Rockets, 1972, 9(5): 342-345.

[72] 马兆侠, 焦德志, 邹胜宇, 等. 铝 Whipple 结构在 7-8km/s 速度下的撞击特性研究[C]. 威海: 第五届全国空间碎片学术交流会, 2019.

[73] 柯发伟, 黄洁. 空间碎片防护构型性能研究填充式防护结构撞击极限方程研究报告[R]. 中国空气动力研究与发展中心超高速空气动力研究所研究报告,2012.

第 4 章
典型部件空间碎片超高速撞击地面试验

第 2、3 章系统地介绍了地面超高速撞击试验的超高速发射技术和超高速撞击测试技术，利用这些技术可在实验室环境下对空间碎片的超高速撞击进行模拟试验。本章主要对防护构型、压力容器、太阳能电池、电子设备、舷窗玻璃、超高速撞击辐射及接触测量撞击感知与定位技术等超高速撞击试验典型结果进行介绍。

4.1 防护构型超高速撞击特性

防护构型是减轻微流星和空间碎片对航天器撞击损害的关键部件。空间碎片超高速撞击防护结构地面模拟试验主要是研究防护结构在不同撞击条件下的撞击特性，以分析超高速撞击现象的本质和机理，对比不同防护结构防护的性能，为航天器防护结构和部件的优选改进提供基础试验数据。这里主要介绍 Whipple 防护结构和典型填充类防护结构的试验结果。

4.1.1 Whipple 防护结构

Whipple 防护结构具有较好的防护性能，是航天器上最基本的防护方案，如美国的“天空实验室”空间站、苏联的“礼炮”号空间站、“阿波罗”号飞船等，采用的防护方案都是 Whipple 防护结构。典型的 Whipple 防护结构如图 4－1 所示，其中首先受到空间碎片撞击的防护屏，主要起破碎空间碎片的作用，也叫缓冲屏。

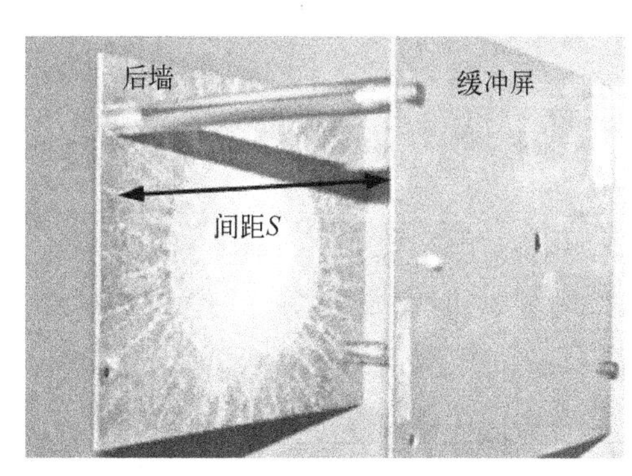

图 4－1　典型 Whipple 防护结构[1]

1. Whipple 防护结构典型损伤模式

弹丸超高速撞击 Whipple 防护结构后，缓冲屏典型损伤模式如图 4－2 所示。缓冲屏穿孔边缘一般较为规整，视缓冲屏材料韧性不同，边缘或有不同程度的翻唇现象；由于弹丸撞击速度较高，弹丸和缓冲屏作用时间较短，动量传递不明显，缓冲屏整体塑性形变不明显。当撞击速度不太高时，缓冲屏后表面一般比较干净；但当撞击速度较高时，由于缓冲屏穿透碎片云撞击到后墙表面反溅效应增强，缓冲屏后表面会有少量熔融碎片撞击痕迹存在。

(a) 6061铝缓冲屏前视图

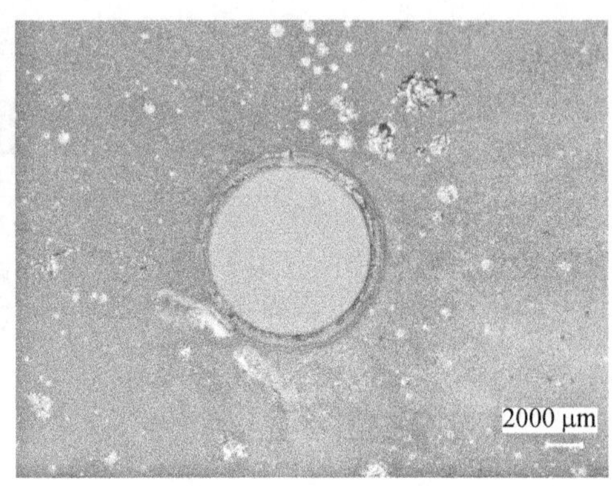

(b) 6061铝缓冲屏后视图

(c) 1100 铝缓冲屏前视图

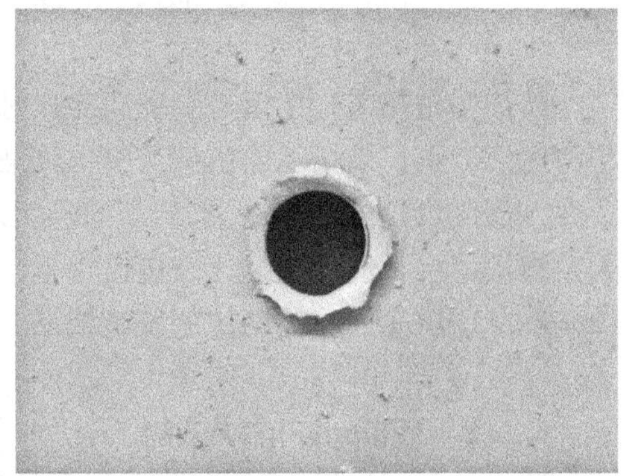

(d) 1100 铝缓冲屏后视图

图 4-2　缓冲屏典型损伤模式

根据撞击速度不同，后墙损伤模式具有较大的差别。当撞击速度较低时，弹丸撞击缓冲屏后基本不破碎，剩余弹丸穿过缓冲屏后撞击过程基本为连续侵彻过程，其典型损伤模式如图 4-3(a)所示。随着撞击速度增大，弹丸撞击缓冲屏后发生破碎，其对后墙的破坏主要取决于单个碎片的侵彻能力，随着撞击速度的增加，碎片颗粒变小，其典型损伤模式如图 4-3(b)所示。当撞击速度继续提高到超高速时，弹丸撞击缓冲屏后完全破碎，碎片云基本可以看作是连续分布，对后墙的损伤主要是包含固态、液态颗粒以及气化产物的碎片云的整体冲击效应，随着撞击速度的增加，碎片云冲击作用增强，其典型损伤模式如图 4-3(c)所示。

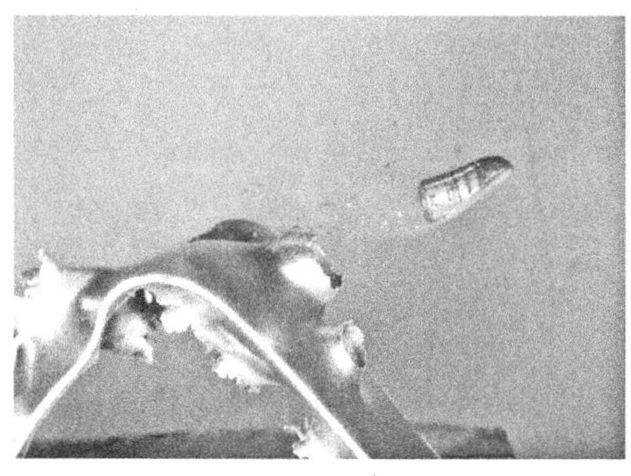

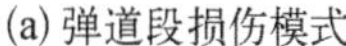
(a) 弹道段损伤模式

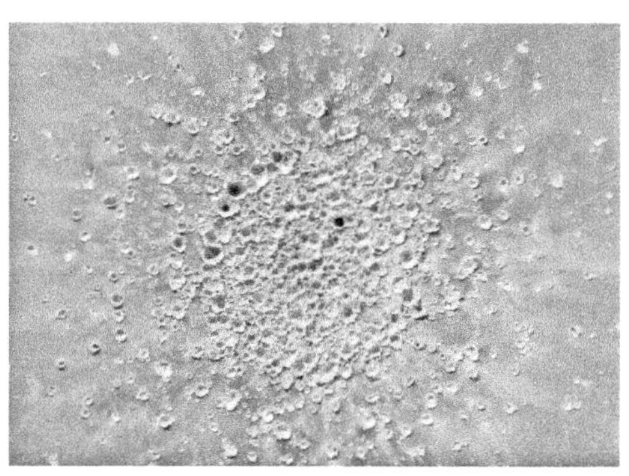

(b) 破碎和碎片熔化段损伤模式

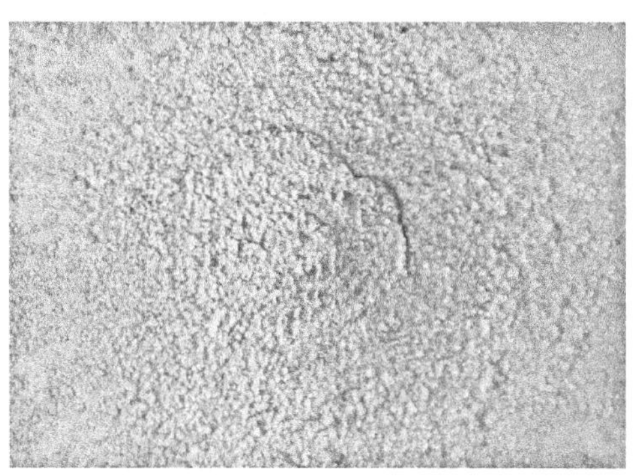

(c) 完全熔化段损伤模式

图 4－3　后墙典型损伤模式

2. Whipple 结构三段式弹道极限

NASA 空间环境模型 Ordem2000[2] 可以预测空间碎片通量，图 4－4 即为使用 Ordem2000 计算出的 2020 年 400 km 轨道高度空间碎片相对航天器的典型速度分布。从图中可以看出，空间碎片相对航天器的速度主要分布在 4～11 km/s。

假设空间碎片材料为铝，则绝大多数撞击事件属于超高速撞击范畴，即碰撞过程中产生的压力远远大于材料强度极限，此时材料的动力学响应更接近于流体行为，材料会发生破碎、液化、气化等现象。在超高速撞击条件下，由于缓冲屏对空间碎片的破碎作用，使得 Whipple 结构的防护性能比同等面密度的单层铝板要好得多[3,4]。Whipple 结构的防护性能通常使用弹道极限方程来描述，最常用的方程为 Christiansen 三段式方程，分为弹道段、破碎和碎片熔化段和完全熔化段三段，其具体形式已在第 3 章给出，如式(3－66)、式(3－67)和式(3－68)所示。该公式描述的是 Whipple 结构的临界弹丸直径与撞击参数之间的关系，其典型曲线如图 4－5 所示。

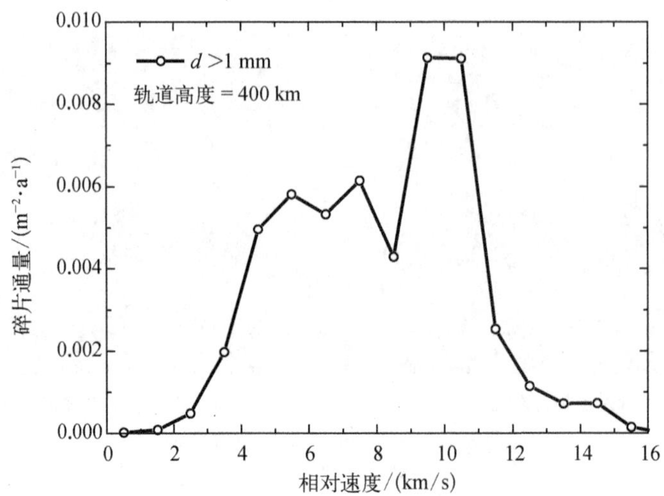

图 4-4 2020 年 400 km 轨道高度空间碎片相对航天器的典型速度分布

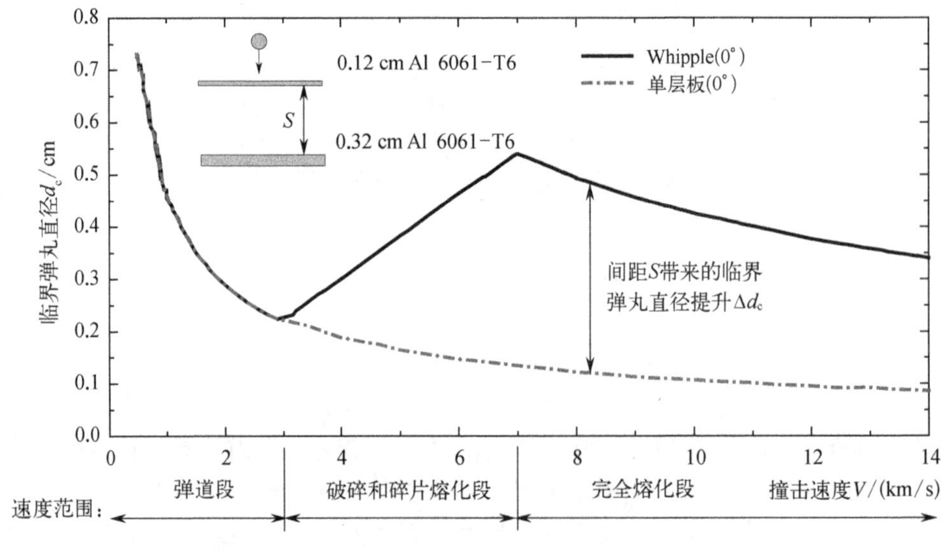

图 4-5 Whipple 结构弹道极限曲线[5]

Christiansen 三段式方程以撞击速度沿靶板法向分量 $V\cos\theta$ 的大小分段，以 3 km/s 和 7 km/s 为分界点；破碎和碎片熔化段是以 3 km/s 和 7 km/s 两点的连线。在弹道段，临界弹丸直径和间距 S 无关，随着撞击速度的增加，弹丸侵彻能力增强，临界弹丸直径减小；在破碎和碎片熔化段，临界弹丸直径随撞击速度的增加而增加；在完全熔化速度段，随着撞击速度的增加，碎片云冲击作用增强，临界弹丸直径随撞击速度的增加而增加。

Christiansen 三段式方程分段的本质是弹丸撞击缓冲屏后是否破碎以及形成碎

片云的特征不同,才会导致后墙的不同损伤模式。超高速撞击情况下,弹丸破碎并形成碎片云的特征与不仅与撞击速度相关,撞击材料参数也是重要的影响因素;因此,仅使用速度来进行分段就不太合理,诸如镉材料在 3~4 km/s 的撞击速度下即表现出铝材料 5~6 km/s 的撞击特征[6]。

3. Whipple 结构损伤模式模型

NASA 在 20 世纪 70 年代根据大量试验结果提出了一个模型[7,8]来理解 Whipple 结构的防护性能,如图 4-6 所示。从图中可以看出撞击速度、弹丸直径、结构参数等对 Whipple 结构防护性能的影响关系。与 Christiansen 三段式方程不同的是,其横坐标是缓冲屏与后墙间距 S 与弹丸直径 d 的比值,是个无量纲量;其纵坐标是撞击速度。弹道极限曲线将平面分为两个区域,左侧区域表示 Whipple 结构失效,右侧区域表示 Whipple 结构未失效。

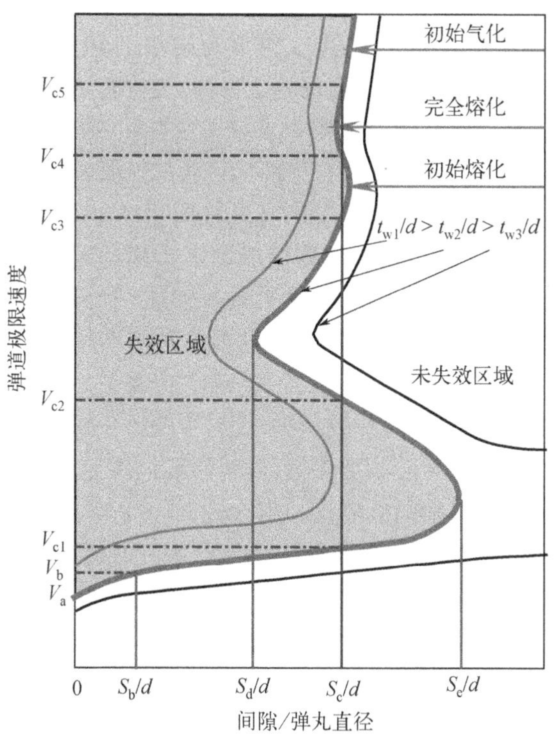

图 4-6　Whipple 结构防护性能曲线[8]

由图分析间距 S 的作用。图 4-6 中红色弹道极限曲线表示当 Whipple 结构缓冲屏和后墙厚度保持不变时,间距 S 对 Whipple 结构防护性能的影响。固定弹丸直径条件下,当 $S=0$ 时,即缓冲屏和后墙紧靠成为一个单层板,这时结构有最低的临界失效速度 V_a;当撞击速度保持不变,间距 S 拉开至 S_b 时,这时结构将不会失效;必须

提高撞击速度至 V_b 时,结构才会失效;在这个速度段,后墙的损伤模式如图 4-3(b)所示,主要是弹丸和缓冲屏一些大颗粒碎片侵彻所致,即中速段的损伤特征。这一段临界速度随间距增加而增加,这一特征一直持续到 S_e;间距 S_e 表示已能保证碎片足够分散,使得后墙难以出现碎片的撞击累积效应,这是结构的最优间距。随着撞击速度的增加,碎片分散角度增大,因此分散碎片所需间距减小,这一特征一直持续到 S_d;然后随着撞击速度增加,Whipple 结构需要更大间距来分散碎片动能来保证不失效。以上特征是在后墙足够厚的情况下,如果后墙比较薄,难以抵挡单个碎片侵彻,此时将如图中黑色弹道极限曲线所示,会出现一个始终失效的速度段。

现在考虑撞击速度的影响。考察图 4-6 中蓝线,即间距 S 和弹丸直径不变(间距为 S_c/d),当速度较低时,结构一直处于未失效状态,直到 V_{c1},这时弹丸动能已足够大,出现第一个临界速度,这时对应的损伤模式是碎片的低速侵彻,如图 4-3(a)所示;随着撞击速度持续增加,碎片尺寸虽然在减小,但速度增加,其侵彻能力还很强。直至 V_{c2},这时碎片变得足够小,虽然速度增加,但不再能穿透后墙,这时出现第二个临界速度。随着撞击速度的增加,碎片变小速度变大;这时单个碎片对后墙除了侵彻效应之外,碎片云的撞击以及撞击之后的反溅效应还会对后墙产生较强的冲击效应;冲击波运动到后墙自由面后产生一个强的拉伸波,则可能使后墙产生剥落现象,此时后墙抵御侵彻效应的有效厚度会变小。当速度增加至 V_{c3} 时;碎片的侵彻效应和碎片云冲击耦合使得后墙剥落作用达到一个匹配点,出现第三个临界速度,这个速度段的典型损伤模式如图 4-3(b)所示。撞击速度继续增加,碎片继续破碎变小、碎片云冲击波继续增强;当撞击速度增强至一定程度时,部分碎片发生熔化现象,造成侵彻能力下降,不能再使后墙失效,这时出现第四个临界速度 V_{c4}。撞击速度继续增加,碎片继续熔化,碎片云冲击波继续增强,至 V_{c5},碎片云冲击波强度足够大,使得后墙撕裂失效,此时后墙的典型损伤模式如图 4-3(c)所示,这个阶段由于撞击产物的破碎已相当充分,同时碎片在冲击波卸载后残留温度相当高,碎片熔化效应对后墙的影响相对较弱,因此临界弹丸直径随速度增加变化不大。此后,随着撞击速度的增加,撞击产物还会出现气化等现象,但由于后墙的损伤均为碎片云冲击损伤,损伤特征均为撕裂失效,这个时候增加间距 S 能够有效增强碎片云的膨胀效应,增强卸压效果,能够有效提升结构的防护能力,图中该区域对应曲线斜率较大也表明这一结果。

值得说明的是,对于撞击速度大于 V_{c3} 的分析有个前提,即要保证两个撞击物体的尺寸匹配,使得冲击波能够充分发挥作用:将冲击波能量转换为材料表面能或内能,使得破碎材料或发生相变,降低其机械做功能力。如果两者不匹配,虽然较大的撞击速度能够保证较强的冲击波峰压,但由于两者厚度不匹配,冲击波传至自由面后迅速卸载;卸载拉伸波以当地声速传播,由于冲击波后材料密度增加,则有可能卸载拉伸波紧跟冲击波,从而大大减小冲击波的作用区域,使得材料破碎、相变的效果大大减弱。因此,如果要使 Whipple 结构发挥优异的防护性能,要保证两点:① 弹丸尺寸和缓冲屏尺寸要匹配,一般要求 $t/d > 0.25$;② 碎片云碎片粒子尺寸和后墙尺寸要匹配,一般要求后墙要厚于缓冲屏,并且 $t/d > 0.5$。

4.1.2 典型填充类防护构型

在 Whipple 防护结构的基础上,发展了多种新型防护构型[5,9,10],如填充 Whipple 防护、多层冲击防护等。这些防护结构重点主要放在缓冲屏和填充层上:对于缓冲屏来说,主要通过选择性能更为优异的材料使得空间碎片破碎更为充分,对于填充层则除了进一步破碎弹丸碎片,还起到减速和对二次碎片的拦截作用。常见的填充 Whipple 防护结构如图 4-7 所示,即在铝缓冲屏与后墙之间放置一层或多层由纤维织物组成的填充层而构成的复合防护结构。

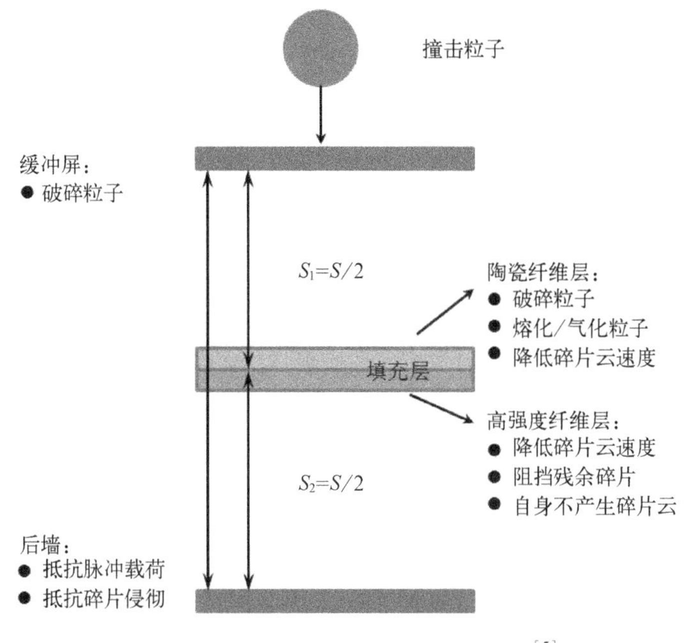

图 4-7 NASA 某填充式防护构型结构[5]

NASA 采用的填充层是 Nextel 陶瓷纤维层及 Kevlar 高强度纤维层形成的组合层,Nextel 陶瓷纤维层在前,其高模量特性有利于撞击粒子内产生更强的冲击压力,使之彻底破碎;Kevlar 纤维层在后,其高强度特性有利于降低二次碎片速度。国际空间站(International Space Station, ISS)美国舱、“哥伦布”舱及日本实验舱的前面及侧面均采用了 Nextel/Kevlar 填充式 Whipple 防护结构,但它们的填充层面密度和间距有所不同。图 4-8 为某特定 Nextel/Kevlar 填充式 Whipple 防护结构的弹道极限曲线[9],可以看出该弹道极限曲线和通常 Whipple 结构形式基本类似,

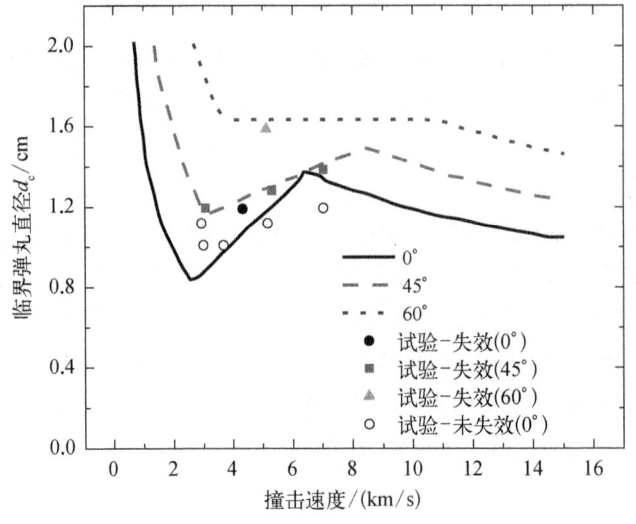

图 4-8 某填充式 Whipple 结构弹道极限曲线[11]

也可以使用三段式方程来描述。

中国空间技术研究院总体部和 CARDC 超高速空气动力研究所联合开展了系列填充式防护结构的超高速撞击试验[10]，研究了碳化硅、玄武岩、碳布、二氧化硅、Kevlar 等纤维织物作为填充层的不同防护效果，发现碳化硅、二氧化硅、碳布和玄武岩等纤维织物形成的残留物较多，但分布比较均匀，显示出对撞击粒子良好的粉碎和扩散能力，其中碳化硅纤维织物对碎片云的细化效果最佳。相比之下，Kevlar 等纤维织物形成的残留物较少，但分布不均匀，显示出对撞击粒子良好的拦截能力。因此，将碳化硅类高模量材料与 Kevlar 类高强度材料构成复合填充层，将起到更好的空防护效果。

4.2 压力容器

航天器上的压力容器作为航天器的主要部件之一，通常都设置在飞行器外部或紧靠主体结构，因此容易暴露于空间碎片环境中，受到撞击的概率相对较高。压力容器受撞击后，轻则容器出现弹坑或表面剥落，重则容器穿孔乃至使裂纹失稳扩展，此时易发生气体或液体的外泄，有可能导致航天器丧失姿态控制能力，在某些特定情况下甚至会爆炸，同时裂纹失稳扩展将产生新的高速空间碎片向四周飞射，进一步威胁航天器。因此有必要开展充气压力容器高速撞击的试验研究，加深对损伤机理和损伤现象的理解，探索和确定裂纹失稳扩展同撞击条件、容器内压、容器材料和防护方法等的关系。

国外对碎片云在压力容器内的传播及对容器的损伤做了很多研究，如欧洲空间局在 1997 年以铝合金和钛合金压力容器为试验对象，通过改变碰撞条件和压力，确定了发生灾难性失效的碰撞条件和参数[11]；之后又以 4.9～6.0 km/s 速度的铝球弹丸撞击高强钢材料的压力容器，通过高速摄影和压力传感器等测量手段研究气体与碎片云的相互作用[12]并开展了数值仿真研究[13]。NASA 对充流体和气体的 Al 2219 和 Ti_6A1_4V 材料压力容器在防护条件下进行了超高速碰撞试验，其中球形铝弹丸碰撞速度最大达 8.8 km/s[9]；同时模拟了空间站的工作环境，以最大 7 km/s 的碰撞速度对最大压力 0.4 MPa 的铝合金压力容器进行了撞击试验[14]。

EMI 针对典型压力容器开展了系列撞击试验[15]，试验压力容器的结构如图 4-9 所示。在试验速度 v = 6.55 km/s、弹丸直径 d = 4.0 mm 的状态下开展对上述压力容器结构的撞击试验，容器的损伤情况如图 4-10 所示。

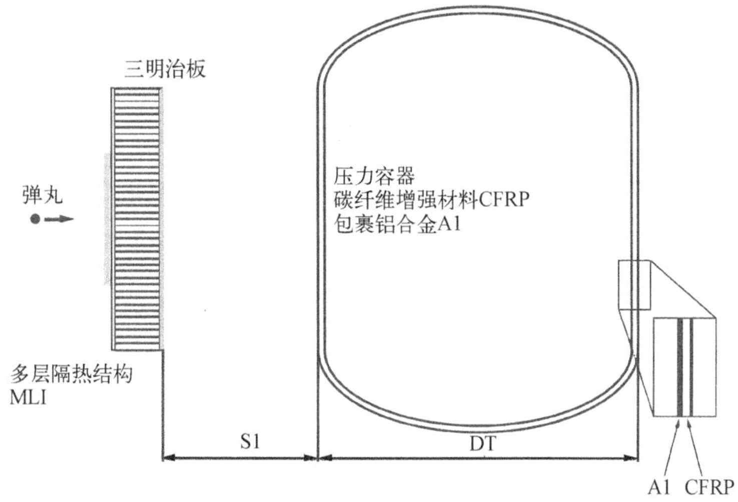

图 4-9　试验用压力容器结构图(设置在典型卫星舱壁后)[15]

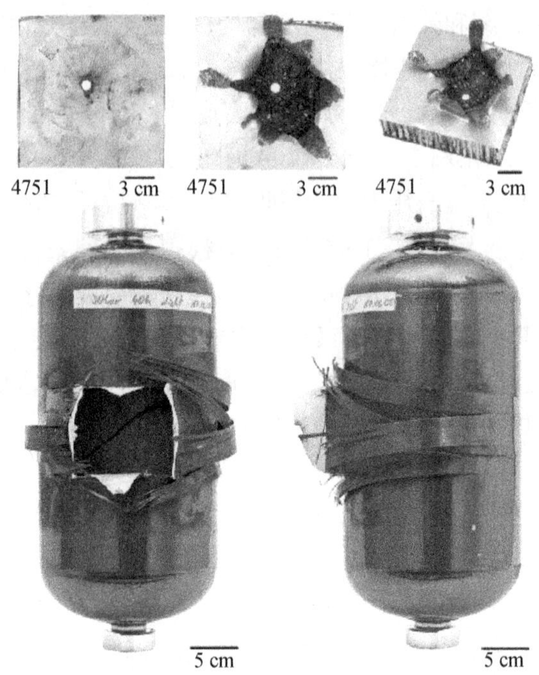

图 4-10 试验后压力容器的损伤情况(正面和侧面视图)[15]

在国内,哈尔滨工业大学张伟等将圆柱形铝弹丸以 3 km/s 速度撞击充气铝罐,研究了容器的失效形式[16]。2014~2015 年,哈尔滨工业大学盖芳芳试验研究了超高速撞击下压力容器后墙的损伤形式,利用二级轻气炮发射技术,球形弹丸被发射至 1.873~4.000 km/s 撞击压力容器[17]。试验前利用线弹性断裂理论对试验的损伤情况进行预测,并最终与试验得到的损伤结果进行对比。

下面主要介绍 CARDC 关于压力容器超高速撞击的试验研究[18-20]。基于弹道靶设备,针对不锈钢充气压力容器开展了系列撞击试验,获得了容器内气体压力对弹道极限参数的影响规律,以及容器内部压力与失效之间的关系。试验包括了柱状和球状两种形状航天器压力容器,针对容器充压与未充压、有防护和无防护等状态进行研究。

4.2.1 柱状不锈钢压力容器撞击试验

对于柱状不锈钢压力容器的超高速碰撞试验[18],内压值最高为 10 MPa,撞击速度为 4.9~6.0 km/s。试验表明,不锈钢压力容器的弹道极限随内压的增大而增大,说明容器的内部压力能够提高压力容器的防护能力,如图 4-11 所示。对内压值小于 10 MPa(如 8 MPa)的压力容器开展撞击试验,容器在撞击后出现气体泄漏现象,在内压值达到 10 MPa 时,容器将发生爆炸。图 4-12 给出了典型状态的试验结果。

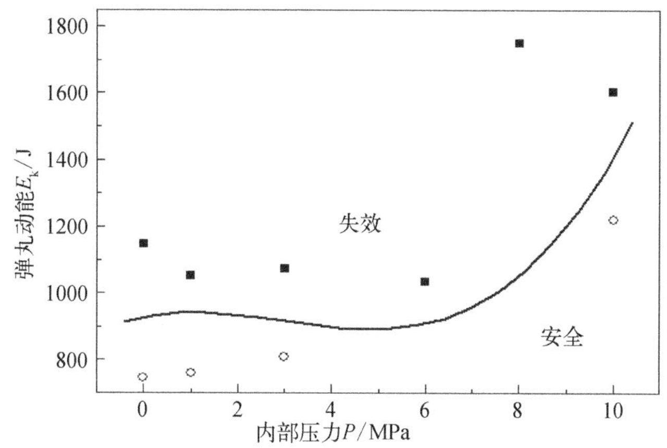

图 4-11　不锈钢压力容器的失效与弹丸动能、内部压力的关系[18]

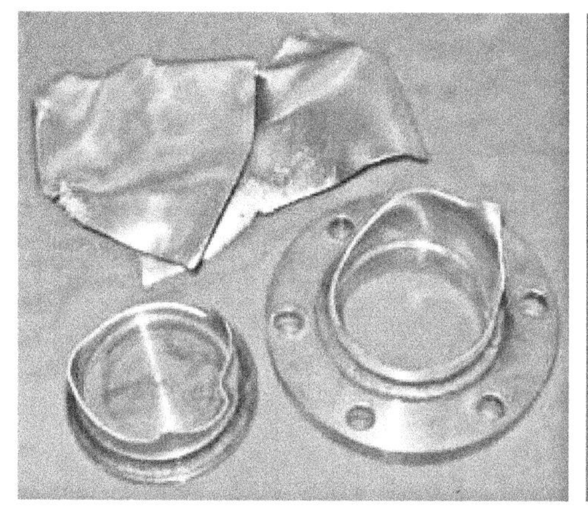
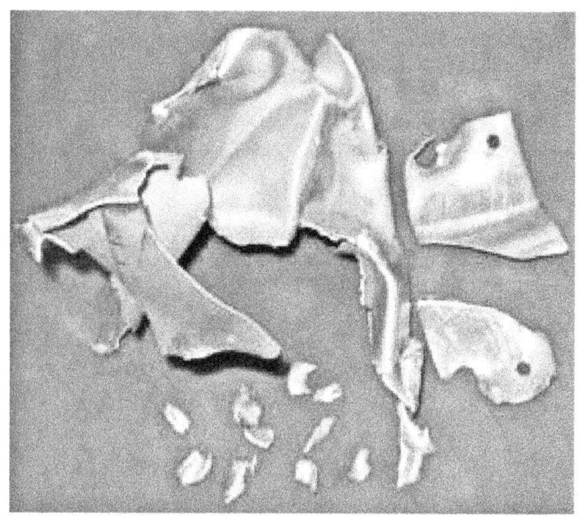

图 4-12　10 MPa 充气压力下的试验结果（d=4.48 mm，V=4.90 km/s）[18]

分析认为，弹丸撞击具有一定压力 P 的容器，其破坏模式主要是穿孔和爆炸，这取决于撞击速度和容器压力。当容器受到超高速碰撞时，撞击产生的冲击波在容器内部产生冲击压力 ΔP，容器内原有的气压 P 与冲击压力 ΔP 共同作用，在狭小空间内急剧膨胀，在穿孔处薄弱地带发生撕裂，然后在瞬间内爆炸。此时具有关系式 $P+\Delta P>P_c$，其中 P_c 为临界内压强。

通过断裂失效准则来讨论爆炸前裂纹扩展的条件：

$$\frac{P_c r}{2t}(\pi a)^{\frac{1}{2}}=22 \tag{4-1}$$

从而得到裂纹失稳的临界压力-裂纹长度曲线（临界 $P-a$ 曲线），如图 4-13 所示。

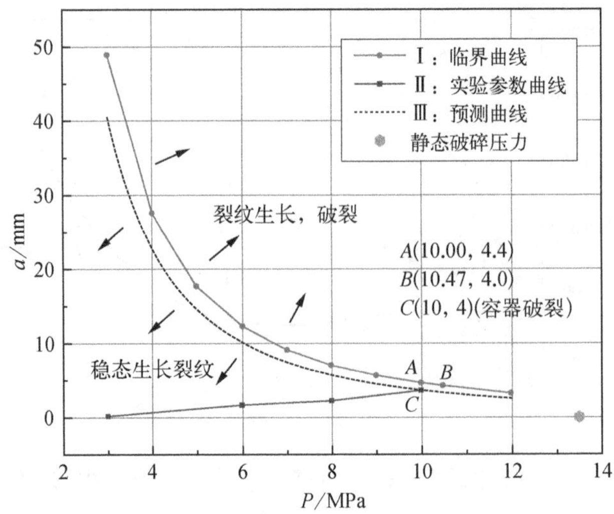

图 4－13　容器压力、裂纹长度与损伤之间的关系[18]

4.2.2　球状钛合金压力容器撞击试验

对于球状钛合金压力容器,开展了超高速碰撞试验[19]。图 4－14 展示了撞击速度为 6.5 km/s,不同内压下的钛合金压力容器所产生的反溅碎片云照片。

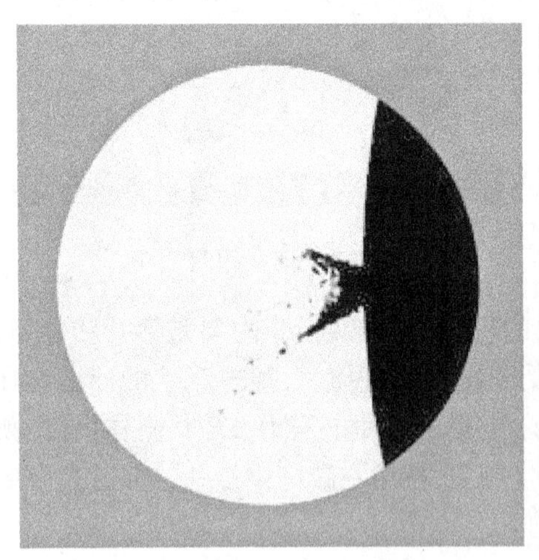

(a) d=2.52 mm，内压0.04 MPa

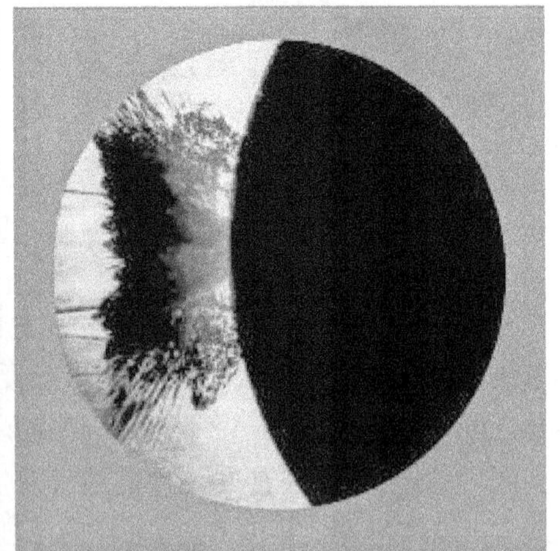

(b) d=9.04 mm，内压6 MPa

图 4－14　球状钛合金压力容器在不同内压下的试验结果[19]

针对球状钛合金压力容器,将容器充压、未充压,容器有无防护作为试验条件,获得了各状态下的弹道极限参数[20]。试验中球形弹丸为 LY12 材料,直径为 1.76~9.00 mm。撞击速度约 6.5 km/s,试验均为垂直撞击,钛合金高压容器外径

ϕ466.22 mm，平均壁厚 4.61 mm。试验时分不充压（0.04 MPa）和充压（6 MPa 氮气）两种情况。对于有防护的试验，设置防护板距离容器中心点距离为 250 mm。

1. 未充压球状钛合金压力容器撞击试验

对未充压的压力容器开展撞击试验表明，当在未防护条件下发射直径 1.76 mm 的弹丸撞击容器时，容器未穿孔，形成外径 ϕ6.18 mm 的弹坑[图 4-15(a)]；当用直径 2.24 mm 的弹丸撞击容器时，容器前壁被击穿，内孔径为 2.00 mm[图 4-15(b)]。随后在试验中逐步增大弹丸直径，容器均被击穿，且孔径依次增大[图 4-15(c)、图 4-15(d)]。由试验得到该撞击条件下，压力容器破坏的弹丸弹道极限直径为 2.00 mm。

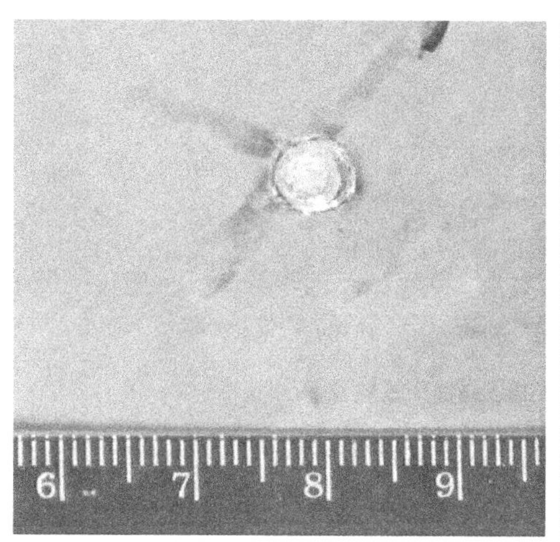

(a) d=1.76 mm，V=6.58 km/s，未充压

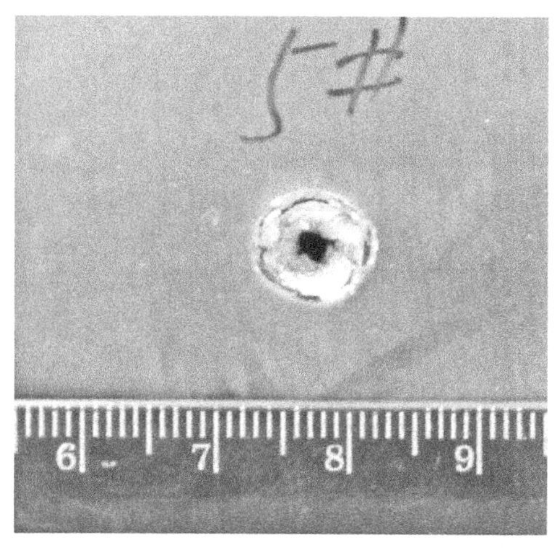

(b) d=2.24 mm，V=6.55 km/s，未充压

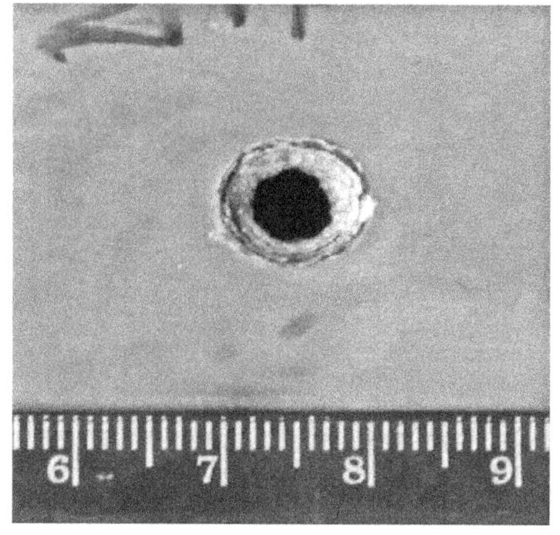

(c) d=3.02 mm，V=6.53 km/s，未充压

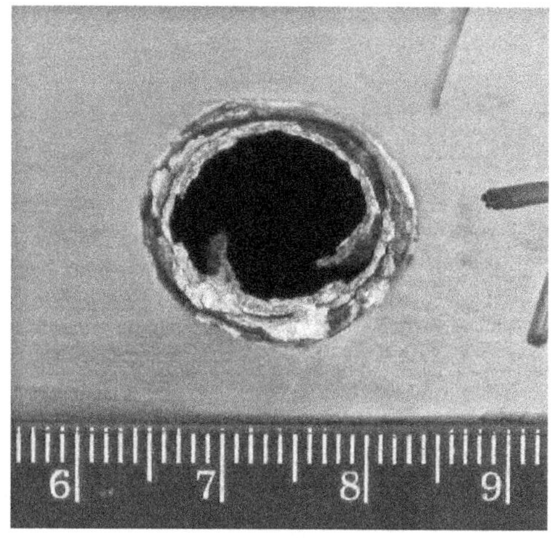

(d) d=4.98 mm，V=6.39 km/s，未充压

图 4-15　未充压、无防护压力容器撞击试验结果[20]

当在有防护条件下发射直径 4.75 mm 的弹丸撞击容器时，容器未穿孔[图 4－16(a)]；当发射弹丸增大到直径 5.25 mm 时，容器前壁被击穿[图 4－16(b)]。随后在试验中逐步增大弹丸直径，容器均被击穿，且孔径依次增大。由试验得到该撞击条件下，压力容器破坏的弹丸弹道极限直径为 5.00 mm。

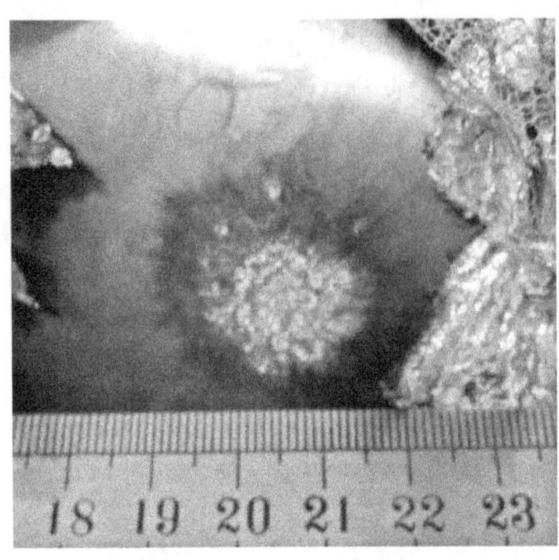

(a) d=4.75 mm，V=6.65 km/s，未充压

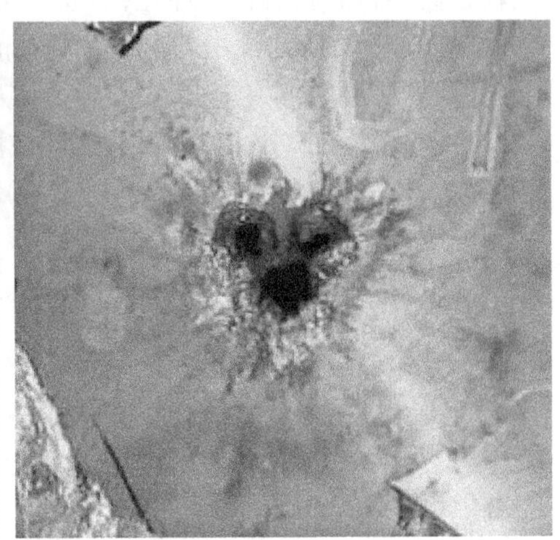

(b) d=5.25 mm，V=6.30 km/s，未充压

图 4－16　未充压、有防护压力容器撞击试验结果[20]

增加防护板后，使高压容器被破坏的弹丸弹道极限直径从 2 mm 提高到 5 mm。试验中设置的碳纤维蜂窝防护板被破坏而呈现不规则撕裂状，见图 4－17。在弹丸直径小于 6 mm 时，防护板中心形成弹孔，孔周围材料发生撕裂、凹陷；弹丸直径达到 9 mm 时整个破坏区域没有明显增大，只是撕裂、凹陷部分的材料掉落。

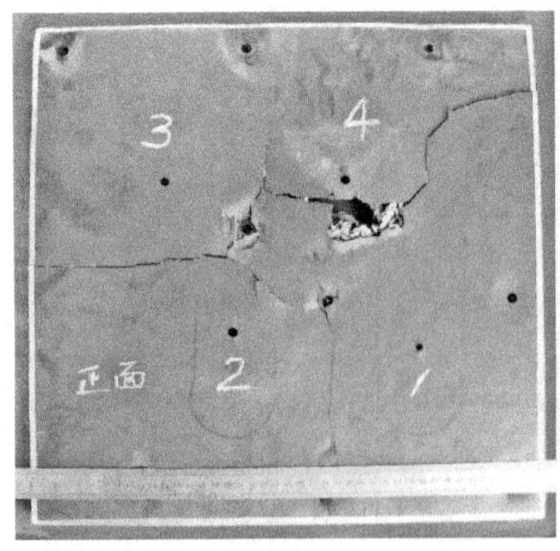

(a) d=1.76~4.98 mm，正面

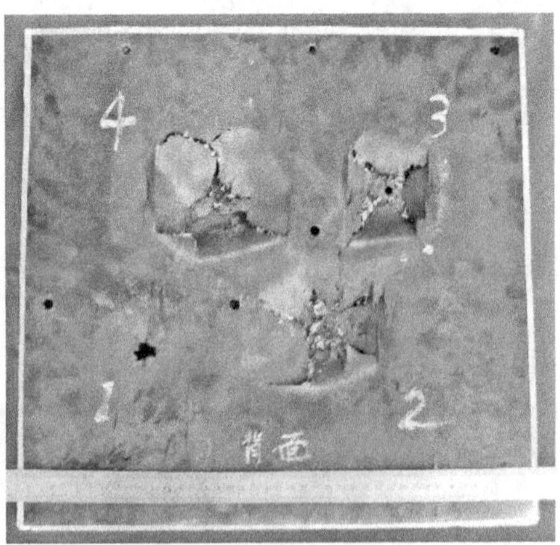

(b) d=1.76~4.98 mm，背面

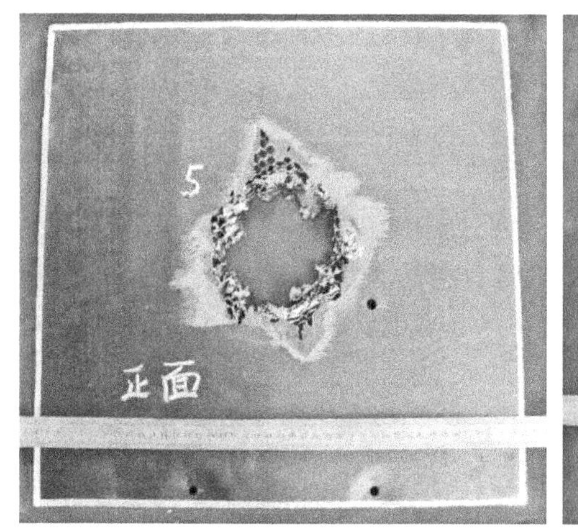

(c) d=9 mm，正面

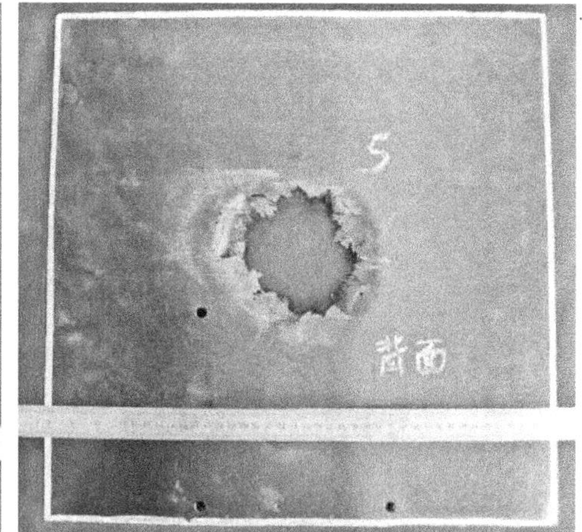

(d) d=9 mm，背面

图 4-17　防护板破坏形貌[20]

2. 充压球状钛合金压力容器撞击试验

对容器充压至 6 MPa 后，分别开展了容器无防护和有防护条件下的撞击试验[20]。

在无防护条件下，当弹丸直径为 2.24 mm 时，容器被击穿[图 4-18(a)]；为了检验容器在充压条件下被撞击是否会发生爆炸，将弹丸直径增加到 9.00 mm 左右，结果容器穿透，但未发生爆炸[图 4-18(b)]。由于试验次数较少，尚不能获得该状态充压容器的弹道极限，但可以认为容器穿孔的弹道极限直径小于 2.24 mm。

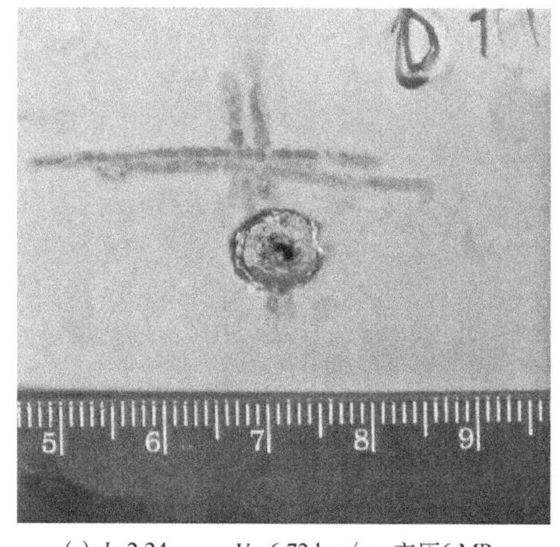

(a) d=2.24 mm，V=6.72 km/s，充压6 MPa

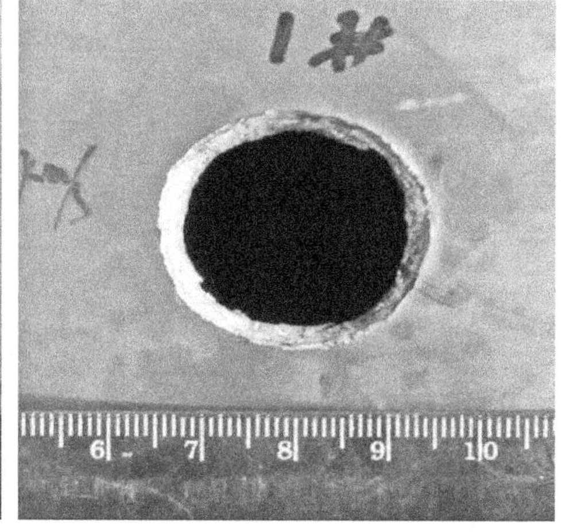

(b) d=9.04 mm，V=6.48 km/s，充压6 MPa

图 4-18　充压、无防护压力容器试验结果[20]

图 4－19 充压、有防护试验结果[20]（d＝4.73 mm，V＝6.28 km/s，充压 6 MPa）

在有防护条件下对充压容器共开展三次试验，当试丸直径为 4.24 mm 时，容器未发生穿孔，而当弹丸直径增至 4.49 mm 时，容器前壁被击穿。继续增大弹丸直径，容器均被击穿（图 4－19），孔径也随之变大。由此可以计算该状态下容器穿孔的弹道极限为 4.36 mm。

根据以上结论，可以得到内压力、有无防护条件对试验压力容器弹道极限的影响关系图（图 4－20）。可以看出防护板使压力容器穿孔的弹道极限明显提高，充压至 6 MPa 使弹道极限略微降低，但在该充压条件下不会使压力容器发生爆炸。

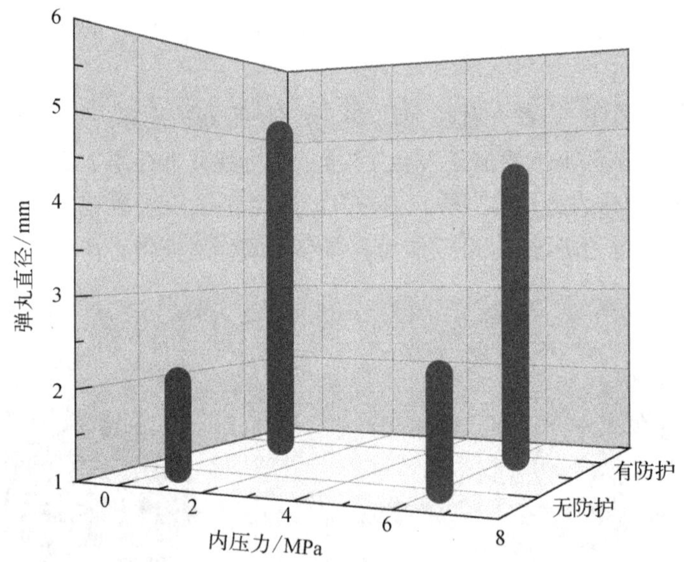

图 4－20 内压力、防护条件对弹道极限参数的关系图[20]

4.3 太阳能电池

航天器的工作电力通常由太阳能电池帆板供应，太阳能电池帆板完全或部分失效均可能导致航天器部分功能失效。太阳能电池帆板直接暴露于太空，在微小空间碎片的撞击下形成撞击坑,会导致太阳能电池表面透光率下降,从而出现一定程度的性能衰退。太阳能电池依靠光电效应产生电流,微粒喷涂大量撞击太阳能帆板也可导致太阳能电池输出功率下降,从而影响太阳能电池的正常运行。

CARDC 同时开展了微小空间碎片[21]和微粒喷涂对太阳能电池板的撞击试验,获得了两种撞击形式下太阳能电池的损伤特性。

4.3.1　单粒子撞击太阳能电池试验

典型试验状态下,太阳能电池基板由电池固定在蜂窝板上组合而成,蜂窝板后设置有防护板和舱壁结构。试验撞击弹丸直径为 5.00 mm,撞击速度 6.31 km/s。试验后太阳能电池基板被击穿,弹孔周围有不对称的剥落,整块电池片上均有波纹状裂纹,穿孔直径 7.00 mm,剥落区域最大径为 19.09 mm;蜂窝板损伤区域最大径为 57.22 mm;舱壁中心对称损伤区域的最大径 86.97 mm,99% 坑最大径 142.42 mm,背面有 1 个轻微的鼓包。试验后各部件损伤情况见图 4-21。

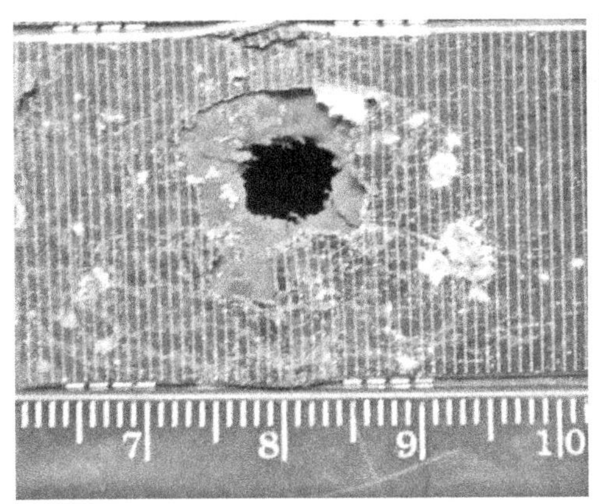

(a) 太阳能电池基板正面

(b) 太阳能电池基板背面

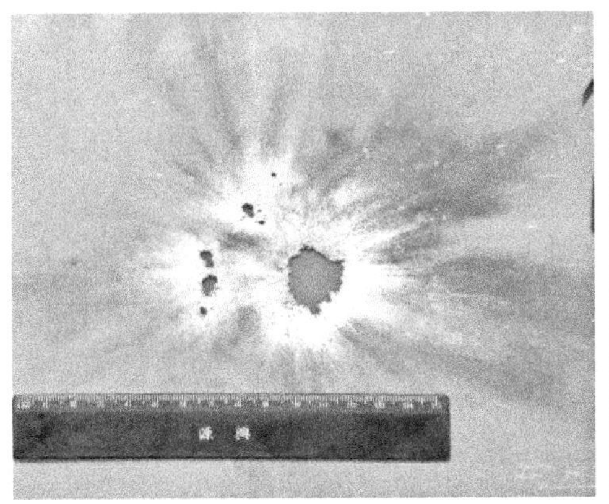

(c) 防护板正面

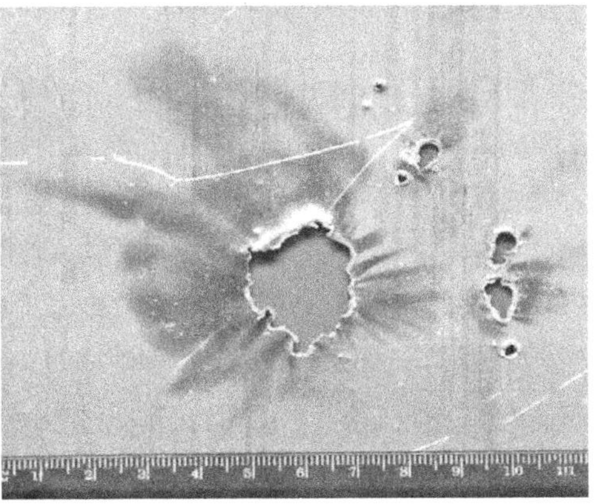

(d) 防护板背面

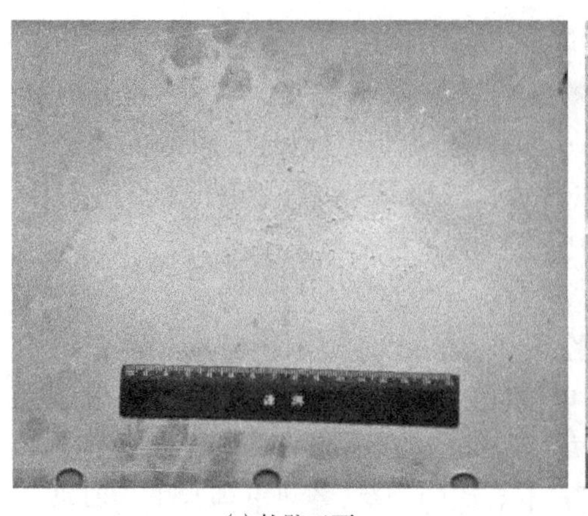

(e) 舱壁正面

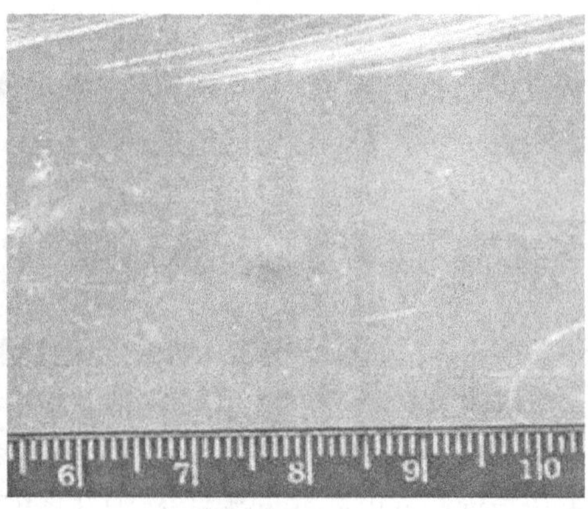

(f) 舱壁背面

图 4-21 太阳能电池超高速撞击试验结果(V=6.31 km/s, d=5.00 mm)[21]

在超高速撞击试验条件下,太阳能电池板所产生损伤包括三个典型区域,即中心撞击坑、剥落区域和呈波纹状裂纹的损伤区域。典型的损伤形貌为中心撞击坑周围的剥落区域远大于撞击坑尺寸,波纹状裂纹损伤区域数倍于撞击坑尺寸,在超高速撞击下中心撞击坑大致呈圆形,剥落区域和呈波纹状裂纹的损伤区域均为不对称区域,且对于撞击坑在电池片中心的损伤来说,靠电池片交接/交汇一方的损伤程度比靠电池片外边缘一方的要大。碳纤维蜂窝板的蜂窝芯格出现解体、穿孔、撕裂等破坏现象,破坏区域从电池片到蜂窝板后侧越来越大,破坏区呈锥台形。

4.3.2 微粒喷涂试验

微粒喷涂撞击试验中微粒采用银粉,其直径 0.8~1.2 μm。靶材为硅太阳能电池板和玻璃盖片,太阳能电池板长 4.4 cm、宽 4.4 cm、厚 0.3 mm,玻璃盖片长 4 cm、宽 3 cm、厚 0.15 mm。

在 4.42 km/s 的撞击速度下,太阳能电池片撞击坑呈花瓣状[图 4-22(a)],直径为 12.48 μm。撞击坑边缘平整无凸起,边缘断口形状呈现出典型的脆性材料崩落的痕迹。

在 2.14 km/s 的撞击速度下,太阳能电池片撞击坑形状同样呈花瓣状[图 4-22(b)],直径为 9 μm。在撞击坑中心有边缘凸起的圆形小坑,其内表面较为光滑,呈熔化状态。撞击边缘同样有明显的脆性材料崩落的痕迹,并存在尚未脱落的碎片。这与文献[22]中的典型脆性材料超高速撞击坑形态相似,即撞击坑由碎裂区(直径为 D_{co})、空心区(直径为 D_{halo})和中心撞击坑(直径为 D_{pit})组成。两者的差异有两处: 一是本试验中空心区特征及界限不明显;二是两者碎裂区形态不同。

在 1.22 km/s 的撞击速度下，太阳能电池片撞击坑形状不规则[图 4-22(c)]，撞击坑直径与坑深比值明显小于前述花瓣状撞击坑，且撞击坑中心无熔化痕迹。

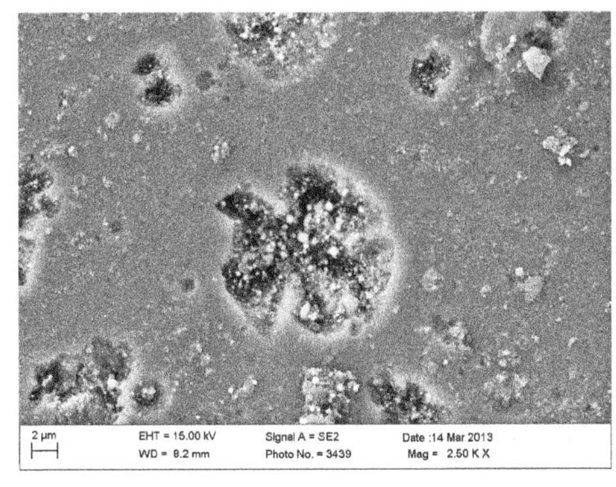

(a) v=4.42 km/s

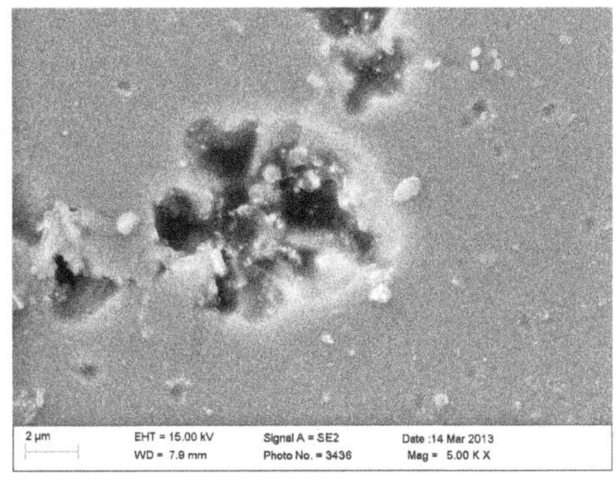

(b) v=2.14 km/s

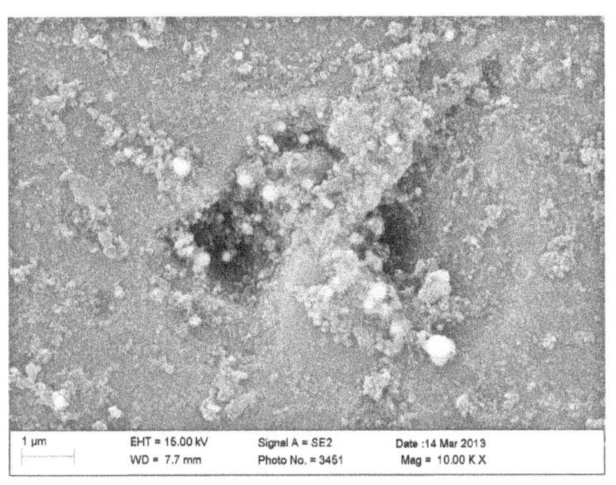

(c) v=1.22 km/s

图 4-22　微粒撞击坑扫描电镜照片

4.4　电 子 设 备

随着航天事业的发展，空间碎片防护研究水平日益提高，研究重点将逐渐从“航天器外壳非击穿概率”(probability of no penetration, PNP)转移到“航天器功能失效概率”(probability of no failure, PNF)的问题上来。电子设备作为航天器的关键组成部分，当航天器受空间碎片的撞击时，电子设备面临着功能失效的风险，需要对电子设备的损伤特性及易损性(vulnerability)进行分析[23]。将典型航天器电子设备作为研究目标，开展电子设备超高速撞击特性试验，获得电子设备的超高速撞击失效模式，可为卫星易损性研究提供重要支持。

电子盒超高速撞击试验结果除了分析电子盒的力学损伤情况外，还需要分析电子盒是否存在故障,能否继续使用。EMI 针对有遮盖的电子盒结构开展了系列撞击试验[15],试验状态和对应结果如表 4-1 所示。

表 4-1 电子盒超高速撞击试验结果[15]

试验编号	后墙与电子盒的距离 S_1/mm	电子盒遮盖厚度 t_L/mm	弹丸撞击速度 v_0 /(km/s)	弹丸直径 d_P/mm	撞击角度 α/(°)	电子盒试验结果	
						电子盒力学损伤情况	电子盒失效形式
4699	0	1.5	6.41	2.3	0	穿孔	破坏
4708	0	1.5	6.08	2.3	0	穿孔	暂时失效
4718	0	1.5	6.59	2.8	0	穿孔	破坏
4703	0	2.0	6.56	2.3	0	穿孔	未见故障
4701	0	3.0	6.17	3.2	0	穿孔	破坏
4702	0	3.0	6.65	2.5	0	未穿孔	未见故障
4721	0	2.0	6.75	3.5	45	穿孔	未见故障
4722	0	2.0	3.34	2.8	45	未穿孔	未见故障
4723	0	2.0	3.39	3.5	45	未穿孔	未见故障
4714	100	1.5	3.66	2.5	0	未穿孔	未见故障
4715	100	1.5	3.52	3.2	0	未穿孔	未见故障
4716	100	1.5	3.81	4.0	0	穿孔	破坏
4712	100	1.5	4.7	2.5	0	穿孔	未见故障
4704	100	1.5	6.56	4.0	0	分离碎裂	未见故障
4706	100	1.5	6.17	4.5	0	穿孔	暂时失效
4719	100	1.5	6.55	4.5	45	未穿孔	未见故障
4720	100	1.5	6.60	5.5	45	未穿孔	未见故障
4711	300	1.0	5.8	3.2	0	穿孔	未见故障
4710	300	1.0	5.44	4.0	0	穿孔	破坏
4700	300	1.5	6.76	5.0	0	分离碎裂	暂时失效
4709	300	1.5	5.66	5.5	0	穿孔	破坏

下面主要介绍 CARDC 关于电子设备超高速撞击的试验研究。针对电子盒有防护和无防护两种情况开展了撞击试验，获得电子盒超高速撞击后的破坏形式，并测试得到电子盒功能运行的变化情况[24]。试验靶材为带/不带蜂窝板防护的电子盒模拟结构，带防护蜂窝板的电子盒结构如图 4－23 所示。其中蜂窝板整体尺寸为 100 mm×100 mm×25 mm，蜂窝板前后面板均厚 0.4 mm，蜂窝芯厚 0.05 mm，蜂窝芯边长为 6 mm，高 24 mm。蜂窝板采用螺丝固定在 200 mm×200 mm 的中空铝框上。电子盒尺寸为 76 mm×71 mm×46 mm，表面厚 1.0 mm，底面厚 3.0 mm。电子盒内部有放置电路板的插槽，上端插槽距顶面 30 mm，下端插槽距底面 6 mm，如图 4－24(a) 所示。蜂窝板底面与电子盒底面间距为 10 cm。每块电路板基本具有相同的电子元器件，基本电子元件包括继电器、电解电容、稳压二极管、发光二极管、电阻、瓷片电容、复杂可编程逻辑器件（complex programmable logic device，CPLD）等，如图 4－24(b) 所示。为考察撞击碎片云对电子元器件的毁伤效果，电路板未设计电路结构，各电子元器件皆为独立单元，互不相连。

图 4－23　带防护蜂窝板的电子盒结构[24]

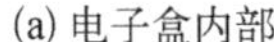

(a) 电子盒内部

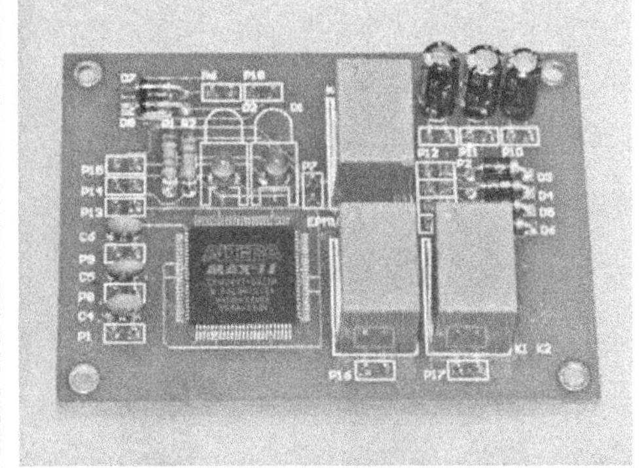

(b) 电路板

图 4－24　电子盒结构[24]

4.4.1　有防护的电子设备撞击试验

靶材带蜂窝板防护的试验条件为弹丸质量 0.188 2 g，撞击速度 4.949 km/s，撞击角度 0°。试验结果如图 4－25 所示。蜂窝板正面出现圆形穿孔，蜂窝芯呈喇叭

(a) 试验前靶材

(b) 试验后靶材

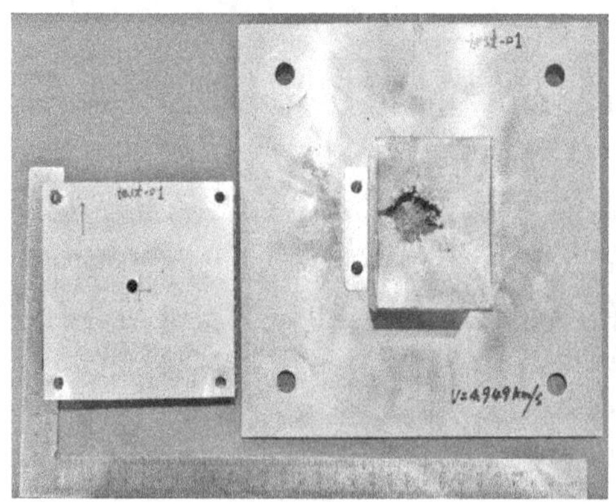

(c) 蜂窝板和电子盒壳体损伤情况

(d) 电路板损伤情况

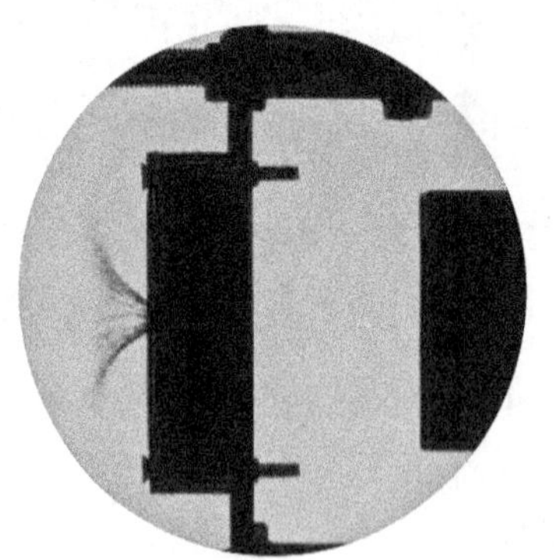

(e) 撞击过程序列激光阴影照片

图 4-25　有防护电子盒超高速撞击试验结果[24]

口损伤,蜂窝板背面撕裂,卷曲。撞击碎片及碎片云在电子盒表板中心偏左上方形成一个较大的不规整穿孔,变形较大并有撕裂口,穿孔周围伴有许多成坑。电子盒侧面及底面无变形、成坑等损伤。电路板和电子元器件在碎片云的撞击下损伤严重：撞击点附近(继电器 K3、光电二极管 D1 与 CPLD 之间)的电路板成坑,未穿孔;电解电容 C1 外壳凹陷,另外两个电解电容无损伤;三个瓷片电容无损伤;两个发光二极管全脱落;四个二极管,一个部分断裂,三个正常;两个稳压二极管,一个脱落,一个断裂;两个电阻,一个针脚断裂,一个脱落;三个继电器全部损坏,两个的封装材料剥落,铜线断裂,一个脱落;CPLD 可编程逻辑器件出现针脚和芯片断裂。

试验后对所有未脱落的电子元器件进行检测,电解电容 C1 虽然出现了封皮开裂,外壳凹陷的现象,但其电容的容量和功能仍然正常;瓷片电容 C5 外表无损伤,但功能已丧失,瓷片电容 C6 外表无损伤,但出现功能降阶的问题,电容容量由 80 nF 降至 67 nF;部分断裂的二极管 D3 功能正常;其他外表未损伤的元器件功能均正常,出现脱落、断裂现象的元器件功能均丧失。

4.4.2　未防护的电子设备撞击试验

靶材未防护的试验条件：弹丸质量 0.183 9 g,撞击速度 5.036 km/s,撞击角度 0°。试验结果如图 4－26 所示。试验后弹丸在电子盒表板中心偏左上方形成圆形穿孔,电子盒表板和两边侧板均出现大幅度的变形。电子盒底面外部无损伤,但面向电路板的内侧有成坑。电路板和电子元器件在碎片云的撞击下损伤严重：撞击点正好位于 CPLD 可编程逻辑器件位置,电路板沿 CPLD 周围出现了断裂;电解电容 C3 封皮脱落,外壳穿孔,另外两个电解电容脱落;三个瓷片电容无损伤;发光二极管、二极管、稳压二极管、继电器、CPLD 可编程逻辑器件均脱落;两个电阻,一个针脚断裂,一个从中间断裂。

(a) 试验前靶材

(b) 试验后靶材

(c) 电子盒壳体损伤情况

(d) 电路板损伤情况

图 4-26 无防护电子盒超高速撞击试验结果[24]

试验后对所有未脱落的电子元器件进行了检测,发现:电解电容 C3 出现了断路;三个瓷片电容功能正常;两个受损的电阻出现了断路。

4.5 舷窗玻璃

舷窗玻璃是载人飞船上通常用来提供观察口的外部结构,是载人飞船的重要结构部件之一。由于玻璃材料的抗拉强度较低,在受空间碎片撞击后会在撞击点和舷窗的边缘产生裂纹并产生大量的污染粒子,对周围器件性能产生影响。因而开展对玻璃等脆性材料的撞击特性研究具有重要意义。

绝大多数的玻璃材料在超高速撞击下具有相似的损伤特征[25,26]。典型的玻璃撞击损伤图片见图 4-27。其主要的撞击损伤区域有:① 中心弹坑区域;② 粉碎区域;③ 贝壳状裂纹区域;④ 最大损伤区域。

中心弹坑区域为中心弹坑为弹丸高速撞击玻璃的弹着点区域,常表现为白色,通常伴有轮圈。粉碎区域位于中心坑的周围,玻璃在高速撞击下严重粉碎,表现出细微的粉末,呈浅黄色或白色,同时向周围散射。有时粉碎区域也会超出贝壳状裂纹区域。贝壳状裂纹区域指撞击点产生放射状和圆环形裂纹,在中心坑的张应力下,脆性材料的裂纹扩展形成贝壳状或花瓣状,有时伴有片状脱落。最大损伤区域是表面裂纹扩展的最大范围,包括放射状裂纹和圆环形裂纹,所能测量到的离撞击点最远的损伤面积区域。通常,对于轻微撞击,最大损伤区域稍高于贝壳状破裂区域。

表征这些撞击损伤区域的物理参量是各撞击损伤区域的损伤直径。此外,裂纹扩展长度也是一个重要的物理参量。这些放射状裂纹通常不是直线性的。由于冲击波传播的方向不同,在径向和轴向可以分别产生表面裂纹和深入玻璃材料底

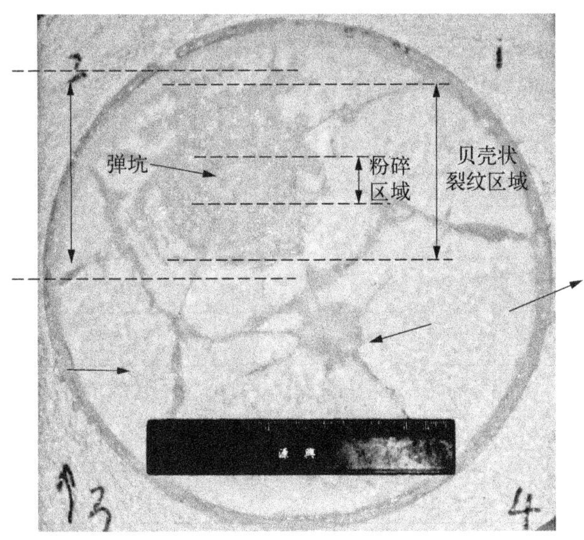

图 4-27　舷窗玻璃的损伤特征及损伤参量[26]

部的赫兹锥形裂纹(Hertzian cone crack)。

此外,弹丸撞击圆形玻璃靶材时通常会产生边界效应损伤,在撞击点的反节点(anti-nodal)位置表现最明显,以圆形靶材中心,此反节点位置与实际撞击点的距离相等,方向相反。

NASA 针对硅酸盐玻璃开展了系列超高速撞击试验[25]。试验中将弹丸直径、速度、撞击角度作为变量,针对直径 0.4~1.6 mm 的弹丸,以 2.56~6.93 km/s 的速度,0°、45°、60° 的角度撞击玻璃,获得不同状态下撞击坑深度和前表面粉碎区域的直径,具体数据如表 4-2 所示。

表 4-2　NASA 开展典型舷窗玻璃超高速撞击试验结果[25]

试验编号	弹丸直径/cm	弹丸密度/(g/cm^3)	撞击速度/(km/s)	撞击角度/(°)	垂直方向速度/(km/s)	撞击坑深/cm	前表面粉碎区域直径/cm
1	0.04	2.80	6.88	0	6.88	0.125	1.81
2	0.04	2.80	6.93	0	6.93	0.112	1.76
3	0.04	2.80	6.69	30	5.79	0.125	1.59
4	0.04	2.80	6.69	45	4.73	0.067	1.48
5	0.04	2.80	6.91	60	3.46	0.045	0.97
7	0.04	2.80	6.48	0	6.48	0.113	1.99

续 表

试验编号	弹丸直径/cm	弹丸密度/(g/cm^3)	撞击速度/(km/s)	撞击角度/(°)	垂直方向速度/(km/s)	撞击坑深/cm	前表面粉碎区域直径/cm
8	0.04	2.80	6.29	45	4.45	0.082	1.49
9	0.04	2.80	5.24	0	5.24	0.101	1.55
10	0.04	2.80	5.38	45	3.80	0.058	1.05
11	0.04	2.80	5.71	60	2.86	0.054	0.567
12	0.04	2.80	4.55	0	4.55	0.1	1.43
13	0.04	2.80	5.00	45	3.54	0.074	1.29
14	0.04	2.80	5.66	0	5.66	0.087	1.84
15	0.04	2.80	4.48	45	3.17	0.053	0.96
16	0.04	2.80	4.63	60	2.32	0.05	0.75
17	0.04	2.80	3.87	0	3.87	0.05	0.57
20	0.04	2.80	3.50	45	2.47	0.036	0.725
21	0.04	2.80	3.56	60	1.78	0.036	0.64
24	0.04	2.80	2.97	0	2.97	0.042	0.9
25	0.04	2.80	2.79	45	1.97	0.029	0.67
26	0.04	2.80	2.56	60	1.28	0.023	0.47
27a	0.06	2.80	6.97	0	6.97	0.182	3.05
28a	0.08	2.80	6.59	0	6.59	0.278	3.77
29a	0.1	2.80	6.82	0	6.82	0.251	4.34
30a	0.16	2.80	6.82	0	6.82	0.35	8
31	0.06	3.99	6.62	0	6.62	0.163	3.25
32a	0.08	3.99	6.85	0	6.85	0.223	4.25
34	0.04	7.84	6.74	0	6.74	0.15	2.7
35	0.04	7.84	6.78	45	4.79	0.143	2.72
37	0.04	3.99	6.74	45	4.77	0.116	2.1
38a	0.04	8.55	6.87	0	6.87	0.167	3.9

续　表

试验编号	弹丸直径/cm	弹丸密度/(g/cm^3)	撞击速度/(km/s)	撞击角度/(°)	垂直方向速度/(km/s)	撞击坑深/cm	前表面粉碎区域直径/cm
40	0.1	1.11	6.75	0	6.75	0.129	3.2
41a	0.1	1.11	6.76	45	4.78	0.157	2.6
52	0.1	1.11	5.82	0	5.82	0.122	2.63
53	0.1	1.11	5.85	45	4.14	0.104	2.7
58	0.04	7.84	5.23	0	5.23	0.119	1.92
59a	0.04	7.84	4.99	45	3.53	0.179	1.8
60	0.04	3.99	4.83	0	4.83	0.08	1.5
61a	0.04	3.99	4.94	45	3.49	0.15	1.6
62	0.04	8.55	4.9	0	4.90	0.132	2
63	0.04	8.55	5	45	3.54	0.112	2.2
64	0.1	1.11	5.02	0	5.02	0.122	2.4
65	0.1	1.11	5	45	3.54	0.105	2.4
70	0.04	7.84	4.12	0	4.12	0.107	1.29
71a	0.04	7.84	4.11	45	2.91	0.102	1.1
72	0.04	3.99	3.9	0	3.90	0.068	1.26
73	0.04	3.99	3.97	45	2.81	0.063	1.1
74	0.04	8.55	3.47	0	3.47	0.093	0.96
75a	0.04	8.55	3.71	45	2.62	0.138	1.58
76	0.1	1.11	4	0	4.00	0.087	3.04
77	0.1	1.11	4.1	45	2.90	0.076	2.8
82a	0.04	7.84	3.27	0	3.27	0.086	0.9
83	0.04	7.84	2.82	45	1.99	0.082	0.8
84	0.04	3.99	3.08	0	3.08	0.055	1
85	0.04	3.99	3.1	45	2.19	0.085	0.9
86	0.04	8.55	3.02	0	3.02	0.08	1.2

续 表

试验编号	弹丸直径/cm	弹丸密度/(g/cm³)	撞击速度/(km/s)	撞击角度/(°)	垂直方向速度/(km/s)	撞击坑深/cm	前表面粉碎区域直径/cm
87	0.04	8.55	2.94	45	2.08	0.135	1.3
88	0.1	1.11	3.15	0	3.15	0.078	2.6
89	0.1	1.11	2.91	45	2.06	0.097	2.16

CARDC 针对航天器舷窗玻璃作为靶材开展了系列超高速撞击试验。下面主要列举两次典型状态试验结果[27]。试验中玻璃直径 100 mm,厚 12 mm。在第一次试验中,弹丸直径为 1.02 mm,撞击速度为,撞击点距中心位置约 25 mm,撞击后靶材未击穿,在弹着点对称位置有一损伤点,表面光滑;靶材背面光滑,无剥落,见图 4-28。第二次试验中,弹丸直径 1.51 mm,撞击速度 6.56 km/s,撞击点距中心位置约 15 mm,靶材未击穿,但剥落严重,裂纹扩展至边界,靶材大体完整;背面弹着点剥落,其他区域光滑,见图 4-29。

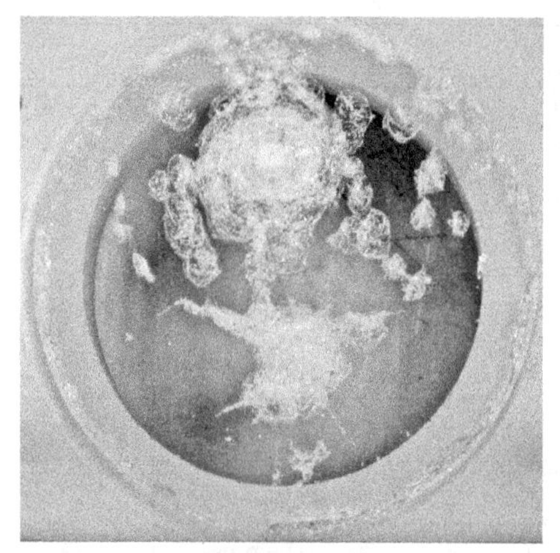

图 4-28 舷窗玻璃 4.72 km/s 速度的超高速撞击试验结果[27]

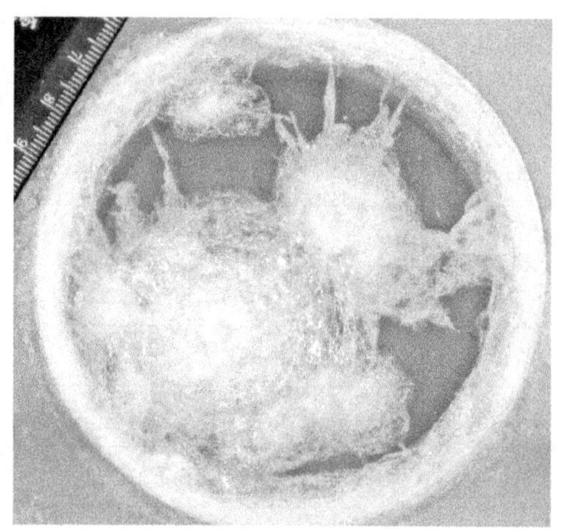

图 4-29 舷窗玻璃 6.56 km/s 速度的超高速撞击试验结果[27]

4.6 超高速撞击辐射特性

对于超高速碰撞辐射现象,国内外已经开展了数十年的相关研究[27-45]。CARDC 超高速碰撞研究中心系统开展了撞击辐射的试验研究[38-45],获得了不同撞击条件下铝球超高速撞击铝厚靶撞击产物的在紫外波段的序列光谱和特征波段辐射演化历史数据，以及铝球超高速碰撞半无限铝靶和铜靶的微波辐射强度测量的初步数据。

4.6.1　典型光谱特征

图 4-30 为铝元素的特征波长分布图[40]。由于所用光谱测量系统在 0.1 nm 的分辨率条件下，测量带宽仅有 90 nm，为获得更多的光谱数据，测量波段选择为 250~340 nm，该波段包含 8 条共振谱线和 1 条 Al+谱线。

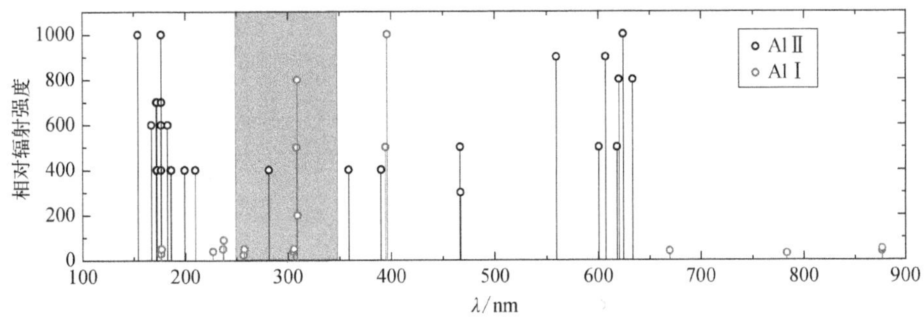

图 4-30　铝元素的特征波长分布图[40]

图 4-31 为撞击产物典型光谱[41]，在 0.1 nm 的波长分辨率下，大部分试验条件下测量到的光谱含有 6 条特征谱线，分别为 256.80 nm、257.51 nm、265.25 nm、266.04 nm、308.22 nm、309.27 nm，均为铝原子谱线，未见其他元素和铝离子特征谱线(281.62 nm)。实际上第 257.51 nm 处谱线包含 257.51 nm 和 257.54 nm 两条谱线，由于光谱仪分辨率的关系，两条谱线没有被分辨开，该处峰值强度为两谱线强度之和。同样，309.27 nm 处强度也为 309.27 nm 和 309.28 nm 两条谱线强度之和。高环境压力条件下(弹丸直径 $d=3$ mm，撞击速度 $V=6.48$ km/s，环境压力 $P=990$ Pa)第一帧光谱数据稍有不同，从中可辨认出一些杂质和环境气体组分，但峰值强度相对铝元素辐射较小，不足以影响辐射计各通道变化特征，但第二帧光谱数据仅显示铝原子的 6 条谱线，杂质和环境气体组分特征谱线消失。

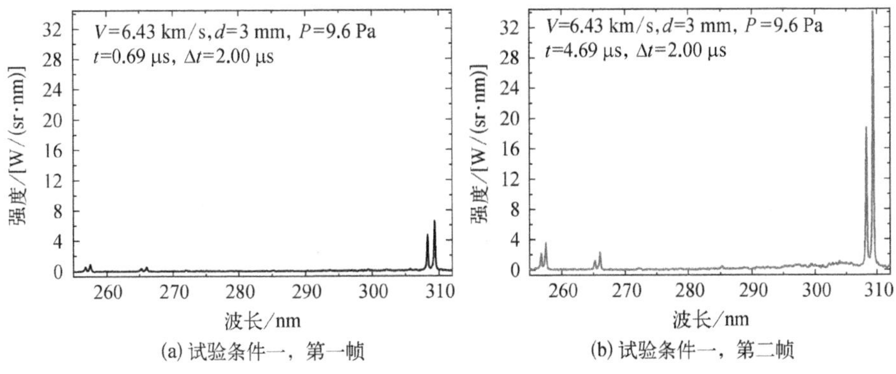

(a) 试验条件一，第一帧　　(b) 试验条件一，第二帧

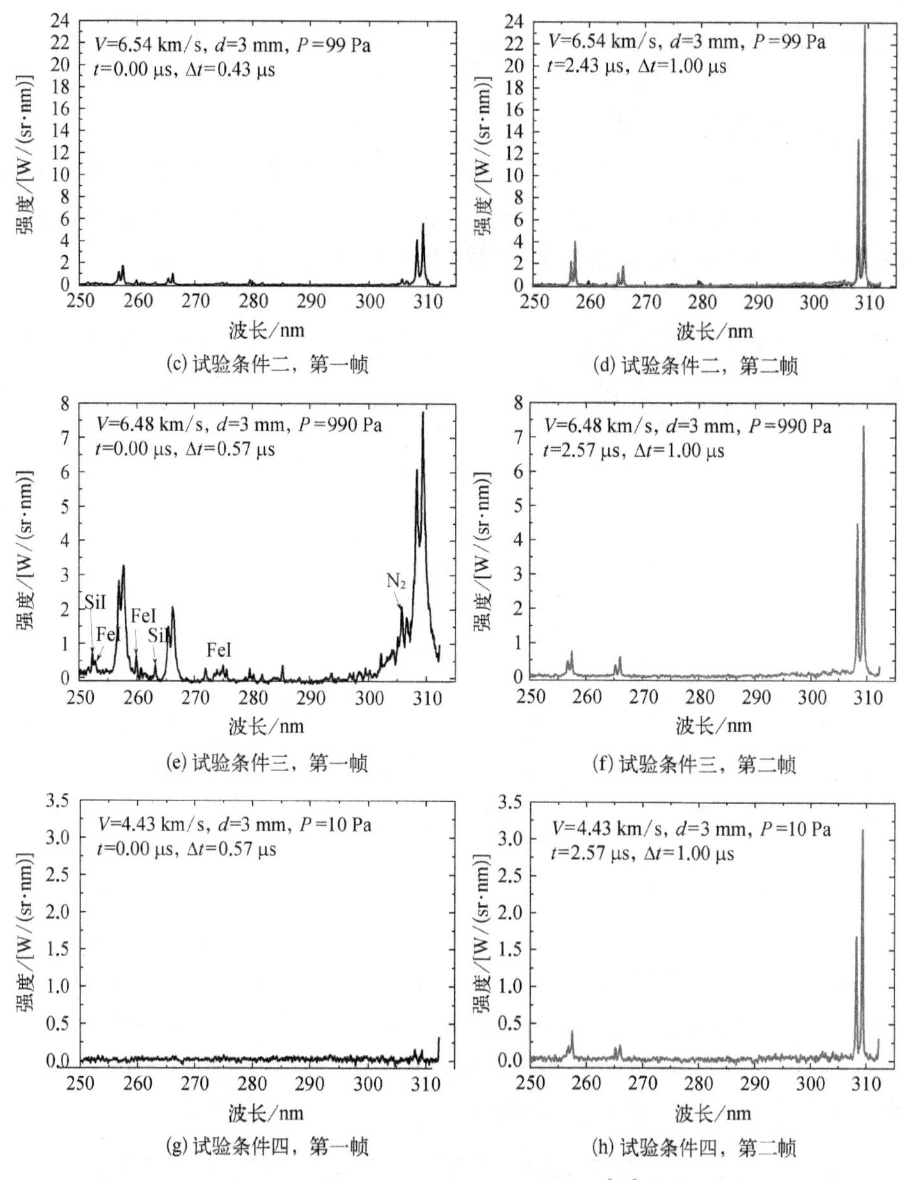

(c) 试验条件二，第一帧　(d) 试验条件二，第二帧

(e) 试验条件三，第一帧　(f) 试验条件三，第二帧

(g) 试验条件四，第一帧　(h) 试验条件四，第二帧

图 4-31　铝铝撞击产物典型光谱[41]

4.6.2　特征辐射演化特征

通过辐射计获得了撞击产物的特征谱线强度的演化特征，为确保辐射计测量能量的准确性，探测器前放置带外深截止滤光片以防止测量波段外的宽带辐射进入探测器造成影响。辐射计 CH1 通道测量波段为 249.2~269.6 nm；CH2 通道测量波段为 273.7~286.6 nm；CH3 通道测量波段为 297.7~312.3 nm。

图 4-32 为各典型撞击条件下各通道辐射演化历史[41, 42]。图中绿色区域表

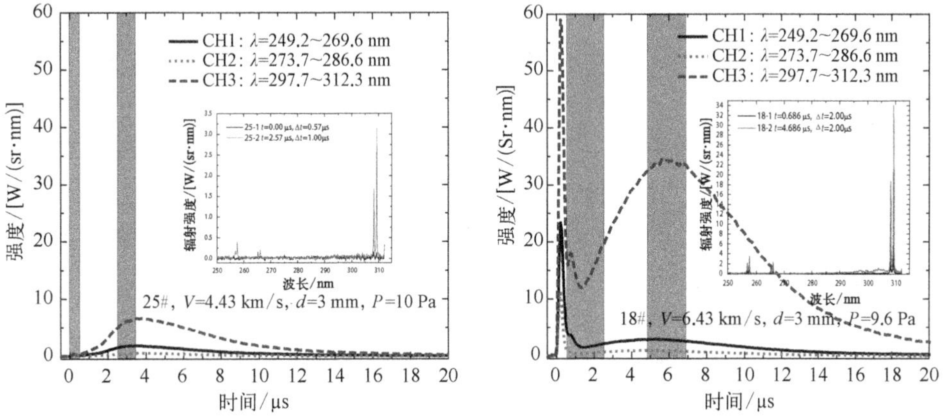

(a) 撞击速度对特征辐射演化特征的影响

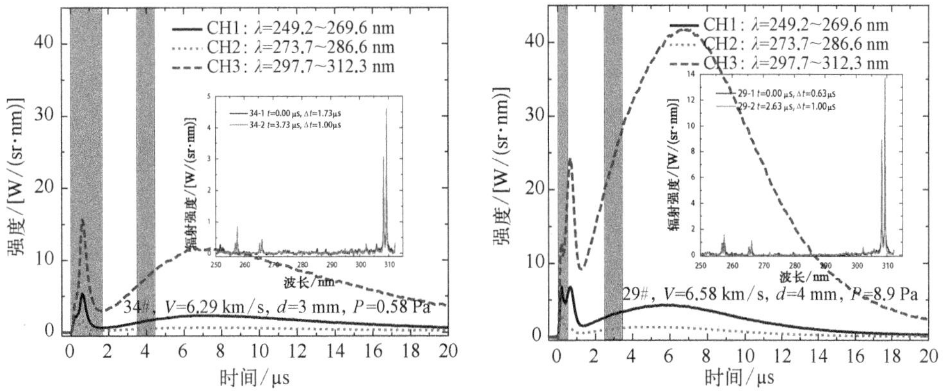

(b) 弹丸直径对特征辐射演化特征的影响

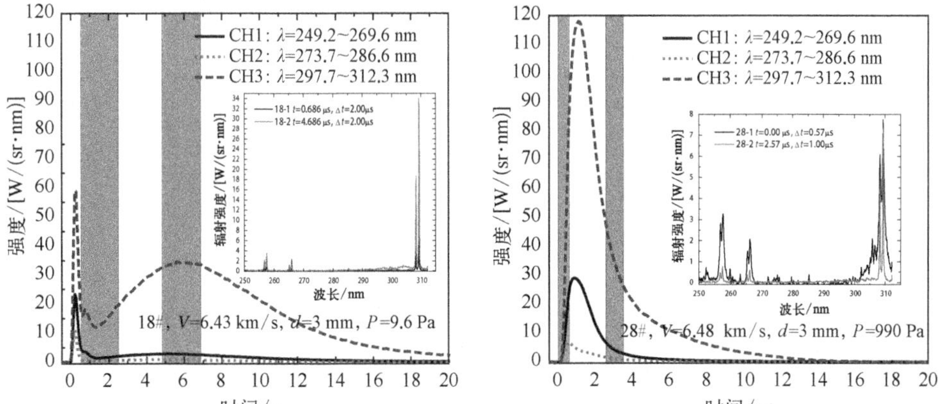

(c) 环境压力对特征辐射演化特征的影响

图 4-32　铝铝撞击产物特征辐射演化特征[41]

示第一帧光谱测量时段,橙色区域表示第二帧光谱测量时段;右上小图给出了对应时段的光谱特征,小图中黑色对应第一帧光谱,红色对应第二帧光谱。根据光谱特征可知,第一通道 CH1 辐射强度为前 256.80 nm、257.51 nm、257.54 nm、265.25 nm、266.04 nm 共 5 条谱线的总强度,第二通道 CH2 覆盖波段未有相应特征谱线,辐射强度可认为是热辐射背景强度,第三通道 CH3 为 308.22 nm、309.27 nm、309.28 nm 共 3 条谱线的总强度;各通道波形随时间变化趋势基本相同。从图中可以看出,CH3 强度最大,其次是 CH1, CH2 强度最小,这也是和光谱中对应谱线强度吻合的。

通过对试验数据的对比分析,可以发现辐射演化曲线存在以下特征。

(1) 对于铝球超高速撞击铝厚板的反溅产物,当环境压力足够低,且撞击速度足够高时,其辐射演化曲线存在三个峰值。第一峰出现时刻为弹丸侵彻阶段;第二峰出现时刻为弹丸侵彻完毕后;第三峰出现时刻对应碎片反溅过程。

(2) 对于第一峰: 在试验撞击速度范围内(3.13~6.53 km/s),当环境压力足够低时(≤10 Pa),峰值随弹丸直径增大而增大,随撞击速度增大而增大;当环境压力足够高时(≥99 Pa),该特征消失。

(3) 对于第二峰: 当环境压力足够低时(≤10 Pa),第二峰特征必须在撞击速度足够高时(≥6.25 km/s)才出现,峰值随弹丸直径增大而增大;当环境压力足够高时(≥99 Pa),该特征消失。

(4) 对于第三峰: 在所有试验条件下皆出现,相比第一峰和第二峰,持续时间长;环境压力对其影响显著,环境压力越高,辐射强度越强,持续时间越短。

从辐射机制来看,超高速撞击辐射的三峰特征所代表的物理过程比较复杂,每一峰所对应的主要辐射机制如下: 第一峰的产生机制为弹丸前半球侵彻过程中的 jetting 过程。第二峰的产生机制为弹丸超高速撞击冲击波压缩材料气化并膨胀过程。第三峰的产生机制不是对应碎片云膨胀过程,而是对应碰撞反溅碎片在环境气体中超高速运动的气动加热过程;其强度和反溅碎片的尺寸、运动速度及环境气体压力密切相关,和撞击速度的直接对应关系并不明显。其详细分析可参考文献[42]。

4.6.3 微波辐射特性

除了紫外可见波段的辐射,超高速碰撞过程中的电磁微波辐射信号也是超高速碰撞过程产生的可探测物理量之一,美国等航天大国开展了利用空间碎片撞击航天器产生的微波辐射、无线电波辐射等来感知碎片撞击的强度等特征的研究,利用超高速碰撞过程中电磁辐射现象研究超高速碰撞和空间碎片碰撞空间飞行器的损伤机理[43-45]。CARDC 超高速碰撞中心利用研制的 8 mm 微波辐射计在超高速碰撞靶开展了铝球超高速碰撞半无限铝靶和铜靶的微波辐射强度测量初步试验研究(图 4-33,图 4-34)[46]。

研究发现,随着弹丸速度的增加,弹丸对同一靶材撞击产生的微波辐射强度明显增强。在弹丸及速度相同情况下,对黄铜撞击产生的微波辐射强度远大于对 LY12 铝靶撞击的微波辐射强度。

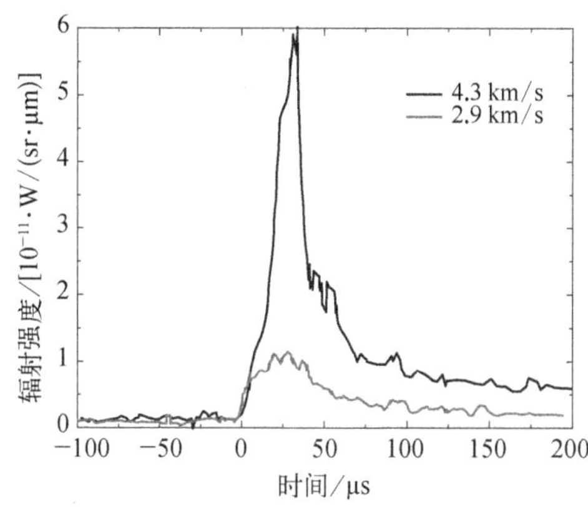

图 4-33　铝撞击黄铜的微波辐射强度演化[46]

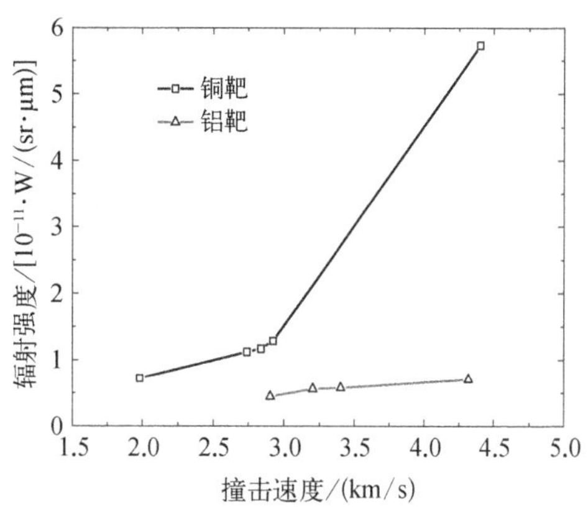

图 4-34　铝靶、黄铜靶撞击辐射强度[46]

4.7　接触测量撞击感知与定位技术

撞击事件感知与撞击点定位技术是航天器受空间碎片撞击易损性在线评估的重要支撑技术,本节给出基于声发射、基于 PVDF、基于网格通断、基于电阻膜等四类典型接触测量感知测量技术的试验结果。

4.7.1　基于声发射技术的撞击感知

哈尔滨工业大学基于声发射技术开展了系列撞击感知测量试验。在针对空间碎片撞击事件感知的试验中,主要考虑了五种典型的事件:(Type1)敏感超高速撞击事件;(Type2)非敏感超高速撞击事件;(Type 3)防护屏保护下超高速撞击事件(未撞击至舱壁);(Type 4)干扰事件(人员活动、敲击、材料破坏、电磁辐射等);(Type 5)气体泄漏事件,如表 4-3 所示。

测量采样频率设置为 6 MHz,则其奈奎斯特采样频率为 3 MHz。采用 dB8 小波基对信号进行 4 层小波包分解,得到 16 个子频带,每个子频带宽度为 187.5 kHz。利用 SVD 对每类信号分解后的 16 组小波包系数构成的高维矩阵求解奇异值 σ_i ($i=1, 2, \cdots, 16$),所得结果见图 4-35。图 4-35(b)为图 4-35(a)的下侧局部放大图。

表 4-3 在轨运行环境中几种典型的声发射事件

事 件	事件描述	靶件描述	试验详情	事件分类
超高速撞击	敏感 HVI	平板	速度范围：0.7~5 km/s 厚度范围：2.5，3.5，5 mm 监测距离：140~1 600 mm	Type 1
		单方向加筋板	速度范围：0.7~5 km/s 厚度范围：2.5，3.5 mm 监测距离：140~1 600 mm	
		十字加筋板	速度范围：0.7~4 km/s 厚度范围：2.5，3.5 mm 监测距离：140~1 800 mm	
		45°交叉加筋板	速度范围：1~5 km/s 厚度范围：2.5 mm 监测距离：140~1 200 mm	
		过拐角	速度范围：1~5 km/s 厚度范围：3.5，5 mm 监测距离：140~1 100 mm	
	非敏感 HVI	厚结构/隔框 （撞不穿）	速度范围：1~5 km/s 厚度范围：2.5，3.5 mm 监测距离：140~1 600 mm	Type 2
		外部设备	—	
		防护结构 （未撞击舱壁）	—	Type 3
干扰事件	人员活动噪声 （落球敲击）	—	—	Type 4
	环境噪声 （电磁辐射）	—	—	
	设备运转噪声 （振动）	—	—	
	材料破坏（断铅）	—	—	
气体泄漏噪声	—	—	—	Type 5

由图 4-35 可知，5 类信号中，当子频带序号相同时，强/弱超高速撞击信号的奇异值最大，没有与其他信号重叠交错现象，辨识度最好；子频带序号越小，奇异值

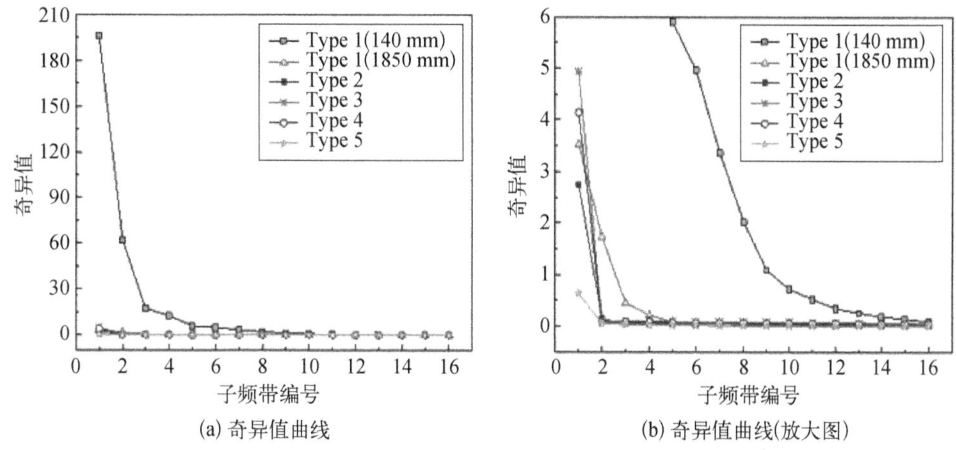

(a) 奇异值曲线　　(b) 奇异值曲线(放大图)

图 4-35　5 类信号的奇异值曲线

的差异性越明显，随着子频带序号的增加，奇异值的差异性逐渐降低。利用 SVM 进行训练样本，5 类信号的训练样本共有 500 个，采用网格枚举法优化分类器获取最优模型参数 c 和 g，$c=8$，$g=2$。利用最优模型参数对训练样本进行训练、学习，最终获得分类器模型文件。

选取 5 类信号，总共 135 个事件作为测试样本，利用之前训练样本训练、学习所获得的分类模型对其进行自动分类预测，最终 SVM 分类结果见图 4-36 和表 4-4。

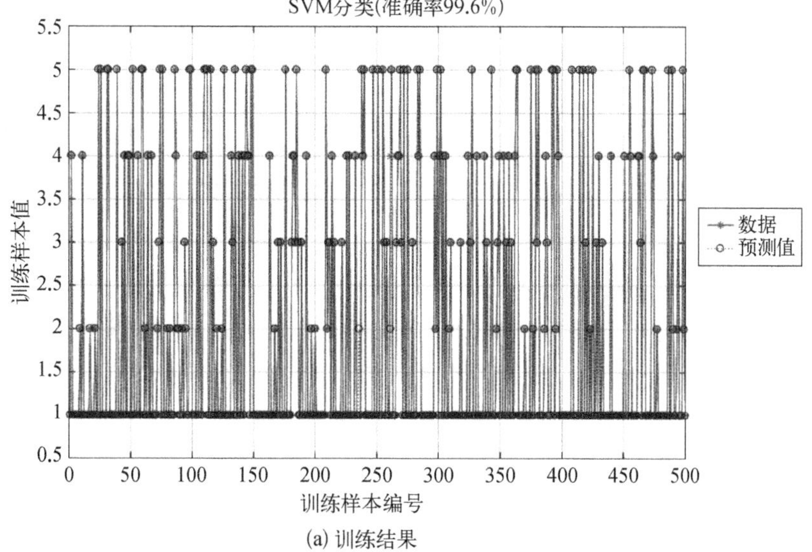

(a) 训练结果

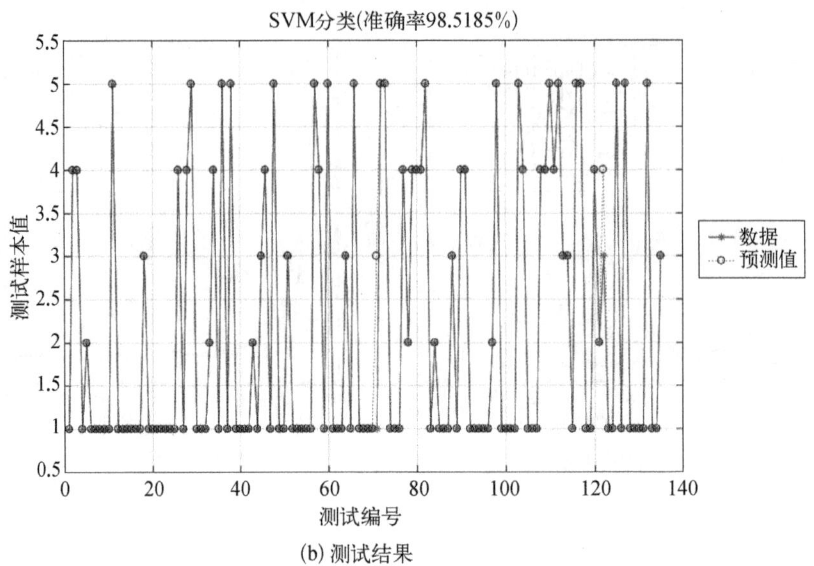

(b) 测试结果

图 4-36　5 类信号的 SVM 训练与测试结果

表 4-4　5 类信号的 SVM 训练与测试结果

事　件	类别	训练结果		测试结果	
		分类情况	成功率	分类情况	成功率
敏感 HVI	1	326 (-2)	99.4% (497/500)	81 (+1)	99.26% (134/135)
气体泄漏	5	60 (0)		20 (0)	
非敏感 HVI	2	29 (+2)		7 (-1)	
防护结构 HVI	3	33 (+1)		9 (0)	
干扰事件	4	52 (-1)		18 (0)	

由表 4-4 可以看出，由信号的 16 个奇异值作为特征向量建立的 SVM 分类模型能够达到较好的识别效果。由 135 个事件组成的测试样本总体分类准确率达到了 99.26%，其中能够正确识别的敏感超高速撞击事件和非敏感超高速撞击事件分别为 80 个和 7 个，气体泄漏、防护结构撞击和干扰事件的识别率达到 100%。

4.7.2　基于 PVDF 技术的撞击感知

为初步展示基于 PVDF 技术的撞击感知测量效果，在此针对两类结构（单层板结构和 Whipple 结构）给出两类典型撞击感知测量试验结果[47]。

1. 单层铝板的撞击感知试验

试验利用气枪和弹道靶开展,气枪口径 4.5 mm,弹丸速度约为 130 m/s。在弹道靶试验中,弹丸为 ϕ7.6 mm×16 mm 的聚碳酸酯圆柱体,速度 1~3 km/s。

在气枪射击感知测量试验中,铝板尺寸为 30 cm×80 cm,厚度为 2 mm。4 个 PVDF 传感器坐标分别为(20.0, 5.0)、(20.0, 25.0)、(70.0, 25.0)、(70.0, 5.0),试验采用的单层铝板和测量到的应力波信号见图 4-37。

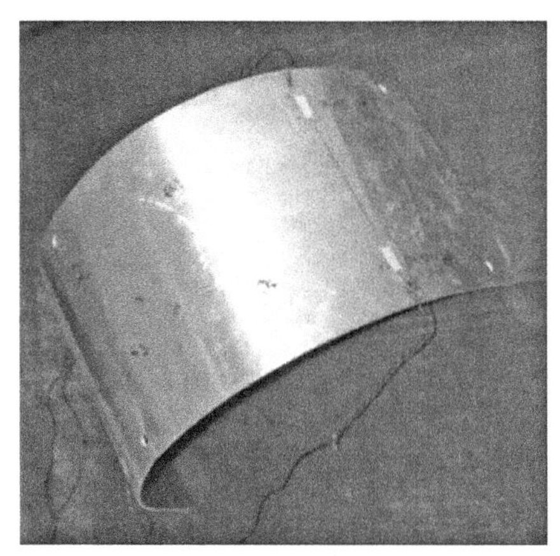

(a) 曲面铝板结构

PVDF-1
PVDF-2
PVDF-3
PVDF-4
应力波信号/V
时间/μs

(b) Q03次试验测量的应力波信号

图 4-37　气枪射击试验中的单层铝板结构和应力波信号[47]

撞击位置坐标的计算值与实测值见表 4-5。根据试验结果可以看出,撞击位置计算坐标与实测坐标之间的误差均小于 1.0 cm。

表 4-5　气枪射击试验中单层铝板的感知定位试验结果[47]

试 验 编 号	Q01	Q02	Q03
撞击位置实测坐标/cm	(55.9, 7.4)	(40.3, 10.6)	(36.2, 22.3)
撞击位置计算坐标/cm	(56.0, 8.1)	(40.1, 11.4)	(36.1, 21.8)
偏心误差/cm	0.71	0.82	0.71

在弹道靶试验中,铝板尺寸为 30 cm×40 cm,厚度为 2 mm。4 个 PVDF 传感器安装于铝板背面(迎弹面为正面),坐标分别为(1.5, 5.0)、(1.5, 26.0)、(39.0, 26.0)、(39.0, 5.0),试验采用的单层铝板见图 4-38。撞击位置坐标的计算值与实测值见表 4-6。根据试验结果可以看出,撞击位置计算坐标与实测坐标之间的偏心误差同样不超过 1.0 cm。

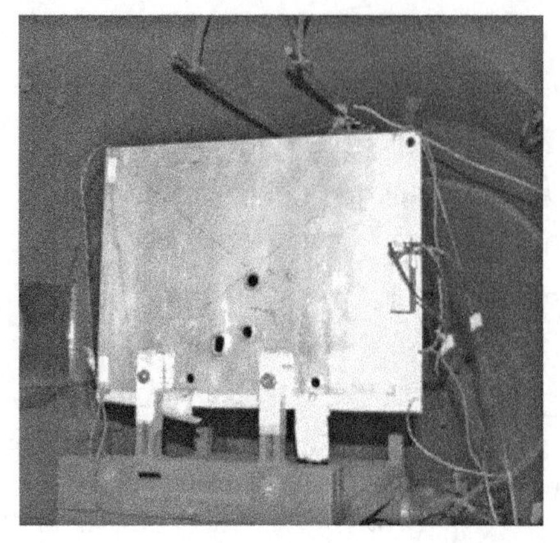

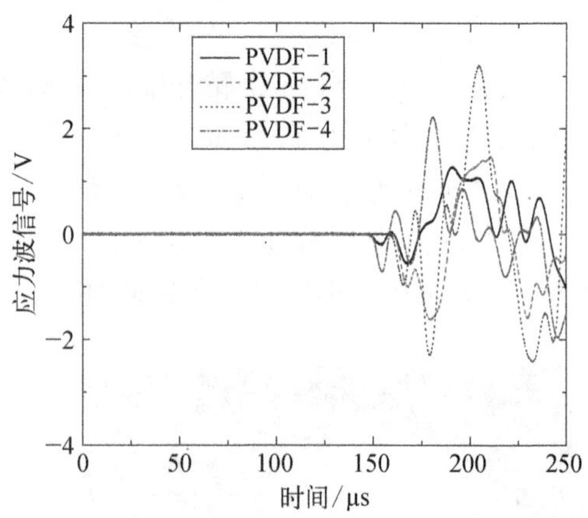

图 4-38　弹道靶试验中的平面铝板及应力波测量曲线[47]

表 4-6　弹道靶试验中平面铝板的感知定位试验结果[47]

编号	弹丸速度/(km/s)	撞击点计算坐标/cm	撞击点实测坐标/cm	偏心误差/cm
L01	2.66	(21.3, 14.2)	(20.5, 14.0)	0.82
L02	1.94	(20.5, 8.9)	(20.0, 8.1)	0.94
L03	1.60	(17.8, 7.6)	(17.2, 6.9)	0.92

2. Whipple 结构撞击感知试验

弹丸撞击 Whipple 结构的感知定位试验中[47]，Whipple 结构尺寸为 25 cm×25 cm,前、背板厚度均为 1 mm,两者之间的距离为 10 cm。

在气枪射击感知测量验证试验中,PVDF 传感器安装于 Whipple 结构的背板上,四个传感器坐标分别为(2.0, 1.0)、(23.0, 1.0)、(23.0, 24.0)、(2.0, 24.0),试验中采用的 Whipple 结构及测量曲线见图 4-39。撞击点坐标的实测值为(6.1, 14.0),计算值为(5.0, 13.3),撞击位置计算坐标与实测坐标之间的偏心误差约为 1.38 cm。

在超高速弹道靶验证试验中,4 个 PVDF 传感器安装于 Whipple 结构背板的背面,坐标分别为(1.5, 5.0)、(1.5, 22.0)、(23.5, 22.0)、(23.5, 5.0),试验中采用的 Whipple 结构见图 4-40,撞击点坐标的计算值与实测值见表 4-7。

表 4-7　弹道靶试验中 Whipple 结构的感知定位试验结果[47]

编号	弹丸速度/(km/s)	撞击点计算坐标/cm	撞击点实测坐标/cm	偏心误差/cm
W01	2.95	(13.2, 14.9)	(13.0, 16.3)	1.41
W02	2.86	(12.3, 9.1)	(12.1, 7.8)	1.32

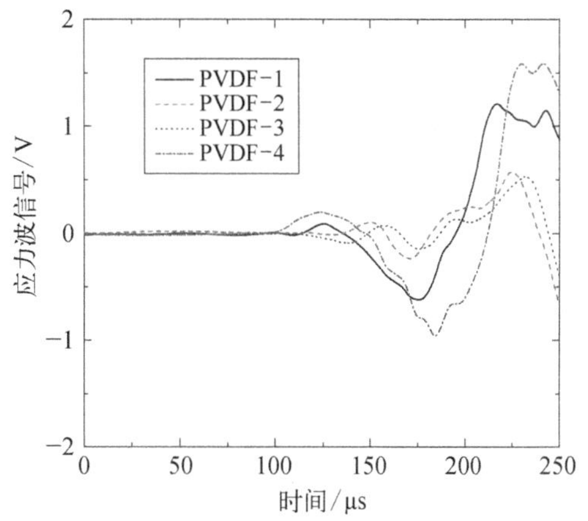

图 4-39　气枪射击试验中 Whipple 结构及应力波测量曲线[47]

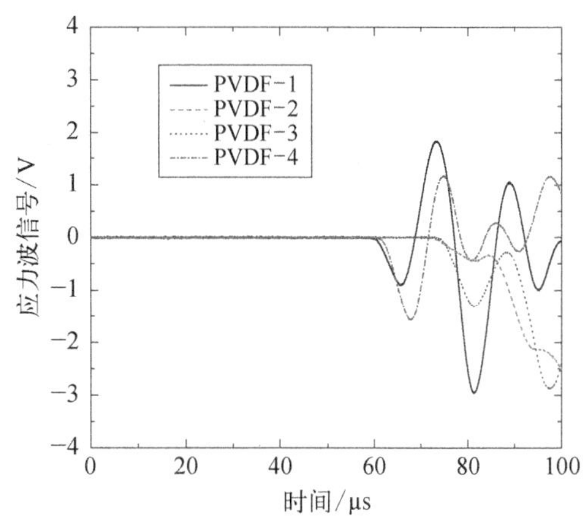

图 4-40　弹道靶试验中 Whipple 结构及应力波测量曲线[47]

根据试验结果可以看出，撞击点计算坐标与实测坐标之间的误差不超过 1.5 cm。和单层铝板的误差相比，Whipple 结构的误差相对较大，可能原因在于应力波信号在连接杆中传递时信号色散、衰减等，增加了对应力波信号到达时刻的判别误差。

4.7.3　基于网格通断特性的撞击感知

CARDC 基于弹道靶设备，开展了基于网格通断特性的撞击感知测量试验。试验中采用的金属丝网络以柔性聚氨酯膜为基体印制，厚度约为 0.2 mm，采用的金属丝网线宽为 0.2 mm，线距为 0.8 mm，横向、纵向各由 200 路金属丝构成，有效测量区域为 200 mm×200 mm，见图 4-41。配套的撞击感知测量设备包括与金属丝网一体化加工的数据处理模块（图 4-42）、数据测试处理平台（图 4-43）。

图 4-41　金属丝网

图 4-42　金属丝网配套数据处理模块

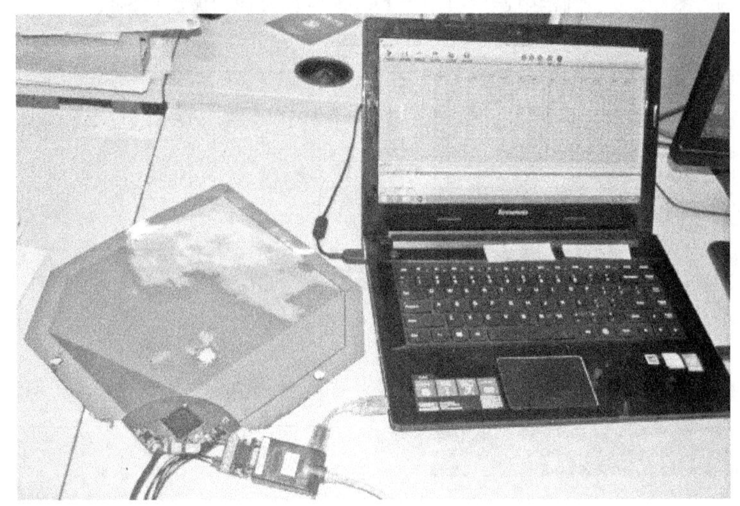

图 4-43　基于金属丝网通断特性的撞击感知测量原理性装置

图 4-44　金属丝网靶材被击穿

通过开展超高速撞击试验，测试验证了基于金属丝网通断特性测量实现撞击感知测量的可行性。试验中，弹丸为 ϕ5 mm 的铝球，撞击速度为 2.9 km/s，试验后金属丝网被击穿。典型的试验结果见图 4-44，试验检测到金属丝网中信号被中断的横向编号为 166~188，纵向编号 348~374。

根据检测到的横纵方向的、发生传输信号中断的金属丝编号，可以获得撞击位置中心坐标和撞击损伤尺度，其中撞击位置中心坐标为(177, 361),与实测穿孔中心位置(176.5, 359)相比,偏心测量误差约为 2.1 mm。

此外,需要补充说明的是,由于在本试验中金属丝网并未考虑采用合适的安装方式(如紧贴粘接等),在弹丸撞击穿孔过程中造成了较大尺度的撕裂,所以导致撞击位置、穿孔尺寸等参数测量误差的增加,这也说明在实际应用中采用这种感知技术时,为获得预期的感知测量精度,需要采用合理的安装方式。

4.7.4　基于电阻膜技术的撞击感知

在此简要描述两类基于电阻膜技术的感知测量典型试验结果[48]。

1. 原理性定位典型试验结果

在电阻膜四个位置(0, 0)、(200, 0)、(200, 200)、(0, 200)上连接测量支路,各测量支路上串联分压电阻(2.4 kΩ)和稳压电源的负极,再把稳压电源的正极快速接触电阻膜上任一位置,稳压电源输出电压为 10 V,获得各测量支路上分压电阻电压曲线(图 4-45)。

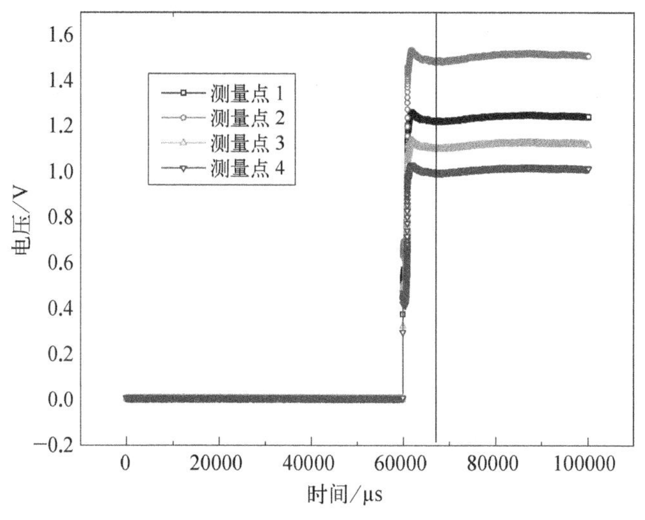

图 4-45　原理性定位试验典型测量电压曲线

根据试验测量到的各个测量支路的电压动态曲线,取电路导通后的曲线上任意相同时刻的电压值,再通过串联电路模型计算出膜电压、膜电阻,膜电压、膜电阻和实际测量距离的关系见表 4-8。把膜电阻和实际距离的自然对数进行线性拟合可以发现其线性特性良好,见图 4-46,这表明通过电阻膜测量对撞击穿孔坐标进行定位时能够保证较高的定位精度。

表 4-8　试验中测量到的电压、膜电阻及实测距离

测量支路编号	1	2	3	4
测量电压/V	1.226	1.489	1.105	1.002
膜电阻/kΩ	17.280	13.768	19.396	21.651
距离/mm	136	98	165	191

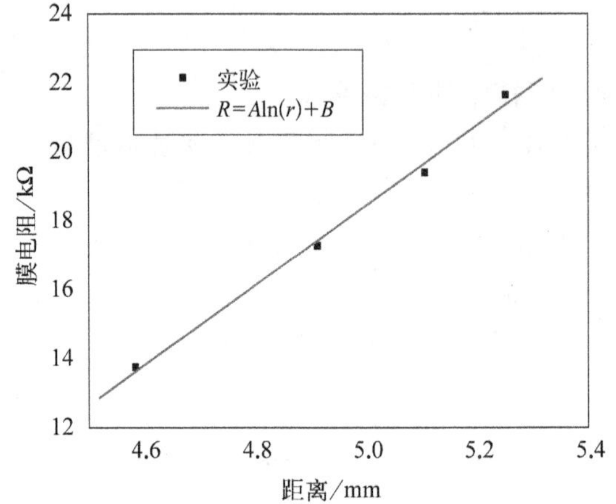

图 4-46　距离和膜电阻的线性关系[48]

根据表 4-8 的数据并利用 3.5.4 节中基于电阻膜的感知测量方法，可以计算出接触点坐标为(119.2, 51.9)，和实际测量到的接触点坐标(119, 53)相比较，可得出两者之间的偏心误差约为 1.2 mm。

2. 撞击穿孔定位典型试验结果

通过气枪射击靶件，开展了撞击穿孔定位测量试验，试验中各测量支路和分压电阻与原理定位测量试验一致，不同的是电源电压调整为 15 V，基板采用厚度为 0.5 mm 的薄铝板。

试验中检测到各测量支路上的电压动态曲线见图 4-47，取电路导通后的曲线上相同时刻的电压值对膜电阻进行计算，从而计算出对应的穿孔点坐标，见表 4-9。

表 4-9　试验中测量到的电压、膜电阻和穿孔位置[48]

取值时刻/μs	测量电压/V				膜电阻/kΩ				计算坐标/mm
	1	2	3	4	1	2	3	4	
4 990	0.454	0.460	0.714	0.684	76.895	75.861	48.020	50.232	(102, 136)
5 000	0.557	0.556	0.924	0.844	62.232	62.348	36.561	40.254	(105, 163)

续　表

取值时刻/μs	测量电压/V				膜电阻/kΩ				计算坐标/mm
	1	2	3	4	1	2	3	4	
5 005	0.663	0.672	1.049	1.001	51.899	51.171	31.918	33.564	(103, 167)
5 010	0.658	0.666	1.050	0.993	52.311	51.654	31.886	33.854	(103, 148)

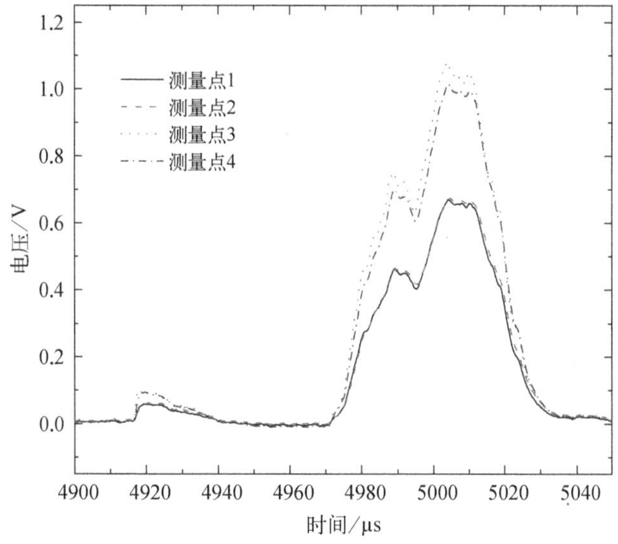

图 4-47　穿孔定位测量试验获得的电压曲线[48]

通过比较四个不同取值时刻下，穿孔位置坐标和实际测量坐标（105, 159）发现：在电路导通情况不理想的情况下（4 990 μs 时刻），两者偏心误差较大，误差为 23.2 mm；在电路导通情况相对较好时，两者偏心误差相对较小，在给出的三个时刻下，最小偏心误差为 4.0 mm，最大为 11.2 mm。

研究表明，使用声发射相关技术，结合相关信号处理技术，除了可以实现对撞击成坑、穿孔、穿孔尺度等撞击强度关联参数的感知测量，还可以实现对不同撞击事件的类型进行识别。利用 PVDF 传感器阵列测量撞击产生的应力波信号，能够实现对撞击事件、撞击位置的感知测量，但对于复杂结构，误差较大。基于金属丝网通断特性的感知技术，也基本可以实现撞击点的定位，撞击点定位精度和金属丝网安装方式有很大关系。基于电阻膜技术的撞击感知技术，在低速撞击情况下由于先形成拉伸变形再穿透，造成探测电路导通后检测到的电压脉冲形状不规则，使得定位误差波动范围相对较大；但对于超高速撞击事件，从理论上来讲，撞击过程持续时间很短，且金属壁和电阻膜在穿孔处将出现高温熔融，使各测量电路呈现稳定的且良好的导通状态，则定位效果应优于低速撞击情况；该结论需要进一步的试验验证。

参考文献

[1] Christiansen E L. Meteoroid/debris shielding[R]. NASA/TP-2003-210788, 2003.

[2] Liou J C, Matney M J, Anz-Meador P D, et al. The new NASA orbital debris engineering model ORDEM2000[R]. NASA/TP—2002-210780, 2002.

[3] Christiansen E L. Design and performance equations for advanced meteoroid and debris shield [J]. International Journal of Impact Engineering, 1993, 14: 145-156.

[4] Christiansen E L, Kerr J H. Ballistic limit equations for spacecraft shielding[J]. International Journal of Impact Engineering, 2001, 26: 93-104.

[5] Arnold J, Christiansen E L. Handbook for designing MMOD protection[R]. NASA Report, JSC-6439, 2009.

[6] Mullin S A, Anderson Jr C E, Wilbeck J S. Dissimilar material velocity scaling for hypervelocity impact[J]. International journal of impact engineering, 2003, 29(1/10): 469-485.

[7] Hopkins A K, Lee T W, Swift H F. Material phase transformation effects upon performance of spaced bumper systems[J]. Journal of Spacecraft & Rockets, 1972, 9(5): 342-345.

[8] Nysmith C R. A Discussion of the modes of failure of bumper-hull structures with application to the meteoroid hazard[R]. NASA TN D-6039, 1970.

[9] Inter-Agency Space Debris Coordination Committee. Protection menual[M]. Kaliningrad: IADC, 2004.

[10] 闫军，郑世贵. 填充式防护结构填充层撞击特性研究[J]. 载人航天，2013(1): 10-14.

[11] Schfer F K, Schneider E E, Lambert M. Hypervelocity impacts on cylindrical pressure vessels experimental results and damage classification[J]. American Society of Mechanical Engineers, Pressure Vessels and Piping Division (Publication) PVP, 1997, 351: 235-244.

[12] Schäfer F, Schneider E, Lambert M. Propagation of hypervelocity impact fragment clouds in pressure gas[J]. International Journal of Impact Engineering, 1997 (20): 697-710.

[13] Telitehev I Y, Eskin D. Engineering model for simulation of debris cloud propagation inside gas-filled pressure vesssls[J]. International Journal of Impact Engineering, 2003 (29): 703-712.

[14] Gregory D O, Angela M N. Hypervelocity impact testing of pressure vessels to simulate spacecraft Failure[J]. International Journal of Impact Engineering, 2001 (26): 555-566.

[15] Schäfer F, Putzar R, Lambert M. Vulnerability of satellite equipment to hypervelocity impacts [C]. Glasgow: 59th International Astronautical Congress, 2008.

[16] 张伟，管公顺，哈跃，等. 弹丸高速撞击压力容器损伤实验研究[J]. 实验力学，2004, 19 (2): 229-235.

[17] 盖芳芳，才源，郝俊才，等. 超高速撞击压力容器后壁损伤实验及建模研究[J]. 振动与冲击，2015(13): 12-17.

[18] 牛雯霞，黄洁，李毅，等. 不锈钢充气压力容器超高速碰撞试验研究[C]. 南京：第4届

全国空间碎片专题研讨会, 2007.
[19] 牛雯霞, 黄洁, 等. 充气、液介质条件下的压力容器超高速碰撞试验研究报告[R]. 绵阳: 中国空气动力研究与发展中心超高速所, 2008.
[20] 马兆侠, 周智炫, 文雪忠, 等. 热控管路、压力容器的超高速撞击特性及热控管路的防护措施研究总结报告[R]. 中国空气动力研究与发展中心超高速所, 2014.
[21] 陈萍, 陈鸿. 太阳能电池基板超高速撞击特性和损伤模式研究报告[R]. 中国空气动力研究与发展中心超高速所, 2010.
[22] Paul K G, Lgenbergs E B, Berthod L. Hypervelocity impacts on solar cells-observations, experiments, and empirical scaling laws[J]. International Journal of Impact Engineering, 1997, 20(6-10): 627-638.
[23] Putzar R, Schaefer F, Lambert M. Vulnerability of spacecraft harnesses to hypervelocity impacts[J]. International Journal of Impact Engineering, 2008, 35: 1728-1734.
[24] 周智炫. 超高速射弹地面毁伤试验分析报告[R]. 绵阳: 中国空气动力研究与发展中心超高速所, 2015.
[25] Burt R R, Christiansen E L. Hypervelocity impact testing of transparent spacecraft materials [J]. International Journal of Impact Engineering, 2003, 29(1/10): 153-166.
[26] 周智炫. 舷窗玻璃的超高速撞击特性研究报告[R]. 绵阳: 中国空气动力研究与发展中心超高速所, 2009.
[27] 周智炫, 罗庆, 任磊生. 玻璃 2.5km/s~7.3km/s 超高速碰撞试验报告[R]. 中国空气动力研究与发展中心超高速所, 2007.
[28] Eichhorn G. Analysis of the hypervelocity impact process from impact flash measurements[J]. Planetary & Space Science, 1976, 24(8): 771-776, IN1-IN2, 777-781.
[29] Boslough M B, Ahrens T J, Vizgirda J, et al. Shock-induced devolatilization of calcite[J]. Earth & Planetary Science Letters, 1982, 61(1): 166-170.
[30] Sugita S. Intensities of atomic lines and molecular bands observed in impact-induced luminescence[J]. Journal of Geophysical Research Planets, 2003, 108(E12): 1401-1417.
[31] Schultz P H, Eberhardy C A. Spectral probing of impact-generated vapor in laboratory experiments[J]. Icarus, 2015, 248: 448-462.
[32] Erl R E, Taylor J C, Michaelis C H, et al. Development of kill assessment technology for space-based applications[J]. Johns Hopkins Apl Technical Digest, 2014, 29(3): 289-297.
[33] Lawrence R J, Reinhart W D, Chhabildas L C, et al. Spectral measurements of hypervelocity impact flash[J]. International Journal of Impact Engineering, 2006, 33(1/12): 353-363.
[34] Li J, Song W, Ning J. Theoretical and numerical predictions of hypervelocity impact-generated plasma[J]. Physics of Plasmas, 2014, 21(8): 79.
[35] Tang E, Shi X, Zhang Q, et al. Characterization of light flash signatures using optical-fiber pyrometer detectors during hypervelocity impact [J]. International Journal of Applied Electromagnetics & Mechanics, 2015, 47(2): 513-521.
[36] Zhang K, Long R R, Zhang Q M. Flash characteristics of plasma induced by hypervelocity impact[J]. Physics of Plasmas, 2016, 23: 083519.
[37] Liu Z, Zhang Q, Ju Y. Thermodynamics analysis of aluminum plasma transition induced by hypervelocity impact[J]. Physics of Plasmas, 2016, 23(2): 478-480.

[38] 石安华，柳森，黄洁，等. 铝弹丸超高速撞击铝靶光谱辐射特性实验研究[J]. 宇航学报，2008，29(002)：715－717.

[39] 马兆侠，黄洁，石安华，等. 铝球超高速撞击铝板反溅碎片云团辐射特性研究[J]. 实验流体力学，2014(2)：90－94.

[40] Ma Z X, Huang J, Shi A H, et al. Analysis technique for ejecta cloud temperature using atomic spectrum[J]. International Journal of Impact Engineering, 2016, 91(5): 25－33.

[41] Ma Z, Shi A, Junling L I, et al. Radiation evolution characteristics of the ejecta cloud produced by aluminum projectiles hypervelocity impacting aluminum plates[J]. International Journal of Impact Engineering, 2019, 138: 103480.

[42] Ma Z X, Shi A, Junling L I, et al. Radiation mechanism analysis of hypervelocity impact ejecta cloud[J]. International Journal of Impact Engineering, 2020, 141: 103560.

[43] Bianchi R, Capaccioni F, Cerroni P, et al. Radiofrequency emissions observed during macroscopic hypervelocity impact experiments[J]. Nature, 1984, 308(5962): 830－832.

[44] Takayo T, Murotani Y, Toda T, et al. Microwave Generation due to Hypervelocity Impact [C]. Riode Janeiro: 51th IAF Congress, 2000.

[45] Takano T, Murotani Y, Maki K, et al. Microwave emission due to hypervelocity impacts and its correlation with mechanical destruction[J]. Journal of Applied Physics, 2002, 92(9): 5550－5554.

[46] 马平，柳森，黄洁，等. 超高速碰撞微波辐射强度测量[J]. 高压物理学报，2008，22(2)：220－223.

[47] 黄洁，文雪忠，罗锦阳，等. 基于PVDF敏感器的空间碎片撞击航天器感知定位技术[J]，宇航学报，2012，33(9)：1341－1346.

[48] 文雪忠，黄洁，石安华，等. 基于电阻膜的超高速撞击穿孔点的定位技术[C]. 烟台：第五届全国空间碎片专题研讨会，2009.

第5章 空间碎片超高速撞击数值仿真方法和软件

空间碎片超高速撞击航天器的过程是一个复杂的非线性动力学过程。在轨监测和开展超高速碰撞地面试验是空间碎片超高速撞击最直接的研究手段。但随着计算机和数值计算方法的快速发展和应用,对空间碎片超高速撞击进行数值仿真也逐步成为开展研究的重要手段。超高速撞击数值仿真本质上是对材料在动高压作用下的变形、相变等瞬态物理力学过程进行计算分析。数值仿真可弥补当前超高速发射器发射能力不足的问题,模拟地面试验发射条件以外的撞击工况。此外,数值仿真也可以提供更丰富的信息来分析撞击现象和规律,在提供数据的效率、成本等方面相比于地面试验也具有优势。数值仿真具有快速、直观的特点,能为试验提供一定指导,为更充分了解空间碎片撞击的全过程以及空间碎片撞击现象的内在机理提供参考。

动力学数值仿真关心的两个方面是数值仿真算法和材料模型,其中数值仿真算法通常有有限元算法、无网格方法等,材料模型主要包括材料状态方程、材料强度模型和材料失效模型等。空间碎片超高速撞击数值仿真研究对象包括航天器与空间碎片撞击导致的穿孔、破碎、断裂、解体等,必须有针对性地选择仿真方法、材料模型,准确描述材料性能及撞击物理过程,并通过适当的方法求解,以达到仿真效果。本章将首先介绍空间碎片超高速撞击数值仿真方法和材料模型,再简要介绍国内外较广泛应用的超高速撞击数值仿真集成软件。

5.1 超高速撞击常用数值仿真方法

超高速撞击过程是典型的瞬态大变形问题,对数值方法的要求很高。超高速撞击数值仿真多采用流体计算方法。可根据其建立连续介质动力学基本方程时所选择的坐标系是 Lagrange 坐标系还是 Euler 坐标系,将仿真方法分为拉格朗日法(Lagrange 法)和欧拉法(Euler 法)。也可根据在描述系统时是否建立有网格,将仿真方法分为网格法和无网格法。

传统的有限元法、有限差分法和有限体积法都属于有网格法。对于拉格朗日网格法,在模拟大变形问题时易出现网格畸变现象,导致时间步长急剧缩短、计算失败。解决这一问题通常采用网格重分的方法,但是三维网格的重新划分远未达到自动化,需要大量人工干预,比较烦琐。另一种解决办法是直接删除畸变单元,这又需要特定的算法将删掉单元的质量、动量和能量重新分配到相邻单元,而这个过程没有实际物理意义,计算精度难以满足需求。

欧拉网格法采用固定坐标系,网格在物体的变形过程中保持不变,因此适合于解决大变形问题,在超高速撞击的数值仿真领域有独特的优势。缺点是对求解域要全部划分网格,对复杂和不规则计算域较为困难,且对计算资源要求高;而且当求解域中包含多种介质时,会出现同一网格中有一种以上介质的网格,给介质界面分辨带来困难,同时在输运计算中容易出现耗散现象。现在,随着计算机技术的不断发展和高分辨率界面处理技巧的不断改进,欧拉方法的一些缺点逐渐得到克服。

此外,超高速撞击过程中大量出现断裂、相变等现象,需要数值方法对不连续性具有一定的自适应能力。无网格法采用基于点的近似,可以彻底或部分地消除网格,在处理大变形和破碎等问题时就不需要考虑网格的初始划分和重构,所以被广泛应用于空间碎片的超高速撞击数值仿真。常用的无网格方法有光滑粒子动力学(SPH)方法、物质点法(MPM)以及最优输运无网格(OTM)方法等。

比较而言,目前在进行空间碎片超高速撞击的数值仿真时,欧拉方法或拉格朗日型无网格方法较多采用,同时也有很多耦合方法逐步应用,如任意拉格朗日欧拉(ALE)方法,有限元-SPH 耦合(FE-SPH)方法等。本节简要介绍欧拉网格法和常用的无网格方法。需要说明的是,本节仅介绍各算法的基本公式,而对算法的稳定性、协调性,以及考虑等离子体等现象的多物理场模拟等暂未进行讨论,感兴趣的读者可参考相关专著。

5.1.1 欧拉方法

在采用网格方法进行高速运动、爆炸和撞击等动力学数值仿真时,涉及介质的剧烈运动和大变形,采用欧拉方法较为适宜。欧拉方法中所使用的网格固定在空间坐标系中,即网格在数值模拟计算物体的变形过程中始终保持空间位置不变,因此很容易处理流体物质的扭曲变形。这里仅简要介绍采用算子分裂算法的两步欧拉格式[1]。

欧拉形式动力学质量、动量、能量守恒方程如下:

$$\frac{\partial \rho}{\partial t} + \frac{\partial}{\partial x^{\alpha}}(\rho u^{\alpha}) = 0 \tag{5-1}$$

$$\frac{\partial(\rho u^{\alpha})}{\partial t} + \frac{\partial}{\partial x^{\beta}}(\rho u^{\beta} u^{\alpha}) = \frac{\partial \sigma^{\alpha\beta}}{\partial x^{\beta}} + \rho b^{\alpha} \tag{5-2}$$

$$\frac{\partial(\rho e)}{\partial t}+\frac{\partial}{\partial x^{\alpha}}(\rho e u^{\alpha})=\sigma^{\alpha\beta}\dot{\varepsilon}^{\alpha\beta}+\rho b^{\alpha}u^{\alpha} \tag{5-3}$$

式中,重复的指标表示求和;ρ 表示密度;u^{α} 表示速度矢量分量;$\sigma^{\alpha\beta}$ 表示应力张量分量;b^{α} 表示外力矢量分量;e 表示内能;$\dot{\varepsilon}^{\alpha\beta}$ 表示应变率张量分量。守恒方程中左边第一项表示守恒量(质量、动量和能量)的变化率,第二项表示守恒量的输运,等号右边为源项。上述三个守恒方程可以写成统一的张量形式:

$$\frac{\partial \varphi}{\partial t}+\nabla\cdot\boldsymbol{\Phi}(\varphi,\boldsymbol{u},x,t)=\boldsymbol{S} \tag{5-4}$$

式中,φ 是待解函数;粗体 $\boldsymbol{\Phi}$、$\boldsymbol{u}$、$\boldsymbol{S}$ 表示张量形式;$\boldsymbol{u}$ 是速度矢量;$\boldsymbol{\Phi}$ 是通量函数;$\boldsymbol{S}$ 表示源项;$\nabla\cdot\boldsymbol{\Phi}(\varphi,\boldsymbol{u},x,t)$ 表示对通量函数求散度。

根据算子分裂算法的思想,方程(5-4)可拆分为以下两式:

$$\frac{\partial \varphi}{\partial t}=\boldsymbol{S} \tag{5-5}$$

$$\frac{\partial \varphi}{\partial t}+\nabla\cdot\boldsymbol{\Phi}(\varphi,\boldsymbol{u},x,t)=0 \tag{5-6}$$

式中,方程(5-5)不考虑对流项,只考虑源项的作用。在形式上与标准的 Lagrange 控制方程一致。方程(5-5)的计算求解也称为 Lagrange 步,其计算方法与 Lagrange 有限元程序的显示步计算非常相同。

方程(5-6)计算单元之间的物质输运,考虑对流项的影响,也称为 Euler 步。在求解方程(5-5)时,将发生变形的 Lagrange 步[方程(5-5)]计算结果映射到空间固定的 Euler 网格上,即方程(5-6)的初始条件是方程(5-5)的解。在输运项计算中,除了要计算被输运介质的体积,还要计算这些介质的状态变量,包括速度、应力、密度、内能等状态量,以及与材料性质等相关的历时变量等信息。需要说明,在网格映射时,网格的拓扑关系是固定的,且在一个时间步中网格的移动不能超过相邻网格的特征长度。

在输运项计算中,可构造一套新网格(交错网格),使节点成为新网格的单元质心,如图 5-1 所示,再采用单元中心输运算法。根据交错网格的思想,守恒量 φ 定义在网格中心,通量 $\boldsymbol{\Phi}$ 定义在节点上。对于一维情况,时间采用向前差分,空间采用中心差分,在节点 j 和 $j+1$ 之间的单元上离散为

$$\frac{\varphi_{j+1/2}^{n+1}-\varphi_{j+1/2}^{n}}{\Delta t}+\frac{\Phi_{j+1}^{n}-\Phi_{j}^{n}}{\Delta x}=0 \tag{5-7}$$

式中,下标表示网格节点编号,上标表示离散时间编号,$\varphi_{j+1/2}^{n}=\frac{1}{2}(\varphi_{j+1}^{n}+\varphi_{j}^{n})$。

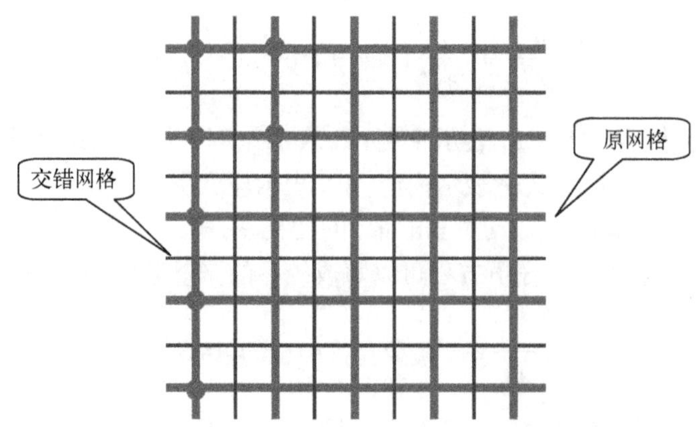

图 5-1 交错网格，节点为新网格的单元质心[1]

在离散格式中，$\frac{\Delta t\Phi_j^n}{\Delta x}$ 表示该单元中在节点 j 处守恒量的流入量，$\frac{\Delta t\Phi_{j+1}^n}{\Delta x}$ 表示该单元在节点 j+1 处的流出量。可以发现，对于相邻的两个单元，共同节点处的流入流出量相等，从而保证守恒。式(5-7)向高维推广时，需要将节点处的通量向单元边界中心插值。

在采用分裂算子的两步欧拉方法中，对于混合物质单元，由于各物质所有的声速、应力、应变等参数不相同，单元的诸参数需经过加权平均求得平均值，如声速、平均应力、平均应变等。而对于混合物质单元的输运计算，可按照 D. L. Youngs 提出的混合物质网格界面处理方法[2]，其基本思路是，在混合物质单元中的输运方式按照 x、y、z 三个方向交替进行，从而将三维问题转换为三个一维情况来处理，而混合物质单元中的物质分布状态则由相邻单元中的物质状态来近似判断。在实际计算中，常需要在计算中同时采用 Lagrange 网格和 Euler 网格，此时需要处理两种网格相互耦合的计算问题。耦合的 Lagrange-Euler 方法和任意 Lagrange-Euler 是目前较为常用的耦合算法。欧拉混合单元和耦合算法的具体内容可参考相关文献[1,2]。

5.1.2 光滑粒子动力学方法

光滑粒子动力学(SPH)方法是一种拉格朗日型的无网格算法，是目前认为最早且较为成熟的无网格方法。光滑粒子动力学方法最初提出是用于解决三维开放空间的天体物理学问题[3]，到 20 世纪 90 年代，开始逐步被应用于固体力学、流体力学数值计算，现已被广泛地研究和扩展，并被大量应用于结构动态响应、穿甲与侵彻、爆炸与冲击等大变形的动力学问题。

在光滑粒子动力学方法中，系统的状态用一系列的粒子(运动点、质点、节点)来描述，这些粒子包含着独自的材料性质，而且按照守恒方程控制的规律运动。光滑粒子动力学方法的数值基础是插值理论,在计算中,每个粒子就是已知流场特性的插值点。由于光滑粒子动力学方法不用网格,就避免了网格划分和网格畸变可能带来的问题。

SPH 方法的基本方程推导如下。已知任意的连续函数 $f(\boldsymbol{x})$ 可表示为

$$f(\boldsymbol{x}) = \int_{\Omega} f(\boldsymbol{x}')\delta(\boldsymbol{x} - \boldsymbol{x}')\,\mathrm{d}\boldsymbol{x}' \tag{5-8}$$

式中, $\delta(\boldsymbol{x} - \boldsymbol{x}') = \begin{cases} \infty, & \boldsymbol{x} = \boldsymbol{x}' \\ 0, & \boldsymbol{x} \neq \boldsymbol{x}' \end{cases}$。

用函数 $W(\boldsymbol{x} - \boldsymbol{x}', \boldsymbol{h})$ 替代方程(5-8)中的 δ 函数,则连续函数 $f(\boldsymbol{x})$ 可近似表示为

$$f(\boldsymbol{x}) \approx \int_{\Omega} f(\boldsymbol{x}')W(\boldsymbol{x} - \boldsymbol{x}', \boldsymbol{h})\,\mathrm{d}\boldsymbol{x}' \tag{5-9}$$

式(5-9)中 $W(\boldsymbol{x} - \boldsymbol{x}', \boldsymbol{h})$ 称为光滑函数(smoothing function),也称核函数,h 是定义核函数影响域的光滑长度(smoothing length)。图 5-2 为二维 SPH 粒子近似、光滑函数和光滑长度的示意图。光滑函数的构造和选取有一定要求,包括正则性(归一性)、非负性、对称性和紧支性等。于是,连续函数的导数为

$$\nabla f(\boldsymbol{x}) \approx \int_{\Omega} f(\boldsymbol{x}')\nabla W(\boldsymbol{x} - \boldsymbol{x}', \boldsymbol{h})\,\mathrm{d}\boldsymbol{x}' \tag{5-10}$$

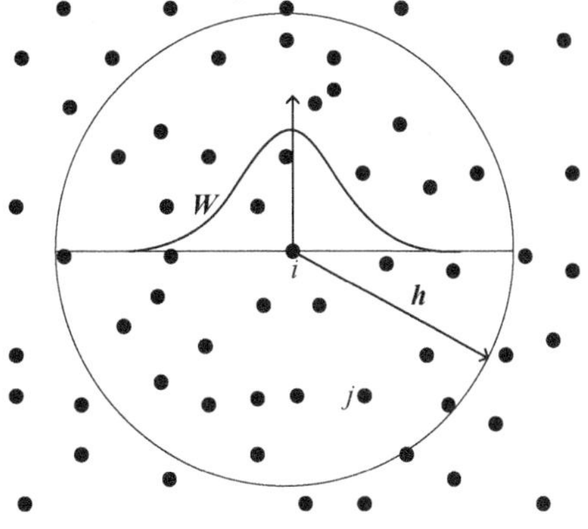

图 5-2　SPH 粒子近似、光滑函数、光滑长度示意图(以二维情况为例)

对式(5-10)在支撑区域内采用质点积分,同时考虑到粒子 j 处有 $\mathrm{d}\boldsymbol{x}' = m_j/\rho(\boldsymbol{x}_j)$,得到:

$$\nabla f(\boldsymbol{x}_i) \approx \sum_{j=1}^{n} \frac{m_j}{\rho_j} f(\boldsymbol{x}_j)\nabla_i \boldsymbol{W}_{ij} \tag{5-11}$$

式中,下标 i 表示当前粒子;下标 j 表示邻域粒子;m_j 是粒子 j 的质量;ρ_j 是粒子 j 的密度, $\boldsymbol{W}_{ij} = \boldsymbol{W}(\boldsymbol{x}_i - \boldsymbol{x}_j, \boldsymbol{h})$。考虑材料的弹塑性效应,并假定没有外力,忽略热量和体力,则全应力张量空间下的流体力学守恒方程组为

$$\frac{\mathrm{d}\rho}{\mathrm{d}t} = -\rho\frac{\partial u^{\alpha}}{\partial x^{\alpha}} \tag{5-12}$$

$$\frac{\mathrm{d}u^{\alpha}}{\mathrm{d}t}=\frac{1}{\rho}\frac{\partial\sigma^{\alpha\beta}}{\partial x^{\beta}} \tag{5-13}$$

$$\frac{\mathrm{d}e}{\mathrm{d}t}=\frac{\sigma^{\alpha\beta}}{\rho}\frac{\partial u^{\alpha}}{\partial x^{\beta}} \tag{5-14}$$

式中,ρ 表示材料密度;e 表示比内能; $\boldsymbol{u}$ 为速度; $\boldsymbol{\sigma}$ 为应力张量;α、β 表示坐标分量;相同指标表示求和。在上述守恒方程代入式(5－11),并且进行一些恒等变换,可以得到 SPH 方法中比较常用的一种离散守恒方程组:

$$\frac{\mathrm{d}\rho_i}{\mathrm{d}t}=\rho_i\sum_{j=1}^{N}\frac{m_j}{\rho_j}(u_i^{\beta}-u_j^{\beta})\frac{\partial \boldsymbol{W}_{ij}}{\partial x_i^{\beta}} \tag{5-15}$$

$$\frac{\mathrm{d}u_i^{\alpha}}{\mathrm{d}t}=-\sum_{j=1}^{n}m_j\left(\frac{\sigma_i^{\alpha\beta}}{\rho_i^2}+\frac{\sigma_j^{\alpha\beta}}{\rho_j^2}\right)\frac{\partial \boldsymbol{W}_{ij}}{\partial x_i^{\beta}} \tag{5-16}$$

$$\frac{\mathrm{d}e_i}{\mathrm{d}t}=\frac{\sigma_i^{\alpha\beta}}{\rho_i^2}\sum_{j=1}^{n}m_j(u_i^{\alpha}-u_j^{\alpha})\frac{\partial \boldsymbol{W}_{ij}}{\partial x_i^{\beta}} \tag{5-17}$$

式中,$\dfrac{\partial \boldsymbol{W}_{ij}}{\partial x_i^{\beta}}$ 表示核函数沿着 β 方向的梯度。利用核函数对称性 $\dfrac{\partial \boldsymbol{W}_{ij}}{\partial x_i^{\beta}}=-\dfrac{\partial \boldsymbol{W}_{ji}}{\partial x_i^{\beta}}$,容易证明上述离散格式满足动量和能量守恒,即

$$\frac{\mathrm{d}}{\mathrm{d}t}\left(\sum_i m_i u_i^{\alpha}\right)=0 \tag{5-18}$$

$$\frac{\mathrm{d}}{\mathrm{d}t}\left(\sum_i m_i e_i+\sum_i\frac{1}{2}m_i u_i^{\alpha}u_i^{\alpha}\right)=0 \tag{5-19}$$

上述离散方程组也能够从拉格朗日方程组推导出来[4,5]。

式(5－16)可以理解为两个近邻粒子之间的相互作用,而且满足大小相等、方向相反,从而保证动量守恒。因此,虽然 SPH 离散方程是从连续介质控制方程推导出来的,但是在非连续区域 SPH 计算结果仍然与实际比较吻合。例如,在碎片云模拟中,如果某个粒子只有一个近邻粒子,那么式(5－12)已经不再适用,但是其推导出来的式(5－16)仍然可用。事实上,在离散元方法(discrete element method, DEM)[6]中,只在近邻粒子之间加上一个类似 Lennard-Jones 势能的力,然后完全采用牛顿力学的方法,也能得到与试验结果一致的碎片云图像。从式(5－16)还可以看到,当应力张量 σ 为常数时,粒子加速度并不严格等于 0。常见的修正方法包括由 Johnson 提出的核函数重新归一化方法[7],由 Dilts 提出的移动最小二乘光滑粒子流体动力学(moving least square-smooth particle hydrodynamics, MLS－SPH)方法[8]等。

空间碎片超高速撞击问题中,材料内会产生冲击波。使用 SPH 方法处理含冲击波的问题时,需要引入人工黏性(如 Monaghan 型的人工黏性项)来对冲击波进行光滑化,以避免产生不连续性。SPH 算法中的两个重要步骤是改变光滑长度和领域搜索。在空间碎片超高速撞击问题中,粒子运动范围大,容易产生极大的密度不均匀,在计算中可采用与密度相关的光滑长度。领域搜索时可采用主/子区域和一维链表的方法降低计算复杂度。

为同时兼顾 SPH 方法和有限元方法的优势,可将 SPH 方法与有限元方法耦合起来计算。常见的耦合途径有:基于主从点耦合算法,将光滑粒子看成是从节点,有限元节点视为主节点,以点面算法来计算光滑粒子和有限单元间的接触力;采用自适应的 SPH - FE 方法,在计算开始时采用有限元方法,计算中以 SPH 粒子代替满足失效判据而删除的单元继续参与计算。

5.1.3　物质点法

物质点法(MPM)综合了拉格朗日法和欧拉法的优点,是分析冲击爆炸等极端变形问题的一种有效方法[9, 10]。物质点法由早期的 PIC(particle-in-cell)方法发展而来。与光滑粒子动力学方法类似,物质点法采用一系列物质点描述连续介质,每个质点代表一块材料区域,质点储存了该材料区域的全部物质信息(位置、速度、动量、能量、应力、应变,以及历史相关的本构方程等),物质点的位置和携带的物理量描述了材料区域的运动和变形。同时在求解区域覆盖欧拉背景网格,在背景网格上进行空间导数和控制方程的求解。背景网格作为暂存器,可以保持固定,也可以按需变动,用来计算函数的空间梯度。采用物质点和背景网格的方法,可同时拥有拉格朗日法和欧拉法的优点,又避免了非线性对流项、网格畸变和复杂的粒子搜索算法。物质点法求解示意图见图 5 - 3。

物质点法可以看成是每一步都重新划分网格的单点积分显式拉格朗日有限元

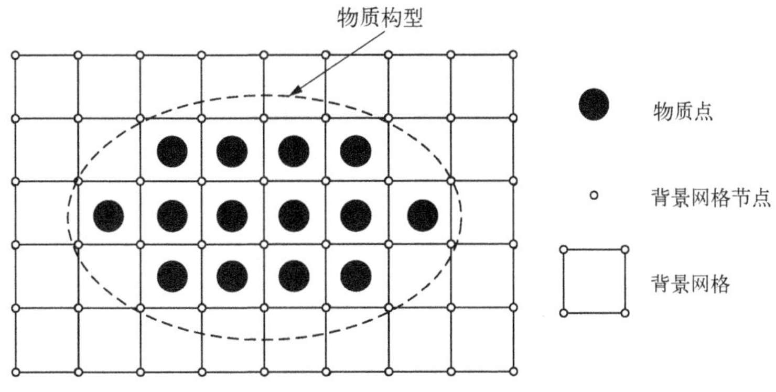

图 5 - 3　物质点法求解示意图

方法(将网格中心的质点取为积分点),其离散格式与显式拉格朗日有限元方法完全一致。不同点在于物质点法可以看成是单点积分的显式拉格朗日有限元方法在每次更新完粒子信息后,抛弃变形的网格,然后重新生成覆盖所有粒子的规则背景网格。由于是规则网格,粒子和节点的近邻信息可以解析求解,形函数可以使用有限元线性形函数。

物质点法的控制方程同样为质量守恒、动量守恒和能量守恒三个基本方程。在计算中,每个质点携带的质量不变,因此物质点法自动满足质量守恒方程。对于不存在热力交换的非热力学问题,物质点法主要对动量守恒方程进行求解。不考虑边界条件和外力时,物质点法的动量方程离散格式为

$$m_a \dot{\boldsymbol{u}}_a = -\sum_p \frac{m_p}{\rho_p} \boldsymbol{\sigma}_p \cdot \nabla N_{a,p} \tag{5-20}$$

式中,下标 a 表示节点;下标 p 表示粒子,求和范围为某节点所有的近邻粒子; $\nabla N_{a,p}$ 表示形函数梯度。质量、速度、密度以及应力张量符号与介绍 SPH 方法时相同。节点质量和速度由粒子插值得到,即利用有限元线性形函数的归一化性质,将粒子的质量和动量分配到其近邻的节点,从而得到节点的质量和动量,最后得到节点的速度:

$$m_a = \sum_p m_p N_{a,p} \tag{5-21}$$

$$\boldsymbol{u}_a = \frac{\sum_p P_p N_{a,p}}{m_a} \tag{5-22}$$

按照式(5-22)可以更新节点速度,粒子速度和速度梯度再由节点速度插值得到:

$$\boldsymbol{u}_p = \sum_a \boldsymbol{u}_a N_a(\boldsymbol{x}_p) \tag{5-23}$$

$$\nabla \boldsymbol{u}_p = \sum_a \boldsymbol{u}_a \otimes \nabla N_a(\boldsymbol{x}_p) \tag{5-24}$$

式中,⊗表示 Kronecker 乘积,利用粒子速度梯度以及材料模型可以更新粒子的密度、压力以及应力张量等物理量,完成一个时间步长的计算。

背景网格的尺寸是影响物质点法计算结果精度的主要因素。加密网格可以提高结果的精度,但同时会大幅度地增加计算量。为了在提高精度的同时尽可能减少物质点法的计算量,学者们提出很多网格自适应技术,用于降低内存消耗和提升计算效率。当物质分布极度不均匀,大多数背景网格中没有粒子,但是仍然需要计算对应节点的质量和速度。此时可以采用动态网格技术,让空白网格不参与计算。当物质运动时,自适应地调整网格在各个方向的尺寸,称为移动网格技术。在模拟多个物体时,为了避免大尺寸背景网格,每个物体单独生成背景网格,称为多重网

格技术，此时需要一定的接触算法。为了提高局部化问题的求解精度和效率，可以在某些地方加密网格，称为多级网格等。此外，质点在穿越背景网格单元边界时易产生数值噪声，此时可以对物质点法一阶插值形函数进行改进，采用质点特征函数描述质点的作用域，即广义插值物质点法（generalized interpolaiton material point method, GIMP）。

SPH 方法和 MPM 都属于无网格方法，能够处理大变形，但这两种方法目前都处在发展过程中，相对有限元法还不太成熟。对 SPH 方法和 MPM，目前存在两个共同的缺点：一是空间精度都达不到严格的一阶精度。SPH 形函数在离散条件下甚至达不到零阶精度，需要归一化 $\left(\sum_j \frac{m_j}{\rho_j} W_{ij}\right)$ 才能达到零阶精度。MPM 中的形函数虽然具有一阶精度，但是从质点向节点插值时只有零阶精度。无网格方法的很多缺点都直接与不满足一阶精度有关，如 SPH 中的拉伸不稳定性。二是边界处理复杂。事实上，在 SPH 方法和 MPM 中，边界位置很难被精确表征，边界位置的误差与粒子尺寸相当。目前有大量文献和工作，对上述两个缺点进行了一定改进。

5.1.4　最优输运无网格方法

最优输运无网格（OTM）方法是 Habbal 和 Li 等[11]提出来的一种新型粒子类方法。OTM 方法核心思想是采用无网格的局部最大熵（local maximum entropy, LME）形函数[12-14]。LME 形函数满足严格的一阶精度，同时在边界处保留了传统有限元形函数的 Kronecker-delta 性质，和有限元一样边界处理比较简单。因此，OTM 方法既保持了无网格方法处理大变形的优点，又具有和有限元相当的精度和收敛性。与有限元相比，OTM 方法保留了有限元网格中的节点和每个网格中心的质点，但是抛弃了节点和质点之间的固定联系，改用近邻粒子搜索算法动态确定，从而避免了网格畸变。和物质点法相比，OTM 方法在每一步计算中不抛弃变形的节点，而是让节点随着流场一起协调运动，不需要在节点和粒子之间来回插值，边界节点能精确地表征边界位置。

1. 连续介质离散

与 SPH 方法一样，OTM 将连续介质离散为粒子系统，粒子包含了所有物理信息。同时，引入一套只包含位置和速度信息而没有大小的节点。其中，节点运动代表了连续介质的变形和运动，而粒子则随着节点协调运动。OTM 方法的离散如图 5-4 所示，OTM 方法和 MPM 离散都是介于有限元网格和 SPH 粒子之间，其中既包含了粒子系统，又

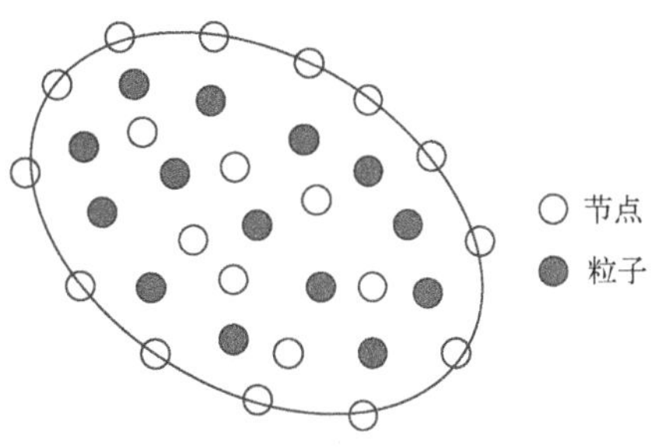

图 5-4　OTM 方法的离散形式

具有一套网格节点。与 MPM 不同的是,OTM 方法中的节点分布是任意的且始终随着流场一起运动,因此,粒子和节点之间不需要来回插值。此外,初始时刻边界处分布的都是节点,因此边界节点始终位于边界上,连续介质的边界被很好地表征,这点和拉格朗日有限元方法一样。这种采用两套不同粒子(或节点)描述同一连续介质的方法和 SPH 方法中的应力点方法类似。不同的是,在应力点方法中,每套粒子包含哪些信息具有很大任意性,而在 OTM 方法中,粒子仍然代表了一小团物质,包含了所有物理信息,节点代表的是广义坐标,物理意义更加清晰。现阶段,OTM 方法初始化一般借助有限元网格(结构或者非结构网格)。

2. *局部最大熵形函数*

在传统限元方法中,形函数是依赖网格的。2004 年,Sukumar[12]提出了一个针对任意多边形(凸或凹多边形)的形函数,基本思想是采用最大熵原理。如果单元是简单的矩形,那么最大熵形函数和有限元双线性函数完全相同,即有限元形函数是最大熵形函数的一种特例。此形函数最大的优点是其通用性,摆脱了对网格的依赖,但是其影响域是全局的,难以用于数值计算。2006 年,Arroyo 等[13]综合考虑了最大熵原理和局部性,提出了局部最大熵形函数,并用于有限元计算,结果显示其精度大幅优于传统有限元形函数。区别于传统无网格形函数(如移动最小二乘形函数),局部最大熵形函数在边界处保留了传统有限元形函数的 Kronecker-delta 性质,因此本质边界处理简单。之后,Sukumar 等[14]又给出了局部最大熵形函数的另一种形式。局部最大熵形函数的基本思想如下:假设节点 a 处的形函数在 $\boldsymbol{x}$ 处的值为 $p_a(\boldsymbol{x})$,那么,某个物理量 $\boldsymbol{u}$ 的分布可以从节点值 $\boldsymbol{u}_a$ 以及形函数插值得到:

$$\boldsymbol{u}^h(\boldsymbol{x}) = \sum_a p_a(\boldsymbol{x})\boldsymbol{u}_a \tag{5-25}$$

分别定义形函数的熵和局域性为

$$H = -\sum_a p_a \ln(p_a) \tag{5-26}$$

$$\boldsymbol{U} = \sum_a p_a(\boldsymbol{x} - \boldsymbol{x}_a)^2 \tag{5-27}$$

对于固定的空间位置 $\boldsymbol{x}$,为了让熵 H 最大同时局域性 $\boldsymbol{U}$ 最小,求 $f = \beta\boldsymbol{U} - H$ 的最小值,式中 β 为常数。约束条件为

$$p_a \geqslant 0 \quad a = 1,\ 2,\ \cdots,\ N \tag{5-28}$$

$$\sum_a p_a = 1 \tag{5-29}$$

$$\sum_a p_a \boldsymbol{x}_a = \boldsymbol{x} \tag{5-30}$$

式(5－29)和式(5－30)分别表示 0 阶和 1 阶精度。

上述优化问题可以采用拉格朗日乘子法求解。几种常见形函数的性质比较如表 5－1 所示。其中弱 Kronecker-delta 性质表示只有边界节点处的形函数在边界处非零,如图 5－5 所示。这将极大简化本质边界条件的处理。

表 5－1　不同形函数的性质总结

	移动最小二乘(MLS)形函数	局部最大熵(LME)形函数	有限元法(FEM)线性形函数
精度	任意阶	一阶	一阶
依赖网格	否	否	是
Kronecker-delta 性质	不满足	满足弱 Kronecker-delta 性质	满足

可以证明,当 β 较大时,局部最大熵形函数等价于有限元线性形函数,因此,有限元线性形函数是局部最大熵形函数的一个特例,如图 5－5 所示,其中 $\beta=\gamma h^2$,h 为节点平均距离。可以看到,当 $\gamma=2$ 时局部最大熵形函数与有限元线性形函数几乎一致。

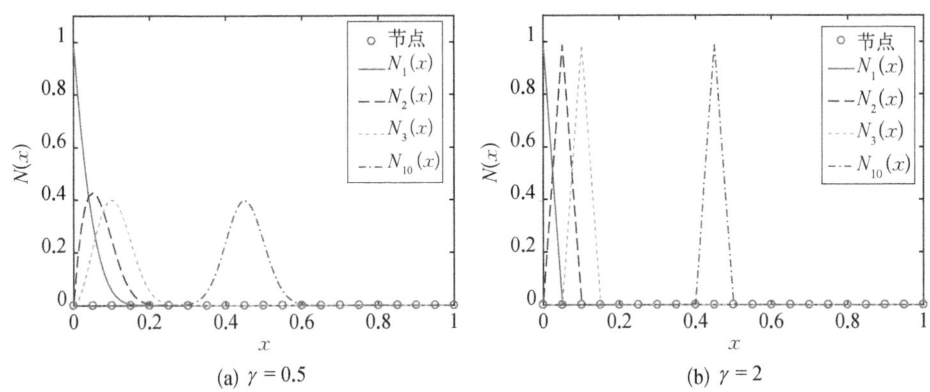

图 5－5　边界和内部节点处的局部最大熵形函数

3. OTM 离散格式

OTM 离散格式最初是从最小作用量原理和 Wasserstein 距离推导的,其数学理论基础比其他无网格方法更加严密,但是过程比较复杂。C. Weißenfels 等[15]从虚功原理出发给出了 OTM 离散格式的推导过程。OTM 离散格式也可以从拉格朗日方程来推导。连续介质的动量守恒方程为

$$\frac{\mathrm{D}\boldsymbol{v}}{\mathrm{D}t}=\frac{1}{\rho}\nabla\cdot\boldsymbol{\sigma} \tag{5-31}$$

由式(5-31)可知,一个粒子在无限短时间内的运动只和应力张量有关,和应力历史或者应力应变关系无关,因此,在任意时刻都可以假设介质为线弹性的,按照保守系统处理。如图5-4所示,节点均匀分布在介质中,其运动代表了连续介质的变形,从而决定了整个系统的状态,因此可以取节点位置为广义坐标。系统动能和势能分别为所有粒子的动能和势能之和:

$$E(\dot{\boldsymbol{x}}_a) = \sum_p \frac{1}{2} m_p \dot{\boldsymbol{x}}_p^2, \quad \boldsymbol{V}(\boldsymbol{x}_a) = \sum_p e_p \tag{5-32}$$

式中,下标 p 表示粒子;下标 a 表示节点;e 表示弹性势能。拉格朗日方程为

$$\frac{\mathrm{d}}{\mathrm{d}t}\left(\frac{\partial L}{\partial \dot{\boldsymbol{x}}_a}\right) - \frac{\partial L}{\partial \boldsymbol{x}_a} = 0 \tag{5-33}$$

式中,$L(\boldsymbol{x}_a, \dot{\boldsymbol{x}}_a) = E(\dot{\boldsymbol{x}}_a) - \boldsymbol{V}(\boldsymbol{x}_a)$ 为拉格朗日函数。和有限元一样,粒子位置由节点位置插值得到 $\boldsymbol{x}_p = \sum_a \boldsymbol{x}_a N_a(\boldsymbol{x}_p)$。将系统动能和势能代入拉格朗日方程得到:

$$\sum_b M_{a,b} \dot{\boldsymbol{x}}_b = -\frac{\partial \boldsymbol{V}}{\partial \boldsymbol{x}_a} \tag{5-34}$$

$$M_{ab} = \sum_p m_p N_{a,p} N_{b,p} \tag{5-35}$$

取一个较大的弹性常数,系统势能可以写为

$$\boldsymbol{V} = \sum_p \frac{m_p}{2\rho_p} \boldsymbol{\sigma}_p : \boldsymbol{\varepsilon}_p \tag{5-36}$$

从而得到:

$$f_a = -\frac{\partial \boldsymbol{V}}{\partial \boldsymbol{x}_a} = -\sum_p \frac{m_p}{\rho_p} \boldsymbol{\sigma}_p \cdot \nabla N_{a,p} \tag{5-37}$$

如果利用形函数的单位分解性质,将所有粒子的质量分配(以形函数为权重)到其相邻的节点,即

$$m_a = \sum_p m_p N_{a,p} \tag{5-38}$$

显然,m_a 就是 M_{ab} 按行求和的值。利用形函数的单位分解性质 $\sum_a N_{a,p} = 1$,有

$$\sum_a m_a = \sum_a \sum_p m_p N_{a,p} = \sum_p m_p \tag{5-39}$$

$$\sum_{p} m_p \dot{x}_p = \sum_{p} m_p \sum_{a} \dot{x}_a N_{a,p} = \sum_{a} m_a \dot{x}_a \tag{5-40}$$

即粒子系统和节点系统的质量和动量守恒。而且,只要粒子质量和形函数非负,那么节点质量也是非负的。于是,系统动能可以采用另外一种近似方式计算:

$$\int_{\Omega} \frac{1}{2} v^2 \rho(x) \mathrm{d}V \approx \sum_{p} \frac{1}{2} m_p \dot{x}_p^2 \approx \sum_{a} \frac{1}{2} m_a \dot{x}_a^2 \tag{5-41}$$

此时,离散方程变为

$$m_a \ddot{x}_a = f_a \tag{5-42}$$

可以看到,OTM 离散格式与单点积分的拉格朗日显式有限元、物质点法几乎完全一致,只是节点与粒子的连接关系不同以及形函数的选择不同。当 β 足够大,局部最大熵形函数退化为有限元线性形函数。此时,如果固定粒子与节点之间有联系,且与初始有限元网格一致,那么 OTM 就完全退化为单点积分的拉格朗日显式有限元,即单点积分的拉格朗日显式有限元方法是 OTM 方法的一个特例。由于粒子包含了所有信息,因此 OTM 计算中的每一步都可以扔掉节点信息,然后将节点规则排列并且覆盖整个计算域,此时不再需要近邻粒子搜索(粒子节点近邻信息可以解析求解),而且可以直接使用有限元线性形函数。重新排列节点位置后,其速度需要从粒子插值,与物质点法一样。此时,OTM 方法退化为物质点法。因此,将 OTM 代码改造成 FEM 和 MPM 都很简单。

图 5-6 给出了 CARDC 采用 AUTODYN 中的 SPH 求解器、OTM 方法、MPM 以及有限元方法模拟的空间碎片超高速撞击产生碎片云的比较。其中,弹丸为半径 2 mm、长度 14 mm 的圆柱锌弹丸,速度为 4.97 km/s,靶板为厚度 1 mm 的锌板,材料模型采用的是 Mie-Grüneisen 物态方程和理想塑性强度模型。在有限元方法中,删掉了畸变严重的网格,余下的每个小网格用一个粒子表示。

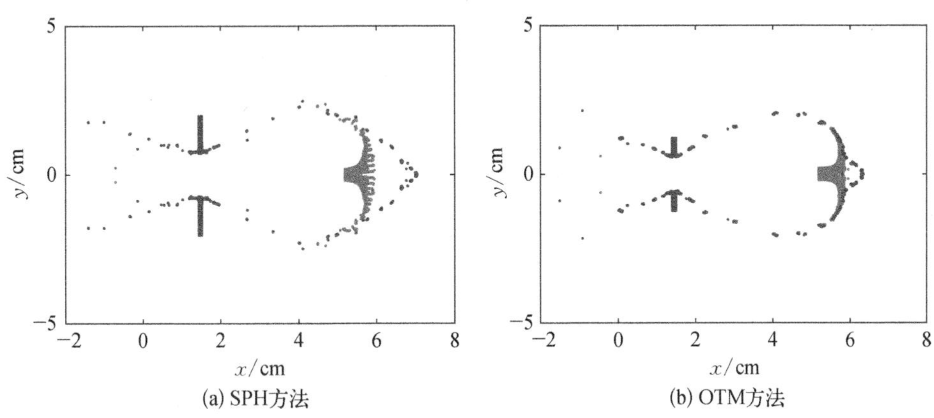

(a) SPH方法　　(b) OTM方法

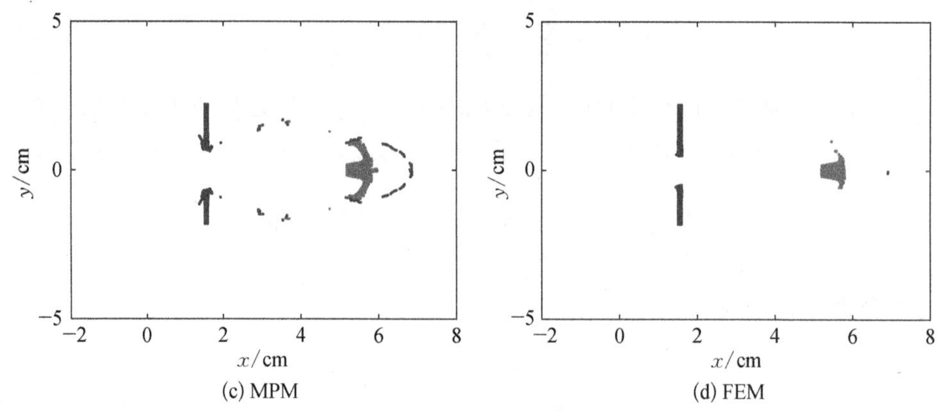

(c) MPM (d) FEM

图 5-6 不同数值方法模拟典型二维超高速碰撞

OTM 方法的计算量比较大。一般形函数都有简单解析表达式,而局部最大熵形函数没有解析解,需要采用数值方法迭代求解。为了能够处理大变形,OTM 方法中每个时间步长内都与 SPH 一样需要近邻粒子搜索。但是,OTM 方法的所有计算都是局域的,具有天然并行性。Li 等[16]研究了 OTM 方法的并行化问题,结果显示在 8 000 个核以内几乎能达到理论加速比。OTM 方法还可以推广到其他领域,如用 JKO 变分原理代替拉格朗日方程,Fedeli 等[17]给出了对流扩散问题的 OTM 计算格式,并且证明了时间积分过程在几何上完全精确。总的来说,OTM 算法在很多方面都显示出优越性,但其发展仍处于初级阶段。

5.2 超高速撞击下的材料模型

任何材料的撞击变化过程都需要满足守恒定律。为了描述某一特定材料的状态变化,除了质量、动量和能量三大守恒方程外,还需要特定的材料模型来更新材料的应力张量 $\sigma^{\alpha\beta}$,从而使得方程组封闭。在各向同性材料中,一般将应力张量 $\sigma^{\alpha\beta}$ 分解为静水压力 p 和偏应力张量 $S^{\alpha\beta}$,两者分开考虑,即 $\sigma^{\alpha\beta}=-p\delta^{\alpha\beta}+S^{\alpha\beta}$。用一个物态方程(状态方程,equation of state, EOS)可以描述静水压力 p、密度 ρ 与内能 e 之间的关系。当材料的偏应力张量 $S^{\alpha\beta}$ 超出一定限度时,材料不再处于弹性状态,而是产生塑性流动,强度模型决定了材料的塑性流动。材料在塑性流动中会有损伤积累,材料性能(如抗剪切和拉伸的能力)会降低,由失效模型描述。在空间碎片超高速撞击的模拟仿真中所用的材料模型可以大致分为物态方程、强度模型以及失效模型三个部分。

5.2.1 物态方程

物态方程是描述处于热力学平衡态物质系统中的材料热力学状态量(压强、密度、温度、内能和熵等)之间的关系式。通常,物态方程用于描述气体和液体的密度、内能等状态量与压力的关系。理想气体状态方程是描述理想多方气体运动的形式最简单的状态方程之一。对于固体材料受到空间碎片超高速撞击问题,材料遭受极大变形,其静水压力远大于屈服应力,物态方程控制材料的主要响应。

在超高速撞击问题中,冲击波阵面上的守恒条件直接包含压力 p、密度 ρ 与内能 e 三个状态量,故通常采用将压力 p、密度 ρ 与内能 e 联系起来的内能型物态方程。在压力较小时,材料符合线弹性模型(胡克定律),此时压力正比于体积应变,其比例关系(线弹性系数、体积模量)为常数。但是在高压条件下,压力和体积应变不再是线性关系,物态方程的形式也变得复杂。

在空间碎片超高速撞击仿真中,常用的物态方程包括 Mie-Grüneisen 物态方程、Tillotson 物态方程、Puff 物态方程、GRAY 三相物态方程和 SESAME 数据库等。需要说明的是,下面介绍的几种物态方程更多适用于金属材料,空间碎片超高速撞击问题涉及很多陶瓷材料、复合材料、多孔材料和纤维编织材料等,针对不同材料往往有各自适宜的物态方程,在计算仿真中应当根据材料性质和仿真目的等来合适选取材料的物态方程。

1. Mie-Grüneisen 物态方程

Mie-Grüneisen 物态方程是著名的固体高压状态方程,在高压固体力学的计算仿真中被广泛使用。Mie-Grüneisen 物态方程假设 Grüneisen 系数是一个对温度极不敏感的量,只是比容/密度的函数。

在超高速撞击仿真中使用的 Mie-Grüneisen 物态方程常基于冲击 Hugonit 曲线,这样的 Mie-Grüneisen 物态方程形式(Shock 方程)如下[18]:

$$p(\rho,\ e) = p_H + \Gamma\rho(e - e_H) \tag{5-43}$$

式中,下标 H 表示冲击 Hugonit 线上的状态;Γ 为 Grüneisen 系数,这里假设为密度的函数,满足 $\Gamma\rho = \Gamma_0\rho_0$,下标 0 表示初始状态,$\Gamma_0$ 一般为 1~3。

对于大多数材料,在较大的压力范围内冲击波引起的粒子速度 u 和冲击波速度 D 满足线性关系,即 $D=c_0+su$,也称 $D-u$ 形式的 Hugoniot 关系,式中 c_0 和 s 为材料常数。由 $D-u$ 形式的 Hugoniot 关系及波阵面压力、能量守恒可得到:

$$p_H = \frac{c_0^2(v_0 - v)}{[v_0 - s(v_0 - v)]^2} \tag{5-44}$$

$$e_H = \frac{1}{2}p_H(v_0 - v) \tag{5-45}$$

式中,$v = 1/\rho$ 为比容。

需要说明的是,由于在极大压力下 Grüneisen 系数和密度的乘积 $\Gamma\rho$ 为常数及冲击波引起的粒子速度和冲击波速度的线性关系不再严格成立,故以上状态方程格式在极大压力下将不再适用。

2. Tillotson 物态方程

Tillotson 物态方程[19, 20]是为了精确描述金属材料在更大的压力和密度变化范围内的行为而发展起来的一种物态方程。Tillotson 方程不仅能够描述正常情况下冲击过后材料的状态,还能够描述材料因受到足够大的冲击能量下发生熔化和气化的材料状态。该方程描述的压力范围覆盖了低压区(即 0~10 Mbar)和高压区(即 10~1 000 Mbar),在低压区该方程和超高速撞击试验数据插值曲线吻合得相当好,而在超高压区(50 Mbar 以上)则符合 Thomas-Fermi-Dirac 公式。因此对于出现了熔化和气化现象的空间碎片超高速撞击(对铝合金材料碰撞速度在 7 km/s 以上)的仿真,采用 Tillotson 方程比较合适。Tillotson 方程是将 $p-v$ 平面分成若干个区域,如图 5-7 所示。

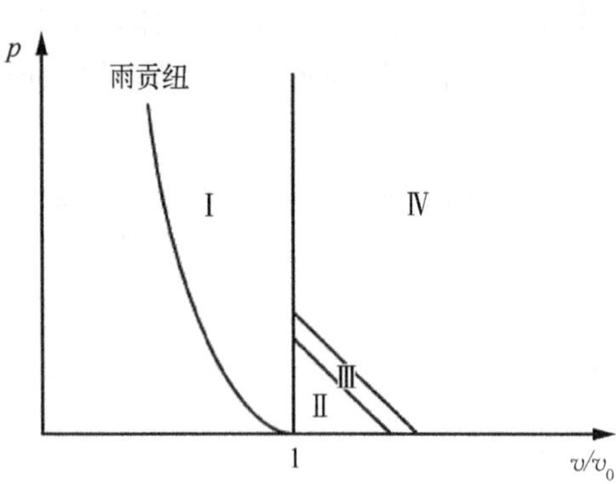

图 5-7 Tillotson 状态方程 $p-v$ 平面分区

每个区域用不同形式的方程描述。比容 $v=v_0$ 为固-气分界线。区域Ⅰ左侧的状态只能通过有额外热源的等熵压缩达到,而冲击问题一般属于绝热情况,故区域Ⅰ左侧在 Tillotson 方程中未被考虑。区域Ⅰ是材料压缩相,根据 Hugoniot 冲击压力范围,最高可达 10 Mbar,而由 Thomas-Fermi-Dirac 公式可扩展至 1 000 Mbar。区域Ⅱ内的状态内能小于升华能,材料等熵卸载至 0 压时为固态。区域Ⅳ是材料气态相,此时材料的内能大于升华能。区域Ⅲ是区域Ⅱ和区域Ⅳ的插值,其主要作用是确保区域Ⅳ材料完全气化,同时避免区域Ⅱ和区域Ⅳ之间的不连续性。

为了计算方便,令 $\eta=\dfrac{\rho}{\rho_0}$; $\mu=\eta-1$; $\omega_0=1+\dfrac{e}{e_0\eta^2}$。

区域Ⅰ ($\mu \geqslant 0$):

$$p_1=\left(a+\frac{b}{\omega_0}\right)\eta\rho_0 e+A\mu+B\mu^2 \tag{5-46}$$

区域Ⅰ描述材料的压缩状态,其描述方程实际上是 Mie-Grüneisen 方程,为了适应更大的压力范围,Γ 函数不再只是比容 v 的函数,而是比容 v 和内能 e 的函数。区域Ⅰ的描述方程共有 a、b、e_0、A、B 五个参数,式中参数 a、b 和 A 可由材料性质导出,参数 e_0、B 由数值拟合得到。

区域Ⅱ ($\mu<0,\ e\leqslant e_s$):

$$p_2 = \left(a + \frac{b}{\omega_0}\right)\eta\rho_0 e + A\mu \tag{5-47}$$

式中，e_s 为升华能，由热力学数据计算，等于由 0 压状态至沸点的所有热能之和。

区域Ⅱ描述材料受到冲击压缩后的内能小于升华能，在固-气两相模型中，材料在等熵卸载至 0 压后将保持固态。区域Ⅱ的方程形式和区域Ⅰ相似，将区域Ⅰ方程中参数 B 设置为 0，从而避免 μ 为较大负数时产生计算复杂性。

区域Ⅲ（$\mu < 0,\ e_s < e < e_s'$）：

$$p_3 = p_2 + \frac{(p_4 - p_2)(e - e_s)}{(e_s' - e_s)} \tag{5-48}$$

式中，$e_s' = e_s + ke_v$，e_v 为 0 压时的气化能，k 通常设置为 0~0.2 的常数，p_4 为区域Ⅳ的压力。区域Ⅲ为区域Ⅱ和区域Ⅳ的差值，其目的是避免区域Ⅱ和区域Ⅳ之间的压力及压力的一阶导数的不连续性。

区域Ⅳ（$\mu < 0,\ e \geqslant e_s'$）：

$$p_4 = a\eta\rho_0 e + \left(\frac{b\eta\rho_0 e}{\omega_0} + A\mu e^{\beta\left(1-\frac{1}{\eta}\right)}\right) e^{-\alpha\left(1-\frac{1}{\eta}\right)^2} \tag{5-49}$$

式中，α、β 为常数。区域Ⅳ内的材料将像气态一样大范围扩散。在比容 v 极大时，区域Ⅳ方程右边第二项（括号内的项）退化为 0，方程近似为理想气体状态方程。

3. Puff 物态方程

Puff 物态方程[21]和 Tillotson 方程一样能够在较大的压力和密度变化范围内描述材料行为。Puff 物态方程基于 Mie-Gruneisen 方程，在膨胀区采用变化的参数使其在此区逼近理想气体方程。Puff 物态方程将 $p-v$ 平面分成三个区域，如图 5-8 所示。Puff 物态方程与 Tillotson 物态方程对 $p-v$ 平面的分区相似，但在区域Ⅱ和区域Ⅲ间没有插值区域。

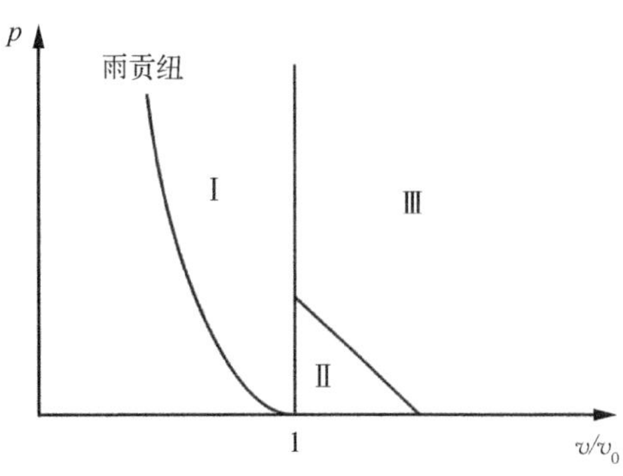

图 5-8　Puff 状态方程 $p-v$ 平面分区

Puff 物态方程每个区域对应不同的方程形式。

区域Ⅰ（$\mu \geqslant 0$）：

$$p_1 = (A_1\mu + A_2\mu^2 + A_3\mu^3)(1 - \Gamma\mu/2) + \Gamma\rho e \tag{5-50}$$

且有 $\Gamma\rho = \Gamma_0\rho_0$。

区域Ⅱ ($\mu < 0$, $e < e_s$, 其中 e_s 为升华能):

$$p_2 = (T_1\mu + T_2\mu^2)(1 - \Gamma\mu/2) + \Gamma\rho e \tag{5-51}$$

区域Ⅲ ($\mu < 0$, $e \geqslant e_s$):

$$p_3 = \rho[H + (\Gamma_0 - H)\eta^{\frac{1}{2}}](e - e_s\{1 - \exp[N(\eta - 1)/\eta^2]\}) \tag{5-52}$$

且有 $N = A_1/\Gamma\rho_0 e_s$。

在上述方程中,A_1、A_2、A_3、T_1、T_2 为材料常数。H 为气体常数,等于气体多方指数减 1。

4. GRAY 物态方程

空间碎片超高速撞击的问题中,材料将承受极大变形,在较大撞击速度时还将发生固-液-气等相变现象,此时需要建立能够描述固-液-气相变的多相物态方程。GRAY 三相物态方程是一种可满足超高速撞击研究的多相完全物态方程。该方程基于液态金属的定标律物态方程与 Young-Alder 修正的范德华(van der Waals)方程,其核心思想是将描述不同相区的物态方程进行衔接处理。在处理中,固相采用 Grüneisen 状态方程描述,液相是在固相物态方程基础上的修正描述,而气相采用修正的范德华方程描述。

GRAY 三相物态方程是(p, v, e)形式的非完全状态方程。为了更方便地获取全部热力学量,唐蜜在 GRAY 三相物态方程的基础上,采用热力学函数 Helmoltz 自由能描述了方程中的固相,并将固液相与液气相光滑连接[22]。此外,GRAY 三相物态方程还可以转化为便于流体动力学计算中使用的 $p = p(v, e)$ 形式,其公式可参见文献[19]。

5. SESAME 数据库

SESAME 数据库是由美国洛斯阿拉莫斯国家实验室(Los Alamos National Laboratory, LANL)开发的列表式数据库[23]。该数据库涵盖了多种材料的物态方程数据,包括单质材料、混合物、金属、矿物、多聚物等。数据库以列表的形式给出了材料的多种热力学数据,包括密度、温度、压力和内能(部分材料给出了 Helmholtz 自由能),其中大部分材料还分别给出了电子和离子(包含零点)的热力学贡献。SESAME 数据库给出的材料温度和密度范围十分宽阔,温度范围通常在 $0 \sim 10^5$ eV,密度范围通常在 $10^{-6} \sim 10^4$ g/cm^3。

SESAME 数据库中的绝大部分物态方程都是用同一种方法构造的。构造的基本思路是将材料的物态方程分为 3 个部分:零温度等温线(冷能线)、热离子和热电子,3 个部分结合起来组成描述材料的物态方程。SESAME 数据库包含一个目录文件和单/多种材料数据文件。相应的 SESAME 软件内还包含大量子程序,以方便用户使用 SESAME 数据库。

5.2.2　强度模型

材料强度模型描述固体材料在较大载荷作用下的塑性流动特性。材料受载荷在弹性范围内，材料发生弹性变形。当载荷超过屈服极限时，材料进入屈服阶段。通过强度模型，给出了材料的应力偏量和应变偏量的关系，给出了材料的屈服极限（常量，或是由材料历史状态决定的变量），同时还为材料破碎/失效的判断提供了依据。

在空间碎片超高速撞击数值仿真中，材料受到极大动载荷的作用，材料内静水压力远大于材料的屈服强度，此时材料的状态主要由其物态方程描述。但实际上，在考虑远场效应、长时效应和材料失效判据时，材料强度模型都是必不可少的。如在考虑撞击问题中，撞击点处的载荷向远场传递时，通常是弹性前驱波和紧随其后的塑性波、冲击波的形式，此时材料强度模型就起了重要作用。在空间碎片撞击的声发射定位技术中，就充分利用了远场的应力应变特性。只考虑材料在高压下的物态方程时，可称为流体动力学模型；而考虑固体剪切强度影响时，可称为流体弹塑性模型。

按照经典塑性力学的理论，材料在复杂应力状态下，初始弹性状态的极限称为屈服条件，屈服条件可用 $f(\sigma_{ij}) = 0$。屈服条件在应力空间对应一个曲面，称为屈服曲面。当材料应力状态位于屈服曲面以内时，材料处于弹性状态。当材料应力状态位于屈服面上，材料开始屈服，进入塑性状态。对于各向同性材料的塑形流动描述，常用的有 Tresca 屈服条件和 von Mises 屈服条件。在一维应变状态，这两种屈服条件形式相同。

记 $\boldsymbol{S}$ 为偏应力张量，$S^{\alpha\beta}$ 为偏应力分量，$\overline{\sigma} = \sqrt{3S^{\alpha\beta}S^{\alpha\beta}/2}$ 为等效应力。von Mises 屈服条件表述为等效应力 $\overline{\sigma}$ 等于常数 Y，Y 称为屈服强度。实际上，在数值仿真求解时，若在单个时间步内，材料的应力状态跨越弹性区和塑性区，在该步的计算中，强度模型便不能准确描述应力状态的变化，这时需要对偏应力进行修正。可行的一种修正方法是，若等效应力大于屈服强度，材料进入屈服阶段，并使用式(5－53)来对偏应力进行修正：

$$S^{\alpha\beta} = \frac{Y}{\overline{\sigma}} S_{\mathrm{tr}}^{\alpha\beta} \tag{5-53}$$

式中，$S_{\mathrm{tr}}^{\alpha\beta}$ 表示超过屈服条件的偏应力分量。

材料的应力张量和应变张量，都具有坐标变换的不变形式（客观性、框架不变性）。柯西应力张量的物质导数，不具有客观性。在处理空间碎片超高速撞击这样的大变形问题时，在率形式的本构关系中需要使用客观应力率，同时针对各向异性本构关系也需要在应力更新中采用适当的客观应力率。常用的客观应力率有 Jaumann 应力率和 Green-Naghdi 应力率等。满足框架不变性的偏应力张量

Jaumann 应力率为

$$\dot{S}^{\alpha\beta} - S^{\alpha\gamma}\dot{R}^{\beta\gamma} - S^{\gamma\beta}\dot{R}^{\alpha\gamma} = 2G\left(\dot{\varepsilon}^{\alpha\beta} - \frac{1}{3}\delta^{\alpha\beta}\dot{\varepsilon}^{\gamma\gamma}\right) \tag{5-54}$$

式中，应变率张量 $\dot{\varepsilon}^{\alpha\beta}$ 为

$$\dot{\varepsilon}^{\alpha\beta} = \frac{1}{2}\left(\frac{\partial u^{\alpha}}{\partial x^{\beta}} + \frac{\partial u^{\beta}}{\partial x^{\alpha}}\right) \tag{5-55}$$

旋转率张量 $\dot{R}^{\alpha\beta}$ 为

$$\dot{R}^{\alpha\beta} = \frac{1}{2}\left(\frac{\partial u^{\alpha}}{\partial x^{\beta}} - \frac{\partial u^{\beta}}{\partial x^{\alpha}}\right) \tag{5-56}$$

G 为剪切模量。

强度模型描述了材料的非线性的弹塑性响应。下面简要介绍几种在空间碎片超高速撞击研究中常用的强度模型，包括工程简化强度模型、Johnson-Cook 强度模型、Steinberg-Guinan 强度模型和 Johnson-Holmquit 强度模型等。

1. 工程简化强度模型

在分析弹塑性问题时，在满足工程要求的情况下可以进行适当的简化和假设。常用的简化模型包括弹性线性强化模型、刚性线性强化模型、弹性理想塑性模型和刚性理想塑性模型，其应力应变关系如图 5－9 所示。

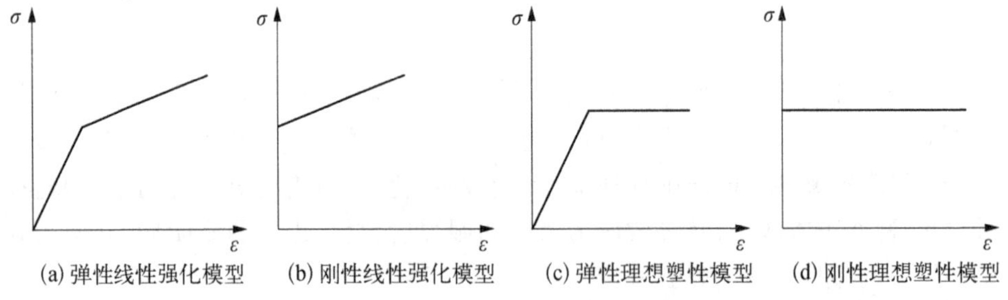

图 5－9　常用工程弹塑性简化模型

上述几种工程简化模型形式简单，便于使用。以弹性理想塑性材料模型为例，其材料屈服极限 Y、剪切模量 G 为常数：

$$Y = Y_0,\ G = G_0 \tag{5-57}$$

2. Johnson-Cook 强度模型

Johnson 和 Cook[24] 以材料抛物线硬化的应力应变关系为基础，考虑材料的温度效应、应变率效应，从而提出了用来描述金属在大应变、高应变率和高温下的材

料行为的解耦的材料模型(Johnson-Cook 强度模型)。由于该模型考虑了材料的塑性硬化、应变率硬化以及温度软化效应,故其在空间碎片超高速撞击等动态问题中广泛使用。

抛物线形硬化的应力应变关系可表达为 $Y = A + B\varepsilon_p^n$,式中 A、B、n 为材料常数,ε_p 为等效塑性应变。常数 A 表征了低应变下的材料屈服强度,常数 B 和 n 表示了应变硬化的影响。在应变率不是特别大时,应变率效应可以用对数律表示,即 $\dfrac{Y}{Y_0} = 1 + C\ln\dot{\varepsilon}_p^*$,式中 Y_0 为准静态屈服强度,C 为材料常数。$\dot{\varepsilon}_p^*$ 为归一化等效塑性应变率,$\varepsilon_p^* = \dfrac{\dot{\varepsilon}}{\dot{\varepsilon}_0}$,参考应变率 ε_0 根据标定试验确定,通常取为 1。将屈服强度受温度的影响表示为 $\dfrac{Y}{Y_0} = 1 - T^{*m}$,式中 $T^* = (T - T_{room})/(T_{melt} - T_{room})$,为归一化温度。当材料温度达到熔化温度 T_{melt} 时,屈服强度降为 0。

综合以上三种因素,Johnson-Cook 强度模型的表达式为

$$Y = [A + B\varepsilon_p^n][1 + C\ln\dot{\varepsilon}_p^*][1 - T^{*m}]$$
$$G = G_0 \tag{5-58}$$

需要说明的是,Johnson-Cook 强度模型共包含 5 个材料参数,这些参数由一维应力试验数据可以拟合得到。而在将一维应力试验拟合数据得到的模型应用于三维应力状态时,只需将式中的一维应力、应变和应变率转化为等效应力、等效应变和等效应变率即可。

3. Steinberg-Guinan 强度模型

Steinberg-Guinan 强度模型[25]是基于以下假设:即在应变率极高(大于 $10^5\ s^{-1}$)的情况下,和其他效应相比应变率效应可以忽略,当屈服应力达到最大值后,屈服应力和随后的应变率变化无关。Steinberg-Guinan 强度模型以应变强化模型为基础,同时考虑了材料压力、温度、等效塑性应变等对剪切模量和屈服强度的影响。在模型中,材料的剪切模量和屈服强度将随着压力增加而增加,随着温度增加而减小。Steinberg-Guinan 强度模型屈服强度和剪切模量计算如下:

$$Y = Y_0\left\{1 + \left(\frac{Y'_p}{Y_0}\right)\frac{p}{\eta^{1/3}} + \left(\frac{G'_T}{G_0}\right)(T - 300)\right\}[1 + \beta(\varepsilon^p + \varepsilon_0^p)]^n \tag{5-59}$$

$$G = G_0\left\{1 + \left(\frac{G'_p}{G_0}\right)\frac{p}{\eta^{1/3}} + \left(\frac{G'_T}{G_0}\right)(T - 300)\right\} \tag{5-60}$$

式中,ε^p 等效塑性应变,ε_0^p 为参考塑性应变(通常取为 0);T 为温度(单位为 K);$\eta = v_0/v$ 为压缩比;Y_0 和 G_0 分别为初始屈服强度与剪切模量;Y'_p、G'_T 和 G'_p 分别表示 Y(或 G)对下标相应的物理量 p、T 的一阶导数;β、n 为材料应变硬化常数。式

(5－59)同时还需要满足 $Y_0[1+\beta(\varepsilon_p+\varepsilon_0^p)]^n \leqslant Y_{\max}$，$Y_{\max}$ 是材料最大屈服强度值，可参考文献中的值。

4. Johnson-Holmquit 强度模型

在空间碎片超高速撞击问题中，也会涉及陶瓷、玻璃等脆性材料。陶瓷等脆性材料的强度模型与金属等延性材料有较大区别。Johnson 和 Holmquit 建立的脆性材料在高应变、高应变率和高压力作用下的强度模型[26, 27]在研究中被广泛采用。Johnson-Holmquit 模型有两种形式：JH－1 和 JH－2，其中 JH－1 为分段形式，JH－2 为连续形式。JH－1 模型在处理材料失效时，认为材料失效前后为不连续的两种状态，而 JH－2 模型在 JH－1 模型基础上，考虑了强度的连续损伤劣化效应。

JH－1 模型采用分段线性函数描述材料的压力强度关系、损伤和应变率效应，如图 5－10 所示。

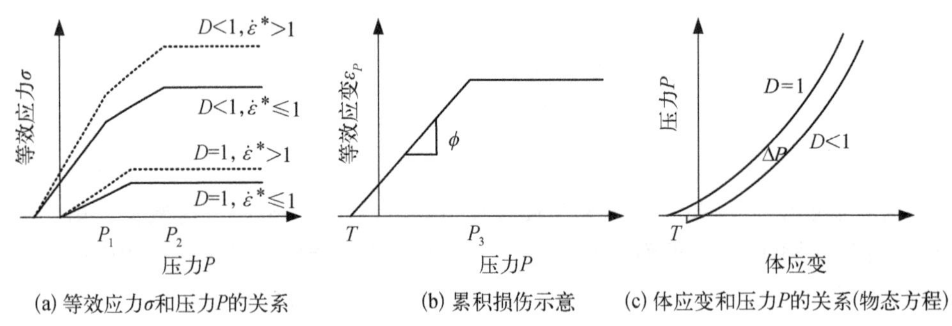

图 5－10 JH－1 模型描述材料

材料损伤前($D<1$)和损伤后($D=1$)的强度由两单独的分段函数表示。材料能承受的最大拉伸应力为 T，且 $\sigma=\sigma_0(1+C\ln\dot{\varepsilon}^*)$，式中 C 为表征应变率效应的常数，$\dot{\varepsilon}^*$ 为无量纲等效应变率，σ_0 为等效应变率为 1 时的等效应力，曲线拐点(σ_1, P_1)和(σ_2, P_2)由试验确定。损伤 $D=\sum \Delta\varepsilon_P/\varepsilon_P^f$，$\varepsilon_P^f=\phi(P_3+T)$，式中，$\Delta\varepsilon_P$ 是塑性应变增量；ε_P^f 是压力为 P 时的失效塑性应变；ϕ 为损伤系数。物态方程直接采用多项式形式，并引入 ΔP 来表征材料破碎后压力与体应变关系的变化。

JH－2 模型和 JH－1 模型形式基本一致，却又在 JH－1 的基础上考虑了强度的连续损伤劣化效应，能描述材料失效行为，故将 JH－2 放在失效模型中介绍。

5.2.3 失效模型

失效具有广泛的概念，结构/材料丧失了规定功能/效用的现象，都可以称为失效。在工程应用中弹性变形、塑性变形、破裂或断裂、材料相变、化学变化、蠕变、疲劳等都可能导致失效。固体材料在受到极端载荷时，会产生裂纹或发生破碎，而流体通常难以抵抗拉伸作用，在拉应力作用下产生空洞，这些现象都属于材料失效。本节主要讨论空间碎片超高速撞击现象数值仿真中遇到的材料动态失效。在超高速撞击的研究中，材料受极大动载荷作用，发生断裂、破碎，甚至是液化、气化，过程中存在大量的固态、液态和气态材料失效。材料的失效行为通常由材料失效模型来描述。

在动力学仿真中的材料失效模型，可以有效避免材料承受过于大的局部应力的非物理现象。材料失效模型通常包含两方面的描述，其一是材料的失效准则，给定了材料发生失效的条件，通常也直接称为失效模型；其二是材料发生失效后的材料行为，描述了材料失效后的响应特性。一种简单而有效的方式是累积失效，即用一个失效参数 D 来表征材料的失效情况，D 为 0 表示材料正常，D 为 1 表示材料完全失效，在 0~1 时表示部分失效。材料部分失效时，降低部分承受拉应力和剪切应力的能力，完全失效时即完全丧失承受拉应力和剪切应力的能力。

空间碎片超高速撞击产生的材料动态破坏，往往同时包含材料的动态响应和结构的动态响应，两者相互耦合。但在数值仿真中，通过适宜的材料失效模型，可以较好地模拟撞击和材料破碎现象。下面介绍几种常用的失效模型，包括最大等效应变失效模型、最大拉应力失效模型、Johnson-Cook 积累损伤模型、Grady 失效模型和 Johnson-Holmquit-2（JH－2）模型等。

1. 最大等效应变失效模型

最大等效应变失效假定当材料的等效应变超过某一阈值时，材料即发生失效：

$$\varepsilon_{\mathrm{equiv}} = \frac{2}{\sqrt{3}}\sqrt{I_2} = \sqrt{\frac{2}{9}[(\varepsilon_1 - \varepsilon_2)^2 + (\varepsilon_2 - \varepsilon_3)^2 + (\varepsilon_3 - \varepsilon_1)^2]} \geqslant \varepsilon_{\max} \tag{5-61}$$

式中，$\varepsilon_{\mathrm{equiv}}$ 是等效应变；I_2 是偏应变张量第二不变量；ε_1、ε_2 和 ε_3 是主应变；$\varepsilon_{\max}$ 是失效阈值。等效应变与偏应变张量第二不变量相关，在单轴拉伸状态，如果材料不可压缩，等效应变等于最大拉应变。

2. 最大拉应力失效模型

最大拉应力失效模型主要考察材料应力情况。当最大主应力 $\sigma_1 \geqslant T_{\max}$ 时，材料发生失效。

最大拉应力失效模型同样为非累积失效。在模型中，最大主应力的获得需要首先将全应力张量 $\boldsymbol{\sigma}$ 旋转到其主轴坐标系，即

$$\boldsymbol{\sigma}' = \boldsymbol{Q}\boldsymbol{\sigma}\boldsymbol{Q}^{\mathrm{T}} = \begin{pmatrix} \sigma_1 & 0 & 0 \\ 0 & \sigma_2 & 0 \\ 0 & 0 & \sigma_3 \end{pmatrix},\quad \sigma_1 > \sigma_2 > \sigma_3 \tag{5-62}$$

式中，$\boldsymbol{Q}$ 为某个正交变换矩阵；σ_1、σ_2 和 σ_3 是主应力。

在实际的数值仿真中，最大拉应力失效还可能与剪切应力失效同时使用。最大剪切应力失效是指最大剪切应力超过阈值时，材料发生失效，即 $\frac{\sigma_1 - \sigma_3}{2} \geqslant \tau_{\max}$。

3. Johnson-Cook 积累损伤模型

Johnson-Cook 积累损伤模型[28]具有和 Johnson-Cook 强度模型相似的结构。Johnson-Cook 积累损伤模型的构建包含了材料的压力、应变率和温度等效应，适用于高压、大应变和高温情况下的延性材料失效。模型利用损伤参数 D 来表征材料的损伤程度：

$$D = \sum \frac{\Delta \bar{\varepsilon}^p}{\varepsilon^f} \tag{5-63}$$

D 为 0~1，当破坏参数 D 达到 1 的时候，材料发生失效破坏。在式(5-63)中，$\Delta \bar{\varepsilon}^p$ 为等效塑性应变增量，ε^f 为破坏应变，其定义为

$$\varepsilon^f = [D_1 + D_2 \exp(D_3 \sigma^*)][1 + D_4 \ln|\dot{\varepsilon}_p^*|][1 + D_5 T^*] \tag{5-64}$$

式中，$D_1 \sim D_5$ 为材料常数；$\sigma^* = \sigma_m / \sigma_{\text{eff}}$ 为应力状态参数；σ_m 为平均应力；σ_{eff} 为等效应力。$\dot{\varepsilon}_p^*$ 和 T^* 的意义与 Johnson-Cook 强度模型中的含义一致，$\dot{\varepsilon}_p^*$ 为归一化等效塑性应变率，T^* 为归一化温度。

4. Grady 失效模型

超高速撞击中有大量的动态失效问题，Grady 所提出的材料动态层裂失效模型 Grady Spall Failure 在动态失效准则方面有较为广泛的应用[29]。

Grady 基于能量平衡原理，认为通过拉伸材料内的弹性应变能和局部动能与材料韧性断裂所需能量的关系可以确定一个断裂的极限，该极限表示为

$$\frac{1}{2} \frac{P^2}{\rho C_0^2} + \frac{1}{120} \rho \dot{\varepsilon}^2 s^2 \geqslant Y \varepsilon_c \tag{5-65}$$

式中，$s = 2C_0 t$ 为碎片在断裂发生时间 t 内能达到的最大尺寸；$P = \rho C_0^2 \dot{\varepsilon} t$ 为压力；Y 为屈服应力；ρ 为密度；C_0 为材料体波声速；ε 为应变；ε_c 为材料临界应变，在金属材料中通常取为 0.15。局部动能在碎片为球形的假设下推导得到。虽然公式只表示了材料发生拉伸破坏时的下限状态，但考虑到在超高速冲击问题中材料内部会短时间产生极多的缺陷，所以有理由将该下限作为材料失效强度判据。

实际上局部动能远小于应变能，忽略局部动能影响后，容易得到拉伸破碎后的相应极限关系：

$$P_s = \sqrt{2\rho C_0^2 Y \varepsilon_c}\,,\ t_s = \sqrt{2Y/\rho C_0^2 \dot{\varepsilon}^2}\,,\ s = \sqrt{8Y\varepsilon_c/\rho \dot{\varepsilon}^2} \tag{5-66}$$

在实际的数值模拟中，在利用 Grady Spall Failure 时主要根据材料压力来判定材料是否失效。当材料拉伸应力达到临界值，拉伸破坏发生，忽略失效过程的时间。

5. Johnson-Holmquit-2 模型

Johnson-Holmquit-2(JH－2)模型[27]和 JH－1 模型形式基本一致，JH－2 模型利用无量纲的非线性等效应力-压力关系代替了 JH－1 中的分段线性关系，如图 5－11(a)所示。在描述损伤关系时，JH－1 模型认为在损伤系数 $D<1$ 时，材料强度均未发生变化，在损伤系数 $D=1$ 时，材料强度突变。而 JH－2 模型，考虑了连续损伤劣化效应，随着损伤系数的增加，材料强度逐步降低，当损伤系数达到 1 时，材料完全损伤，如图 5－11(b)所示。

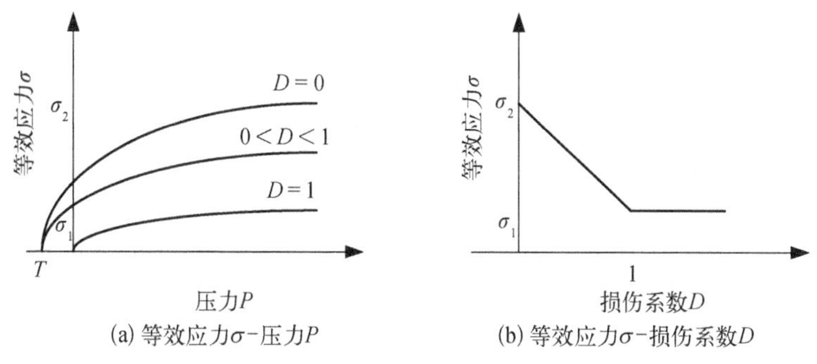

图 5－11 JH－2 模型的强度关系和损伤劣化效应

需要说明的是，JH－2 模型准确来讲是强度模型，但这里主要阐述了 JH－2 模型描述损伤劣化效应的方式，故将其放在失效模型中简要介绍。此外，描述材料失效后行为的模型还有裂纹软化模型等，描述复合材料失效行为的 Tsai-Hill 失效准则[30]、Hoffman 失效准则[31]等，可查阅相关文献和专著。

5.3 超高速撞击数值仿真软件

超高速撞击现象是一种典型的非线性问题，可产生大变形、破碎、液化和气化等现象，同时可伴有等离子体产生。针对非线性动力学问题，国内外已有大量集成软件被开发，并广泛应用于武器结构设计、内弹道和终点弹道、军用材料研制等各个方面，如 LSTC 公司推出的 LS－DYNA 程序系列、世纪动力公司的 AUTODYN 分析软件、美国 Sandia 国家实验室的 CTH 软件、CARDC 的 PTS 软件和 NTS 软件等。当前，这些非线性动力学软件也已被应用于空间碎片超高速撞击的数值仿真研究中。5.3.1 节中将简要介绍在超高速撞击仿真研究中较广泛应用的集成软件。

5.3.1 国外代表性软件

1. LS－DYNA

LS－DYNA 是一个通用显式非线性动力分析有限元程序。最初是 1976 年在美国劳伦斯利弗莫尔国家实验室（Lawrence Livermore National Laboratory）由 J. O. Hallquist 主持开发完成的，主要目的是为武器设计提供分析工具，后经多次扩充和改进，计算功能更为强大。此软件受到美国能源部的大力资助以及世界十余家著名数值仿真软件公司（如 ANSYS、MSC. software、ETA 等）的加盟，极大地加强了其前后处理能力和通用性，在全世界范围内得到了广泛的使用，现已被 ANSYS 公司收购。

该软件兼有 Lagrange 算法、ALE 算法、Euler 算法以及无网格算法，内置多种金属和非金属材料模型，以非线性动力学分析为主，且兼有静力分析功能，可以求解各种三维非线性结构的高速碰撞、爆炸和金属成型等接触非线性、冲击载荷非线性和材料非线性问题。

2. AUTODYN

AUTODYN 是一个显式非线性动力学分析软件，专门用来解决固体、流体、气体及其相互作用的高度非线性动力学问题，它提供很多高级功能具有深厚的军工背景，在国际军工行业占据 80%以上的市场。AUTODYN 在超高速碰撞领域的典型应用包括：装甲和反装甲的优化设计、战斗部设计及优化、国际空间站的防护系统的设计、空间碎片对航天器超高速撞击损伤的评估、内弹道气体冲击波、高速动态载荷下材料的特性等。

1986 年起，经过不断的发展，AUTODYN 已经成为一个拥有友好用户界面的集成软件包，包括有限元求解器、有限体积求解器、SPH 求解器、多求解器耦合。AUTODYN 还提供了丰富的材料模型，包括金属、陶瓷、玻璃、水泥、岩土、炸药、水、空气以及其他的固体、流体和气体的材料模型和数据。AUTODYN 集成了前处理、后处理和分析模块，而且为了保证最高的效率，采取了高度集成环境架构。它能够在 Microsoft Windows 和 Linux/Unix 系统中以并行或者串行方式运行，支持共享的内存和分布式集群求解方法。AUTODYN 的并行运算中可以对计算任务进行自动分解和自定义分解。

3. CTH

CTH 是美国 Sandia 国家实验室开发的冲击动力学仿真软件，该软件主要用来模拟多尺度、多物质、大变形和强冲击问题。CTH 基于结构化欧拉网格，采用二阶精度的拉格朗日欧拉映射法求解守恒方程，求解第一步为拉格朗日步，此时单元跟随物质运动而形变；第二步是重新网格化步，此时将形变后的单元再映射到欧拉网格。软件具备弹塑性、黏塑性强度模型,采用解析形式或列表形式的物态方程,可模拟材料弹塑性、爆炸、断裂和破碎行为。

5.3.2　国内代表性软件

相较于国外的已大规模军用/民用的动力学仿真软件而言,国内的仿真软件起步较晚。目前国内动力学仿真软件仍多是各研究单位和实验室内部研究与使用,多是针对单一特定算法,暂时还未形成广泛应用的集成软件。国内的动力学仿真软件仍处在发展阶段。

1. PTS

PTS(Parallel Toolkit of SPH)软件是 CARDC 超高速碰撞研究中心研发的基于 SPH 方法的冲击动力学仿真软件。PTS 采用了守恒光滑粒子法、修正光滑粒子法来克服 SPH 算法中存在的拉伸不稳定性问题,采用了二阶龙格库塔积分方法,集成了常用材料的材料模型,该软件适用于碰撞、冲击、爆炸类问题的仿真。在并行计算方面,PTS 采用了基于动态区域分解和 GPU 加速的并行算法,可开展 1 亿粒子规模的高效并行仿真。软件适用于 X86、ARM、神威等主流硬件平台。

2. NTS

NTS(Numerical Transient Shock)软件是 CARDC 超高速碰撞研究中心研发的基于欧拉方法的冲击动力学仿真软件。NTS 软件采用二阶精度的二步映射法求解守恒方程,采用基于杨氏方法的高精度界面分辨算法,主要用于处理涉及多种物质、大变形、强冲击问题的模拟。NTS 软件采用了基于逻辑块嵌套的自适应网格算法和基于区域分解的大规模并行算法,具有较高的并行计算效率。

3. MPM3D

MPM3D 是清华大学航天航空学院研发的三维显示物质点法数值仿真软件,用于模拟超高速碰撞、冲击、侵彻和爆炸等强冲击载荷作用下材料与结构的力学行为。MPM3D 具备 USF、USL 和 MUSL 三种求解格式,实现了广义插值物质点法、接触算法、自适应网格算法、有限元法、杂交物质点有限元法、耦合物质点有限元法和自适应物质点有限元法,包含了多种材料模型、状态方程和失效模型。MPM3D 采用 OpenMP 和 MPI 两方法实现并行计算,可在对称多处理系统(symmetric multi processing, SMP)和大规模并行处理系统(massively parallel processing, MPP)两种类型计算机下并行计算。

4. MMIC - 3D

MMIC - 3D 是北京理工大学爆炸科学与技术国家重点实验室开发的基于 Euler 型有限差分方法的三维多物质弹塑性流体动力学仿真程序。该软件具备处理包含 3 种以上物质的爆炸与冲击问题的数值仿真,能够开展典型空中爆炸、密实介质中爆炸及聚能射流形成等典型爆炸与冲击问题的数值仿真。PMMIC - 3D 是

MMIC－3D 软件的并行版本,该软件基于区域分解算法,采用 MPI 编程接口开发。

5. MEPH2D/MEPH3D

MEPH3D 是北京应用物理与计算数学研究所计算物理实验室开发的基于欧拉网格的三维冲击动力学仿真软件。该软件基于欧拉网格有限差分法,并引入了自适应加密网格技术和界面处理技术,适用于高速碰撞、炸药爆轰、聚能射流等问题的模拟。

6. EP3D/EF3D

EP3D/EF3D 是军事科学院国防工程研究院开发的两款冲击动力学仿真软件,其中 EF3D 是基于高精度、高分辨率和贴体坐标编制的空气冲击波流场计算程序,主要用于研究空气波流场在不同的爆炸方式和不同入射反射背景下的变化规律。

参考文献

[1] 杨秀敏. 爆炸冲击现象数值模拟[M]. 合肥：中国科学技术大学出版社, 2010.

[2] Youngs D L. Time dependent multi-material flow with large fluid distortion[M]. Amsterdam: Academic Press, 1982.

[3] Gingold R A, Monaghan J J. Smoothed particle hydrodynamics: Theory and application to non-spherical stars[J]. Monthly Notices of the Royal Astronomical Society, 1977, 181(3): 375－389.

[4] Fahrenthold E P, Koo J C. Energy based particle hydrodynamics for hypervelocity impact simulation[J]. International Journal of Impact Engineering, 1997, 20(1－5): 253－264.

[5] Bonet J, Kulasegaram S, Rodriguez-Paz M X, et al. Variational formulation for the smooth particle hydrodynamics (SPH) simulation of fluid and solid problems[J]. Computer Methods in Applied Mechanics and Engineering, 2004, 193(12/14): 1245－1256.

[6] Erkai W. Martin O S. Simulating hypervelocity impact phenomena with discrete elements[J]. Procedia Engineering, 2017(204): 75－82.

[7] Johnson G R, Beissel S R. Normalized smoothing functions for SPH impact computations[J]. International Journal for Numerical Methods in Engineering, 2015, 39(16): 2725－2741.

[8] Dilts G A. Moving-least-squares-particle hydrodynamics—I. Consistency and stability[J]. International Journal for Numerical Methods in Engineering, 1999, 44: 1115.

[9] Sulsky D, Chen Z, Schreyer H L. A particle method for history-dependent materials[J]. Computer Methods in Applied Mechanics and Engineering, 1994, 118(1－2): 179－196.

[10] Sulsky D, Zhou S J, Schreyer H L. Application of a particle-in-cell method to solid mechanics[J]. Computer Physics Communications, 1995, 87(1－2): 236－252.

[11] Li B, Habbal F, Ortiz M. Optimal transportation meshfreeapproximation schemes for fluid and plastic flows[J]. International Journal for Numerical Methods in Engineering, 2010, 83(12): 1541－1579.

[12] Sukumar N. Construction of polygonal interpolants: A maximum entropy approach[J]. International Journal for Numerical Methods in Engineering, 2004, 61(12): 2159－2181.

[13] Arroyo M, Ortiz M. Local maximum-entropy approximation schemes: A seamless bridge between finite elements and meshfree methods[J]. International Journal for Numerical Methods in Engineering, 2006, 65: 2167－2202.

[14] Sukumar N, Wright R W. Overview and construction of meshfree basis functions: From moving least squares to entropy approximants[J]. International Journal for Numerical Methods in Engineering, 2007, 70(2): 181－205.

[15] Weißenfels C, Wriggers P. Stabilization algorithm for the optimal transportation meshfree approximation scheme[J]. Computer Methods in Applied Mechanics and Engineering, 2017, 9: 31.

[16] Li B, Stalzer M, Ortiz M. A massively parallel implementation of the optimal transportation meshfree method for explicit solid dynamics[J]. International Journal for Numerical Methods in Engineering, 2014, 100: 40－61.

[17] Fedeli L, Pandolfi A, Ortiz M. Geometrically exact time-integration mesh-free schemes for advection-diffusion problems derived from optimal transportation theory and their connection with particle methods[J]. International Journal for Numerical Methods in Engineering, 2017, 112(9): 1905－1291.

[18] Libersky L D, Petscheck A G, Carney T C, et al. High strain Lagrangian hydrodynamics-a three-dimensional SPH code for dynamic material response[J]. Journal of Computational Physics, 1993, 109: 67－75.

[19] 汤文辉，张若棋．物态方程理论及计算概论[M]．第2版．北京：高等教育出版社，2008.

[20] Tillotson J H. Metallic equations of state for hypervelocity impact[R]. General Atomic Report GA－3216, 1962.

[21] Century Dynamics. AUTODYN user manual, Version 6.1[R]. Century Dynamics, 2005.

[22] 唐蜜．基于欧拉方法的超高速撞击程序研制及碎片云相分布数值模拟[D]．绵阳：中国工程物理研究院，2015.

[23] Lyon S P. SESAME: the Los Alamos National Laboratory equation of state database[R]. LA－UR－92－3407, 1992.

[24] Johnson G R, Cook W H. A constitutive model and data for metals subjected to large strains, high strain rates, and high temperatures[J]. Engineering Fracture Mechanics, 1983(21): 541－548.

[25] Steinberg D J, Cochran S G, Guinan M W. A constitutive model for metals applicable at high-strain rate[J]. Journal of Applied Physics, 1980, 51(3): 1498－1504.

[26] Holmquist T J, Johnson G R. Characterization and evaluation of silicon carbide for high-velocity impact[J]. Journal of Applied Physics, 2005, 97(9): 093502.

[27] Johnson G R, Holmquist T J. An improved computational constitutive model for brittle materials[J]. AIP Conference Proceedings, 1994, 309(1): 981－984.

[28] Johnson G R, Cook W H. Fracture characteristics of three metals subjected to various strains, strain rates, temperatures and pressures[J]. Engineering Fracture Mechanics, 1985, 21(1): 31－48.

[29] Grady D E. The spall strength of condensed matter[J]. Journal of the Mechanics Physics of

Solids, 1988, 36(3): 353 - 384.

[30] Hill R. A self-consistent mechanics of composite materials[J]. Journal of the Mechanics and Physics of Solids, 1965, 13: 213 - 222.

[31] Hoffman O. The brittle strength of orthotropic materials[J]. Journal of Composite Materials. 1967, 1: 200 - 206.

第 6 章
空间碎片超高速撞击数值仿真的应用

空间碎片超高速撞击数值仿真可模拟地面试验发射条件以外的撞击工况,以弥补当前超高速发射器发射能力不足的问题,同时提供更丰富的信息来分析撞击现象和规律,为更充分了解撞击的全过程以及超高速撞击现象的内在机理提供参考。

本章从撞击碎片云形成机理仿真、撞击碎片云特性仿真、航天器解体数值仿真,以及空间碎片对压力容器的超高速撞击仿真等几个典型应用场景介绍数值仿真方法在空间碎片超高速撞击研究中的应用。

6.1 撞击碎片云形成机理仿真

在空间碎片超高速撞击问题中,空间碎片(弹丸)与防护结构(薄板)发生碰撞的时间极短,通常为微秒量级。空间碎片(弹丸)在撞击 Whipple 防护结构时,弹丸与 Whipple 结构前板相互作用,在微秒时间内弹丸发生强烈的破碎,发生熔化乃至气化,同时伴随等离子体的产生,形成扩散的碎片云团。碎片云的形成使弹丸动量/动能得以分散,从而减轻其对后续结构的威胁。薄板撞击碎片云的形成与冲击波的传播和演化密不可分。本节将以球形弹丸撞击薄板为例,通过弹丸内冲击波传播的仿真和弹丸材料失效破碎的仿真来示例性地介绍数值仿真在碎片云形成机理上的应用。

6.1.1 超高速撞击中冲击波传播数值仿真

冲击波波系的传播及冲击波和材料破坏、相变等相互作用是形成碎片云的关键,了解超高速撞击问题中波系的传播和演化在超高速撞击和防护、材料动态性能、动态破碎等理论研究中具有重要意义。但在现有试验技术下,直接表征冲击波的作用难以实现,理论分析和数值模拟成为研究超高速撞击中冲击波作用的主要手段。

通过对球形弹丸超高速撞击薄板问题中冲击波在弹丸内首个完整传播过程的

几何、物理特性的数值模拟，可获得弹丸内冲击波的传播和演化特性[1]。图 6 - 1 是利用 AUTODYN 软件 SPH 方法对初始撞击速度 6.7 km/s 工况弹丸和薄板内冲击波的传播情况的数值仿真。

在数值模型中，薄板厚度为 2.2 mm，高度为 20.0 mm（全尺寸为 40.0 mm），材料为 Al 6061 - T6，选用 Shock 状态方程、Steinberg-Guinan 强度模型和 Grady Spall Model 失效模型。球形弹丸半径 R 为 4.8 mm，材料为 Al 2017 - T4，选用 Shock 状态方程、Johnson-Cook 强度模型和 Grady Spall Model 失效模型。SPH 计算中一阶、二阶人工黏性均取 2.5。SPH 粒子大小设置为 0.02 mm，失效的随机因子设置为 16.0。

图 6 - 1 中每幅小图的时间间隔为 0.1 μs，每幅图中的压力幅值范围均已调整为 0~50.0 GPa。由图可见，在冲击波向弹丸内传播过程中，波阵面的压力值存在衰减，但波阵面的几何特征和传播速度并未受到太大影响。在弹丸和薄板撞击过程中会产生反向的喷溅射流，但喷溅粒子并非撞击初始就产生，而是在撞击发生后的 0.2 μs 的图中才能清楚地观察到。同时，根据模拟结果可以获得每个时间步内各点的热力学状态。

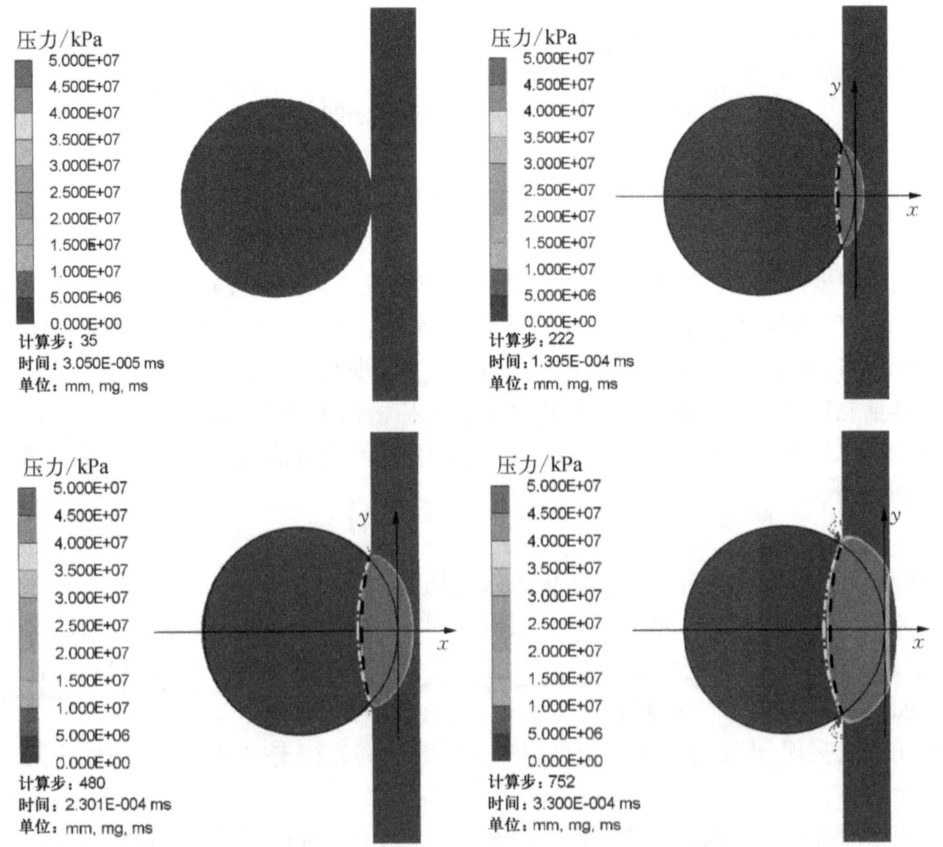

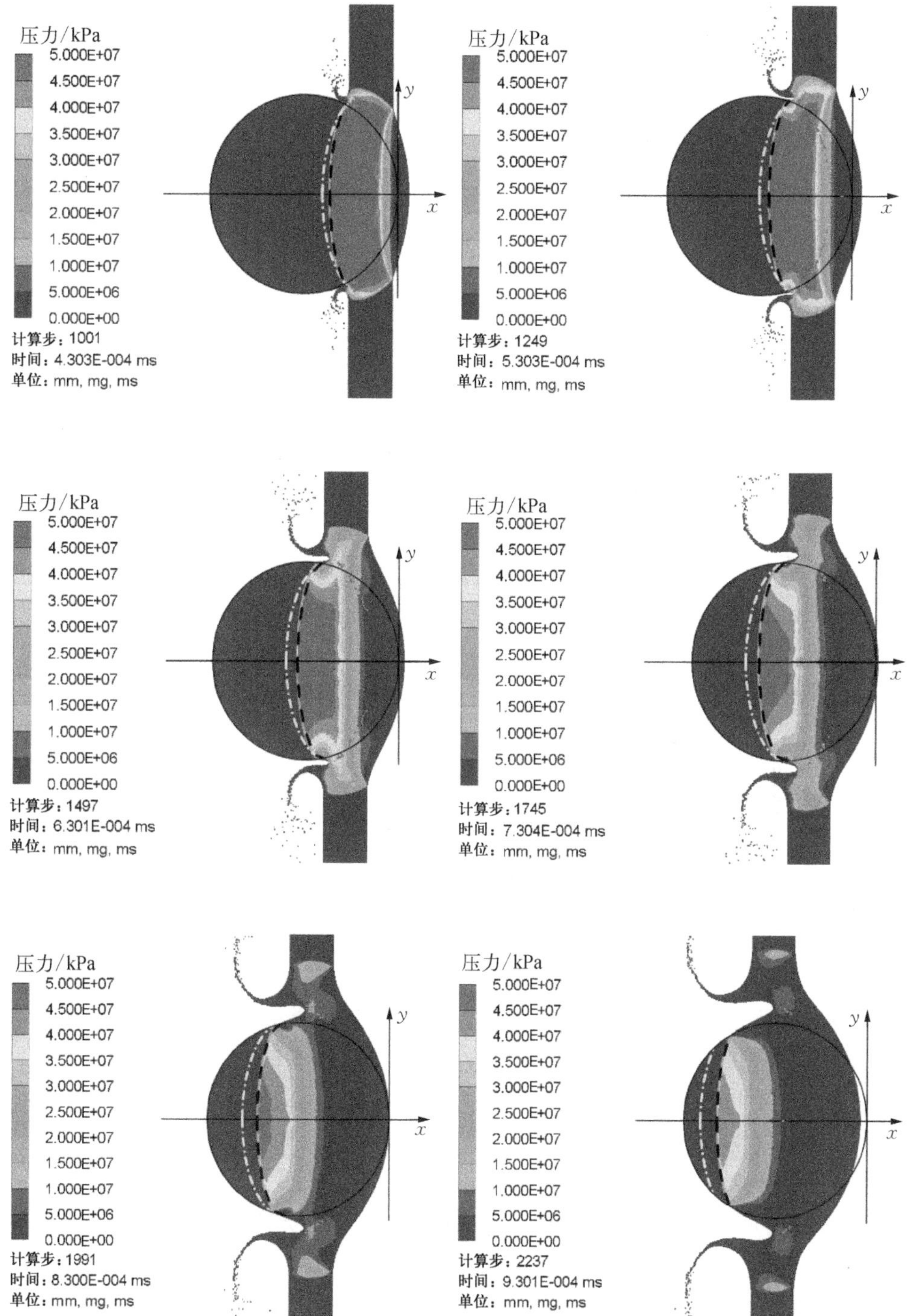
压力/kPa
5.000E+07
4.500E+07
4.000E+07
3.500E+07
3.000E+07
2.500E+07
2.000E+07
1.500E+07
1.000E+07
5.000E+06
0.000E+00
计算步：1001
时间：4.303E-004 ms
单位：mm, mg, ms
y
x
压力/kPa
5.000E+07
4.500E+07
4.000E+07
3.500E+07
3.000E+07
2.500E+07
2.000E+07
1.500E+07
1.000E+07
5.000E+06
0.000E+00
计算步：1249
时间：5.303E-004 ms
单位：mm, mg, ms
y
x
压力/kPa
5.000E+07
4.500E+07
4.000E+07
3.500E+07
3.000E+07
2.500E+07
2.000E+07
1.500E+07
1.000E+07
5.000E+06
0.000E+00
计算步：1497
时间：6.301E-004 ms
单位：mm, mg, ms
y
x
压力/kPa
5.000E+07
4.500E+07
4.000E+07
3.500E+07
3.000E+07
2.500E+07
2.000E+07
1.500E+07
1.000E+07
5.000E+06
0.000E+00
计算步：1745
时间：7.304E-004 ms
单位：mm, mg, ms
y
x
压力/kPa
5.000E+07
4.500E+07
4.000E+07
3.500E+07
3.000E+07
2.500E+07
2.000E+07
1.500E+07
1.000E+07
5.000E+06
0.000E+00
计算步：1991
时间：8.300E-004 ms
单位：mm, mg, ms
y
x
压力/kPa
5.000E+07
4.500E+07
4.000E+07
3.500E+07
3.000E+07
2.500E+07
2.000E+07
1.500E+07
1.000E+07
5.000E+06
0.000E+00
计算步：2237
时间：9.301E-004 ms
单位：mm, mg, ms
y
x

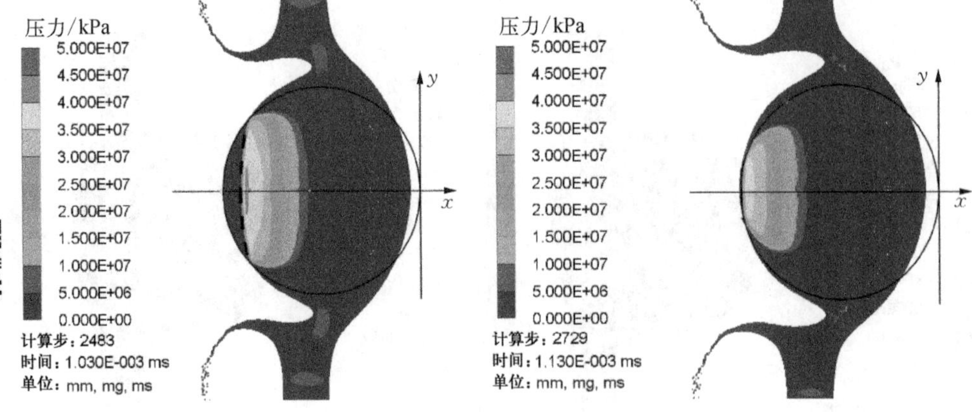

图 6-1 冲击波在弹丸中首次完整传播[1]

文肯和陈小伟等推导出适用于冲击波阵面在弹丸内首个完整传播的几何传播模型(geometric propagation model, GPM),模型用一个二维轴对称坐标下的椭圆(对应三维空间下的旋转椭球面)来表征波阵面,并预言波阵面形状随初始撞击速度的变化关系[1]。通过对铝合金球形正撞击铝合金薄板问题的 SPH 方法数值模拟,研究者证明了其几何传播模型的正确性,其模型预言的冲击波阵面在图(6-1)中用黄色虚线表示。

数值模拟还可以讨论冲击波阵面上压力幅值分布和轴线上的压力衰减,特别是针对柱形、立方体乃至包裹形弹丸撞击时的冲击波传播状态进行仿真和分析。同时,利用数值模拟对防护结构内的波传播效应进行模拟,Liu 等[2]验证了一种空间碎片超高速撞击检测和定位的方法。

6.1.2 弹丸材料失效和破碎

以数值仿真为手段,还可进一步揭示波的传播和演化引起的材料的失效发展和演化过程,以及撞击条件对材料失效发展过程的影响。随着冲击波的传播和演化,材料(主要是弹丸材料)内的各部分失效逐渐发展,材料随着失效破碎。由于破碎后的材料具有不同的速度,故随着运动的继续进行,材料将不断分散,最终形成碎片云结构。

以半径 4.8 mm 铝球弹丸初始撞击速度 6.7 km/s 撞击厚度 0.5 mm 的铝薄板为例,分析碎片云结构的发展过程[3]。数值仿真采用和 6.1.1 节完全相同的算法参数和材料参数。材料失效破碎过程完成后的情况如图 6-2 所示,图中上半部分为材料状态,下半部分表示材料速度。弹丸材料的速度分为三个区域。其一为弹丸侧后部速度较大的区域(速度改变量较大),对应于弹丸侧后部的由弹丸自由面反射引起的失效区域,这部分将发展为碎片云主体的后部;其二为弹丸前端速度较小的区域,对应于弹丸前端的由薄板自由面反射引起的失效区域,这部分将发展为碎片云主体的前部；其三为弹丸中间部分，对应两个失效汇聚的混合区域，这部分对应碎片云主体的中部。在图示工况下，碎片云内部包含一个独立的中心大碎片。

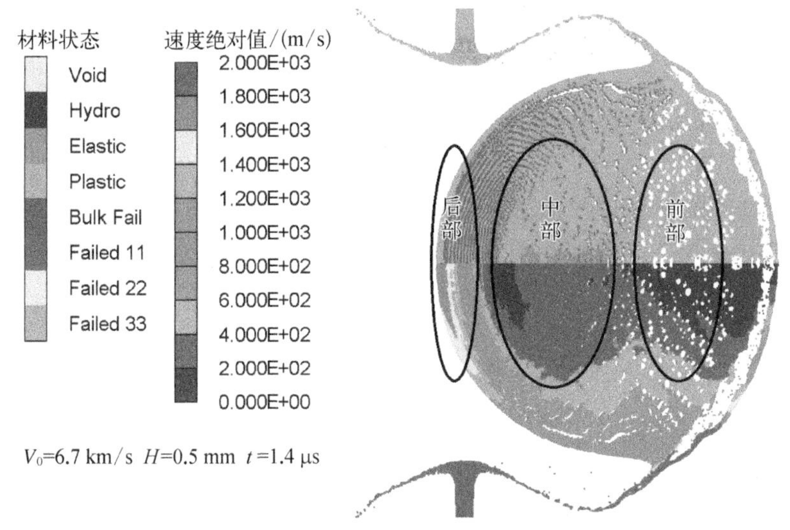

图 6－2　破碎完成后的速度分布及其与碎片云结构的对应关系：半径 4.8 mm 铝球以速度 6.7 km/s 撞击厚度 0.5 mm 铝板，撞击发生后 1.4 μs[3]

图 6－3 为碎片云持续发展后的情况（试验图像来源于文献[4]），碎片云主体的后部，由 1.4 μs 时轴线上 1.65 mm 宽度发展到 7.2 μs 时的 9.9 mm，发生了

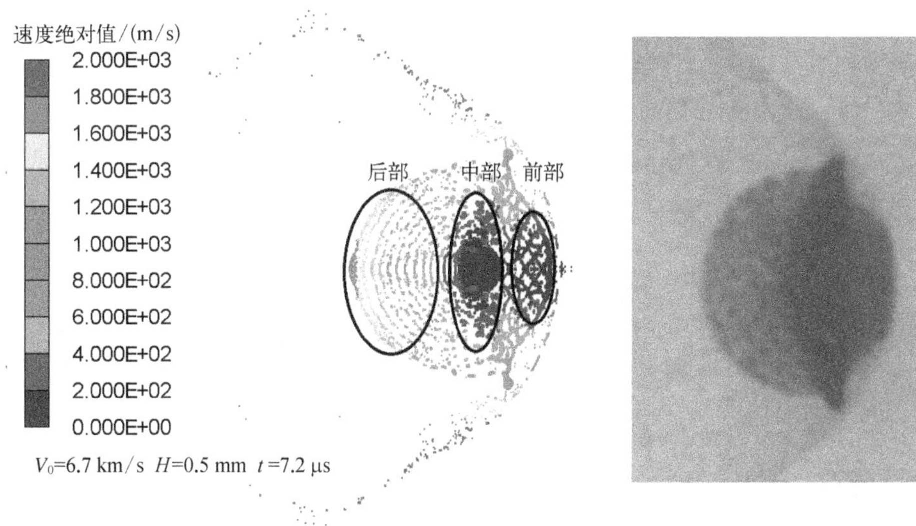

图 6－3　典型的碎片云结构发展：半径 4.8 mm 铝球以速度 6.7 km/s 撞击厚度 0.5 mm 铝板，撞击发生后 7.2 μs[3]

500%的扩散,最终扩散为半球形。碎片云主体的中部轴线上由 2. 75 mm 发展到 3. 5 mm,扩散量为 25%,径向上由 6. 8 mm 发展到 18. 4 mm,扩散量为 171%,最终形成盘形。碎片云主体的前部轴线上由 3. 2 mm 发展到 4. 0 mm,扩散量为 27%,径向上由 6. 7 mm 发展到 10. 2 mm,扩散量为 50%,最终形成较小的半球形。碎片云的前部和中部集中了弹丸的大部分质量。结合图 6-2 和图 6-3 还能看出,碎片云外泡主要由不断拉伸变形的薄板自由面材料构成,外泡结构将逐渐拉伸变薄,直至断裂成小段。

以数值仿真为手段,还能进一步分析碎片云结构随初始撞击条件的变化关系,通过改变撞击条件,来观察碎片云结构发展的各种细节变化,以及碎片特征的识别和统计、碎片云对后续结构的撞击破坏等,此处不再赘述。

6. 2 撞击碎片云特性仿真

碎片云的特性包括形态、质量分布、动量分布、相态分布和侵彻能力等。碎片云的特性与弹丸/靶材材料及结构、撞击参数(速度、角度)和环境特性(温度、气压)等有关。碎片云特性的研究对防护结构性能、空间碎片演化等具有重要意义。本节将以球形弹丸撞击铝板碎片云、弹丸形状效应、不同靶材撞击碎片云及碎片云相变特性等为例,简要介绍数值仿真在空间碎片超高速撞击碎片云特性研究上的应用。

6. 2. 1 球形弹丸撞击铝板碎片云

球形铝合金弹丸正撞击金属单质薄板是较为简单的一种工况,已被广泛研究。图 6-4 是 CARDC 开展的航天器防护结构的超高速碰撞试验与 PTS 仿真结果对比。铝球正撞击铝板,铝弹丸直径 5 mm,碰撞速度 5. 0 km/s,防护屏铝合金缓冲墙

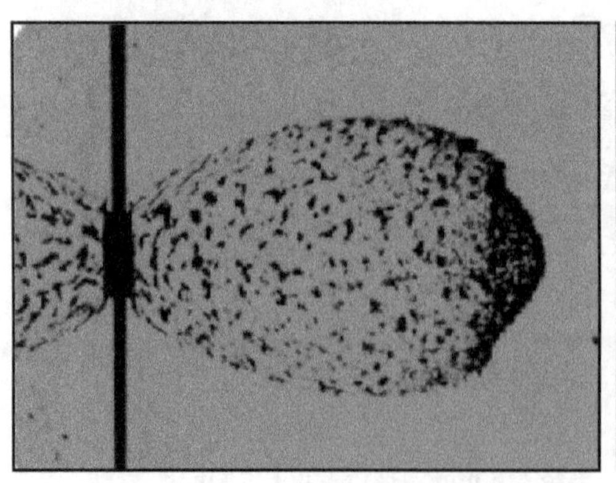

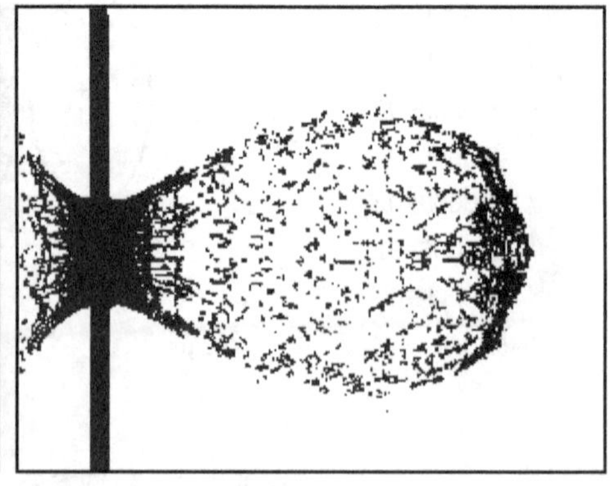

图 6-4 试验结果(左)与 PTS 软件仿真结果(右)对比

厚度 2 mm，观测时间为 16 μs。PTS 数值仿真中，粒子总数为 800 万。在撞击发生后，产生前向撞击碎片云和反向反溅碎片云。从物理图像上看，试验结果和 PTS 软件仿真结果吻合较好，仿真得到的撞击碎片云和反溅碎片云形态、结构均与试验结果较为一致。

图 6－5 是三个不同时刻的碎片云试验图像和仿真图像[5]，图中上半部分为试验图像，下半部分为仿真图像。三个典型时刻分别为撞击发生后 8 μs、16 μs 和 24 μs。试验中铝球正撞击铝板，板厚与球直径的比值 t/D 为 0.42，撞击速度为 5.07 km/s。数值仿真使用 LS－DYNA 动力学软件，采用光滑粒子流体动力学（SPH）计算方法，SPH 粒子总数约为 100 万，弹丸和靶材使用弹塑性流体（Elastic_Plastic_Hydro）材料模型和 Gruneisen 状态方程。由图 6－5 可见，仿真结果和试验结果吻合较好。

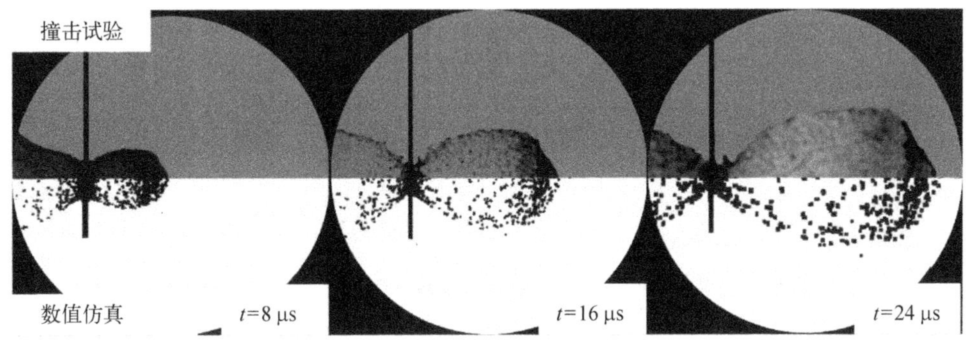

图 6－5　试验结果与 LS－DYNA 数值仿真结果对比[5]

$t/D = 0.42,\ V = 5.07\ \text{km/s},\ \theta = 0°$

试验后测量靶板穿孔直径为 12.3 mm，序列阴影照相系统获得碎片云前锋速度为 3.89 km/s；数值仿真结果显示靶板穿孔 11.9 mm，碎片云前锋速度为 3.98 km/s。根据以上结果可以看出，碎片云速度特性及靶板穿孔特性的数值仿真结果与试验结果都较为吻合。

为快速获取 2A12 铝球超高速撞击铝板产生碎片云的特性，可建立一种基于 Monte Carlo 方法的快速仿真方法。CARDC 通过 DebrisID 程序，识别并分析了大量试验和数值仿真数据，并基于此建立了包含碎片云速度、质量、空间角度等分布关系的模型[6]。图 6－6 是该快速仿真方法得到的碎片云图像及其与 LS－DYNA 数值仿真、文献中超高速撞击试验结果[7]的对比。图中选取了正撞击、45°斜撞击两种撞击角度，撞击速度分别为 6.08 km/s 和 4.47 km/s。由图可见，快速仿真方法得到了较为准确的碎片云特性。该方法还可以推广到其他材料撞击产生的碎片云研究中。

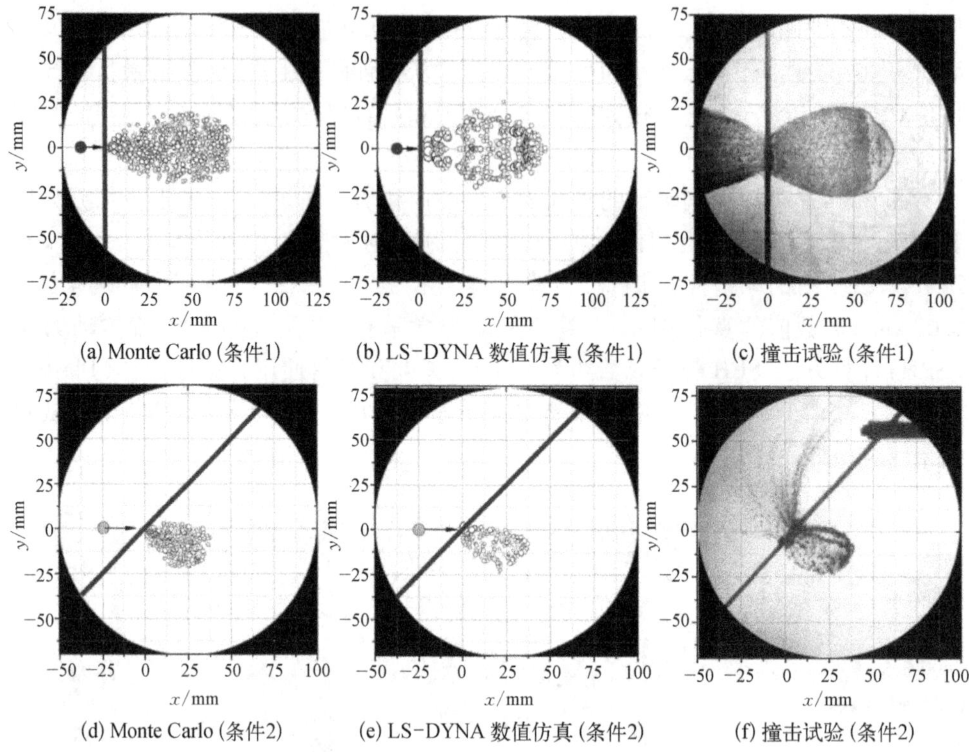

(a) Monte Carlo (条件1)　(b) LS-DYNA 数值仿真 (条件1)　(c) 撞击试验 (条件1)

(d) Monte Carlo (条件2)　(e) LS-DYNA 数值仿真 (条件2)　(f) 撞击试验 (条件2)

图 6-6　基于 Monte Carlo 的快速仿真、LS-DYNA 数值仿真与超高速撞击试验的对比[6, 7]

条件 1 为 $t=1.92$ mm, $D=5.0$ mm, $\theta=0°$, $V=6.08$ km/s, $\tau=15.6$ μs；条件 2 为 $t=1.92$ mm, $D=4.0$ mm, $\theta=45°$, $V=4.47$ km/s, $\tau=14.5$ μs

6.2.2　弹丸形状效应

在空间碎片超高速撞击的研究中，通常要求撞击试验具有较高的可重复性。由于球形弹丸方便试验操作和数据分析，所以研究人员通常选用标准球形弹丸开展空间碎片撞击研究。但返回式航天器的损伤分析及卫星地面解体撞击试验等均证明真实空间碎片材质形状各异，基本均为非球形[8]。此外，在地面超高速撞击试验中，采取不同发射技术时通常也会有不同形状的弹丸发射。这些都要求开展空间碎片超高速撞击的形状效应研究。

当前国内外对空间碎片超高速撞击形状效应的研究包括试验和数值仿真两种手段，在发射条件允许的范围内，进行超高速撞击试验进行了验证，在发射能力之外运用仿真手段进行了验证。北京理工大学张春波等使用 AUTODYN 仿真了盘形弹丸撞击薄板[9]，仿真结果和试验结果的对比如图 6-7 所示。其中撞击速度为 6.39 km/s，弹丸材料为 OFHC，板材为 Al 6061-T6。由于弹丸 OFHC 材料和板

Al 6061－T6 材料在 X 射线拍照下的透光度区别，试验图像中也能分辨出弹丸和板产生的碎片云。由图可见，数值仿真结果与试验结果基本一致。

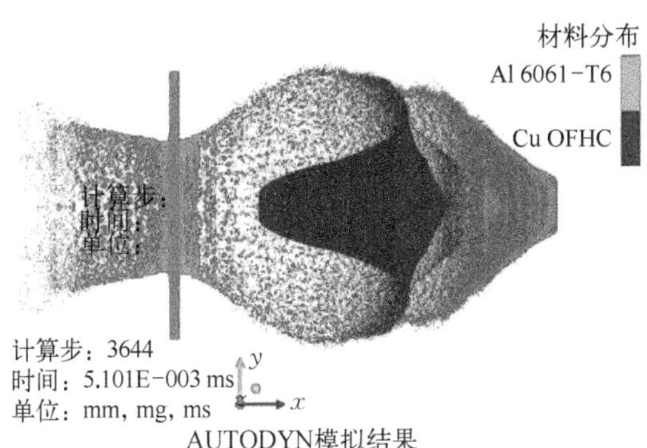

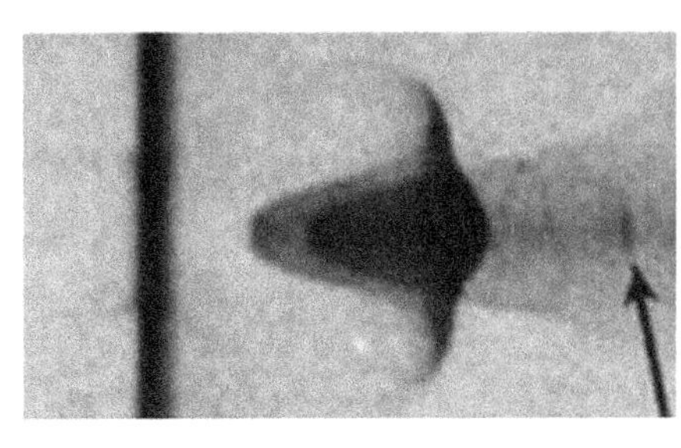

图 6－7 盘形弹丸撞击薄板仿真结果和试验结果的对比[9]

数值仿真结果便于进一步处理，得到更多的信息。将盘形弹丸撞击的数值仿真结果按平面切开，切开的平面与撞击方向平行。得到撞击轴线所在平面，距撞击轴 2 mm、4 mm、8 mm 的平面上碎片云的内部结构，如图 6－8 所示。图中清晰展现了盘形弹丸撞击碎片云的内部结构。基于数值仿真结果，张春波等还进一步分析了碎片云各结构位置上的速度特性、动量特性[9]。

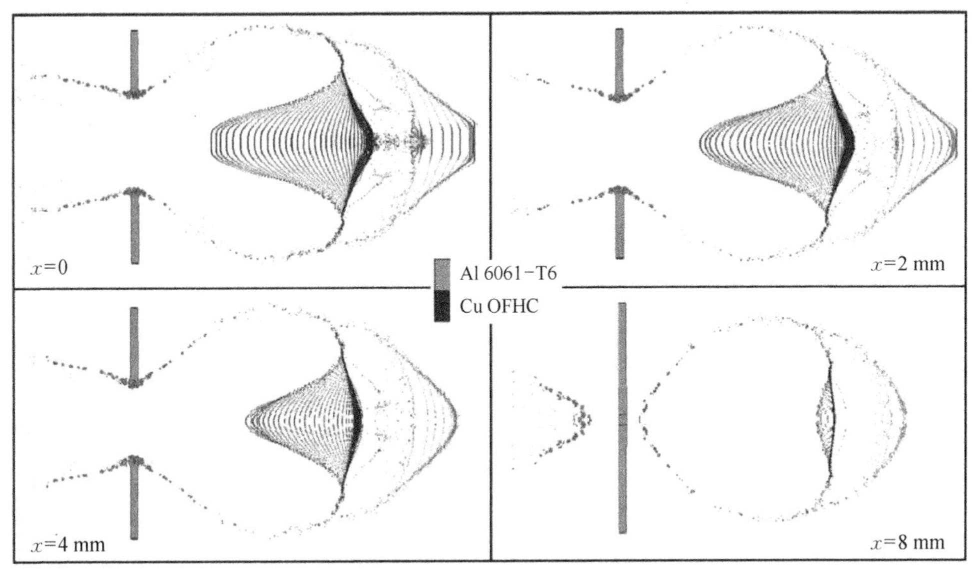

图 6－8 撞击轴线平面、距撞击轴 2 mm、4 mm、8 mm 平面盘形弹撞击碎片云内部结构[9]

北京卫星环境研究所徐坤博等用 AUTODYN 仿真软件对球形、圆锥形、圆柱形和盘形等不同形状弹丸超高速撞击 Whipple 防护结构所产生的碎片云形貌特征及对后墙的毁伤程度进行了数值仿真研究[10]。对质量相同的不同长径比的盘形、圆锥形、圆柱形弹丸超高速撞击典型 Whipple 防护结构的数值仿真结果的对比如图 6-9 所示，其中碎片云获取时间为撞击发生后 20 μs（长径比 1/3.46 的圆锥形弹丸撞击碎片云为 17.5 μs），弹丸、前板和后板材料分别用不同颜色进行了显示。由图可见，弹丸形状对碎片云特征有显著影响。进一步，利用数值仿真还可以分析缓冲屏穿孔直径和后墙的毁伤程度与弹丸形状的关联。

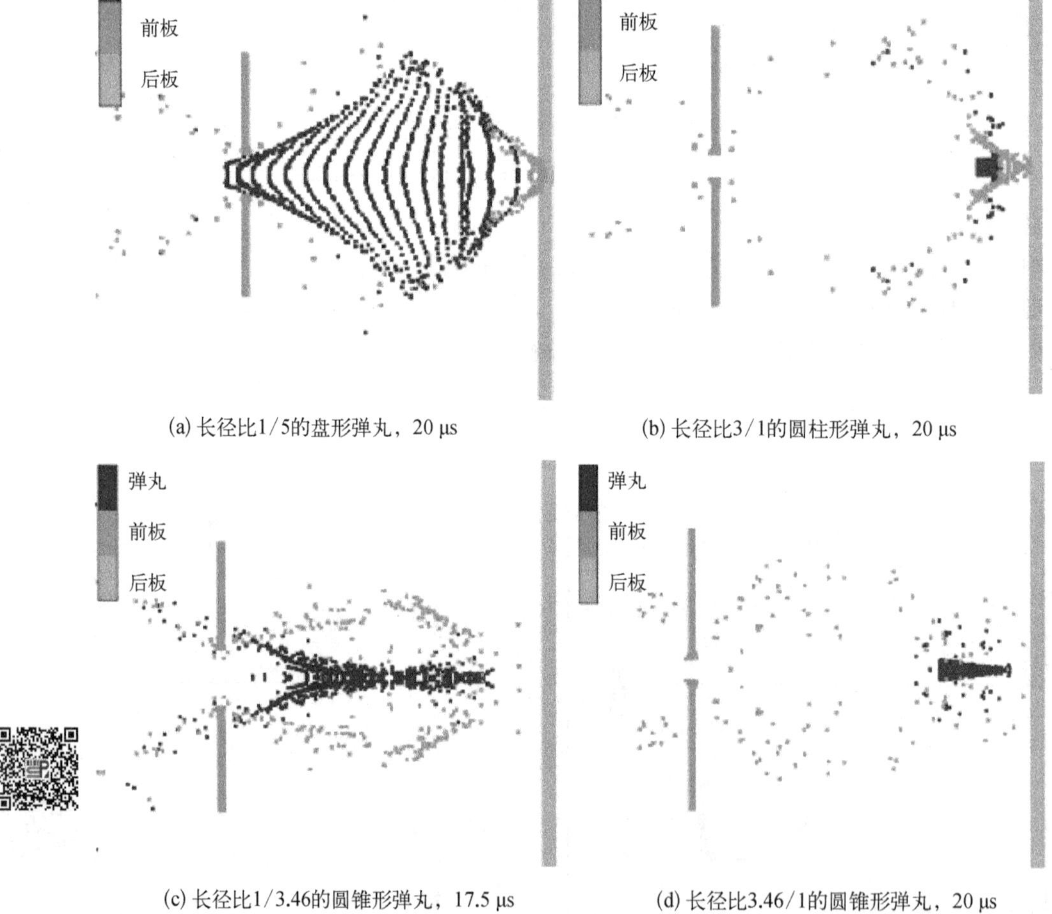

图 6-9 AUTODYN 仿真软件对不同形状弹丸超高速撞击碎片云形貌特征[10]

非球形弹丸的形状特性使得撞击姿态对撞击毁伤和撞击碎片云特性影响较大，在设计和分析时撞击姿态也应作为一个重要因素。大量研究工作表明，非球形弹丸撞击时,防护结构的弹道极限与球形弹丸撞击时有所区别,球形弹丸的弹道极限曲线在防护结构的空间碎片防护能力评价时存在高估的问题。数值仿真为超高速撞击的形状效应研究提供了一种可行的研究途径,一定程度上弥补了当前试验条件的缺陷。但相关算法、材料模型和参数的准确性对数值仿真影响较大,特别是非球形弹丸撞击数值仿真的可靠性仍需大量地面试验验证。

6.2.3　不同靶材的撞击

在太空中,空间碎片除与防护结构可能发生撞击外,还会与飞行器电池阵、玻璃、电线等材料发生撞击。同时防护结构也由最初的金属单质 Whipple 防护结构,逐步发展为含纤维材料、蜂窝材料等先进结构材料的改进 Whipple 防护结构。不同材料和结构受空间撞击的现象各有区别。下面示例性介绍一些对不同靶材的超高速撞击数值仿真。

一种可行的 Whipple 防护结构改进是利用多层板结构代替传统的双层板结构。空间碎片(弹丸)撞击多层板结构的响应可以分为若干阶段:弹丸撞击第一层板,形成第一阶撞击碎片云;碎片云扩散并撞击第二层板,形成第二阶碎片云;第二阶碎片云继续扩散撞击后续结构……多层板撞击碎片云的形貌、速度分布、质量分布和毁伤能力可以用一个数学模型来描述[11]。图 6 - 10 是模型预测的撞击第一层板和第二层板后的碎片云表面质量分布,以及其与 AUTODYN 数值仿真碎片云结构的对比。数值仿真结果很好地验证了模型对多层板撞击碎片云的有效性。

北京理工大学爆炸科学与技术国家重点实验室和中国空间技术研究院对聚四氟乙烯/铝活性材料(PTFE/Al)防护屏的超高速撞击进行了研究[12]。通过数值仿真结果和试验结果,将活性材料撞击碎片云分为了内部和外部两个部分。试验结果和数值仿真结果的对比如图 6 - 11 所示,其中试验撞击速度为 5.03 km/s,数值仿真中撞击速度为 5.00 km/s,其他参数一致。数值仿真利用了 AUTODYN 软件,采用了 SPH 算法。图中三个时刻间相差 5 μs。基于一定假设,利用质量、动量和能量守恒建立了活性材料撞击的理论模型。同时,研究者还结合数值仿真和试验结果讨论了碎片云对后续结构的毁伤情况。

蜂窝三明治板(honeycomb sandwich panels, HC/SP)在航天器中被广泛使用。CARDC 与意大利帕多瓦大学对 HC/SP 结构的超高速撞击进行了大量数值仿真,并修正了空间碎片撞击 HC/SP 碎片云特性的工程模型。该修正模型利用平行的多层板等效蜂窝结构,有效表征了蜂窝结构的不连续性,同时避免了复杂的边界,如图 6 - 12 所示。该修正模型的一部分参数由数值仿真结果拟合得到[13]。CARDC 研究了采用轻质材料(如木板)作为填充层的防护结构撞击性能,试验显示轻质材料填充层提高了结构对超高速撞击的抵抗能力[14]。采用数值仿真,通过对弹丸、防护结构上特征点的压力历程进行分析,讨论了防护性能提高的机理。

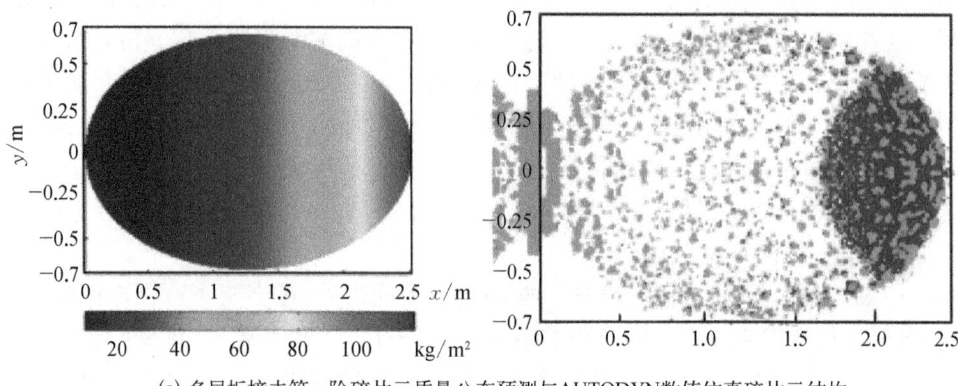

(a) 多层板撞击第一阶碎片云质量分布预测与AUTODYN数值仿真碎片云结构

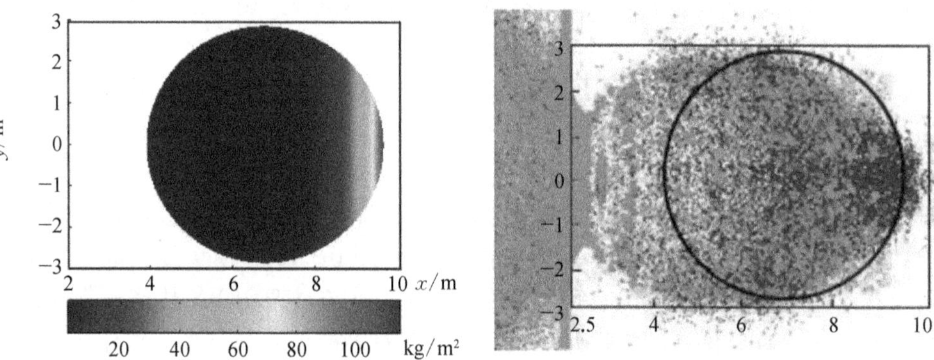

(b) 多层板撞击第二阶碎片云质量分布预测AUTODYN数值仿真碎片云结构

图 6-10　多层板撞击碎片云理论模型和数值模拟[11]

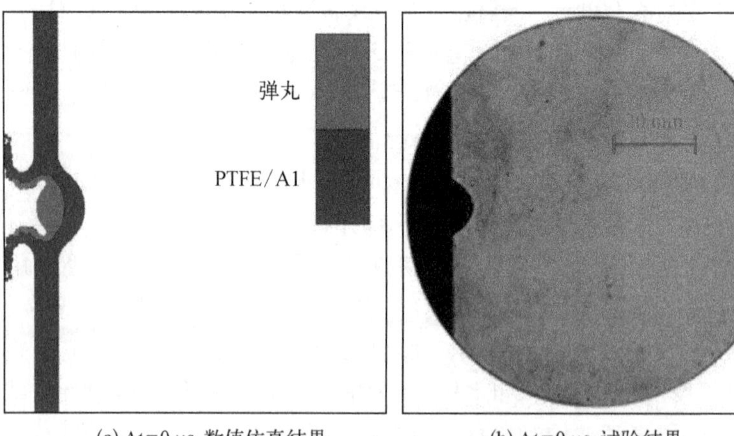

(a) Δt=0 μs,数值仿真结果　　(b) Δt=0 μs,试验结果

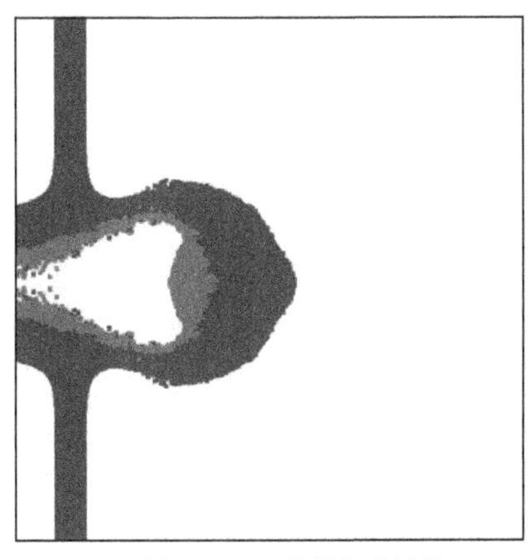

(c) $\Delta t = 5\ \mu s$,数值仿真结果

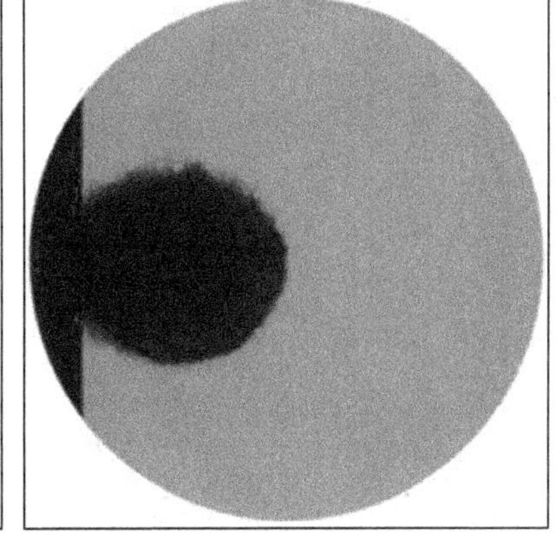

(d) $\Delta t = 5\ \mu s$,试验结果

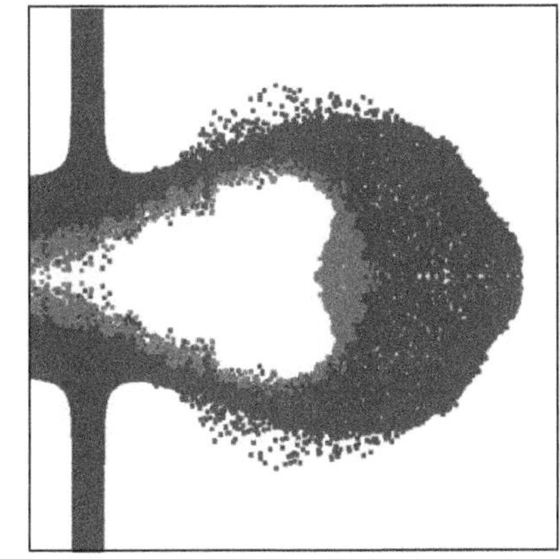

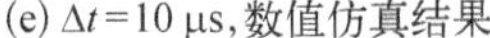

(e) $\Delta t = 10\ \mu s$,数值仿真结果

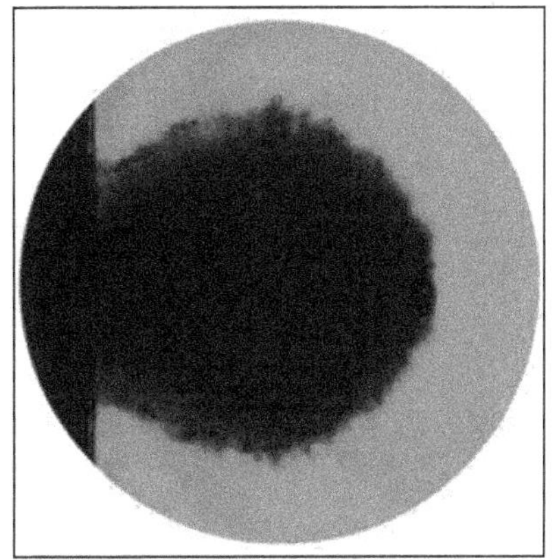

(f) $\Delta t = 10\ \mu s$,试验结果

图 6－11　活性材料超高速撞击试验结果和数值仿真结果的对比[12]

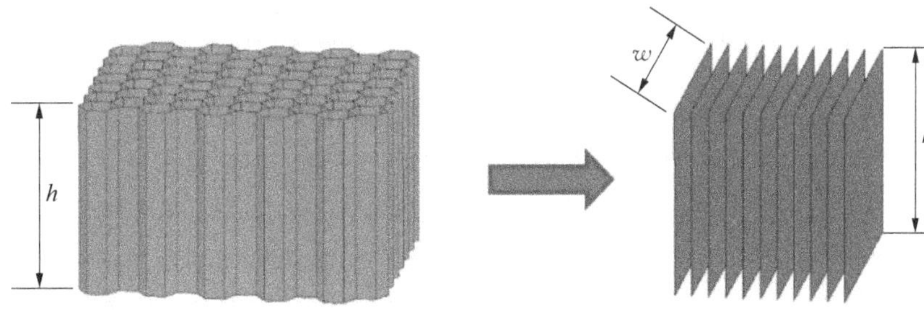

图 6－12　平行的多层板等效蜂窝结构

需要说明的是,上述讨论只是示例性地介绍了数值仿真在不同靶材超高速撞击研究中的应用,实际上在先进复合材料撞击的超高速撞击数值仿真中,如何有效地模拟复合材料的特性(如多孔特性、梯度特性、各向异性、编织特性等),特别是

在超高速撞击条件下的大变形和破裂，往往是研究重点和难点。感兴趣的读者可参阅相关文献。

6.2.4 相变特性

空间碎片撞击航天器的速度通常大于 10 km/s，碰撞会伴随熔化、气化等相变问题发生。相变现象直接影响空间碎片撞击防护结构的设计及防护能力的评估。涉及相变的超高速撞击问题较为复杂，对试验和数值仿真都提出了更高的要求。使用何种物态方程、如何正确表征碎片云的相态变化等是超高速撞击相态数值仿真需要关注的问题。

中国工程物理研究院流体物理研究所利用 AUTODYN/SPH 的二次开发功能，在程序中嵌入 SESAME 状态方程数据库和铝材料的相图，初步进行超高速撞击产生碎片云的相分布计算[15]。图 6-13 给出了撞击发生后 1 μs、2 μs 和 3 μs 时刻碎片云的相分布。计算中弹丸直径为 10 mm，防护屏厚度为 1 mm，撞击速度为 15 km/s。图中，碎片云气态部分用红色表示，显示对应值为 2，碎片云熔化部分用绿色表示，显示对应值为 1。由图可见，整个过程碎片云的气态均出现在靠近碎片云的头部位置，碎片云中的固相出现在碎片云的尾部（蓝色部分，显示对应值为 0），而碎片云的中间大部分区域均处于熔化状态。比较各时刻的碎片云头部，对于处于气化状态的碎片云部分，明显膨胀发散得比熔化态的碎片云更快。

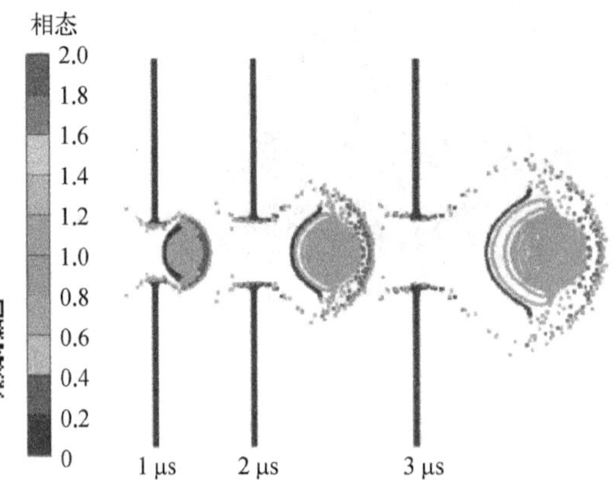

图 6-13 铝球 15 km/s 撞击铝板后 1 μs、2 μs 和 3 μs 时刻碎片云的相分布[15]

北京理工大学爆炸科学与技术国家重点实验室和北京卫星环境工程研究所以钛、铝、镁 3 种材料组成的波阻抗梯度材料（TAM）为研究对象，借助于光滑粒子流体动力学数值模拟方法，采用 Tilloston 状态方程和 Steinberg-Guinan 强度模型，给出各材料的冲击相变判据，并进行了超高速撞击 TAM 波阻抗梯度材料碎片云的相变仿真。

图 6-14 为 5 mm 铝球以 6 km/s 和 10 km/s 速度撞击 TAM 波阻抗梯度材料板时形成碎片云的相态分布[16]。由图可见，在 6 km/s 撞击速度下，弹靶材料的初始碰撞区域材料呈液态，该区域是最初材料压缩区域，对应冲击波峰值最大，随着应力波的传播与压力峰值的衰减，边上的区域处于过渡的固液混合态，此外，在镁铝交界处的镁材料层（靶板中部），也有部分处于液态。在 10 km/s 撞击速度下，有将近一半的材料处于液气混合态，并随着应力波传播向外延伸，材料形成了液态区域

与固液混合区。与碎片云的质量分布类似，相变粒子也多集中分布在碎片云头部。研究者还利用数值仿真进一步分析了相变质量随撞击条件变化关系。

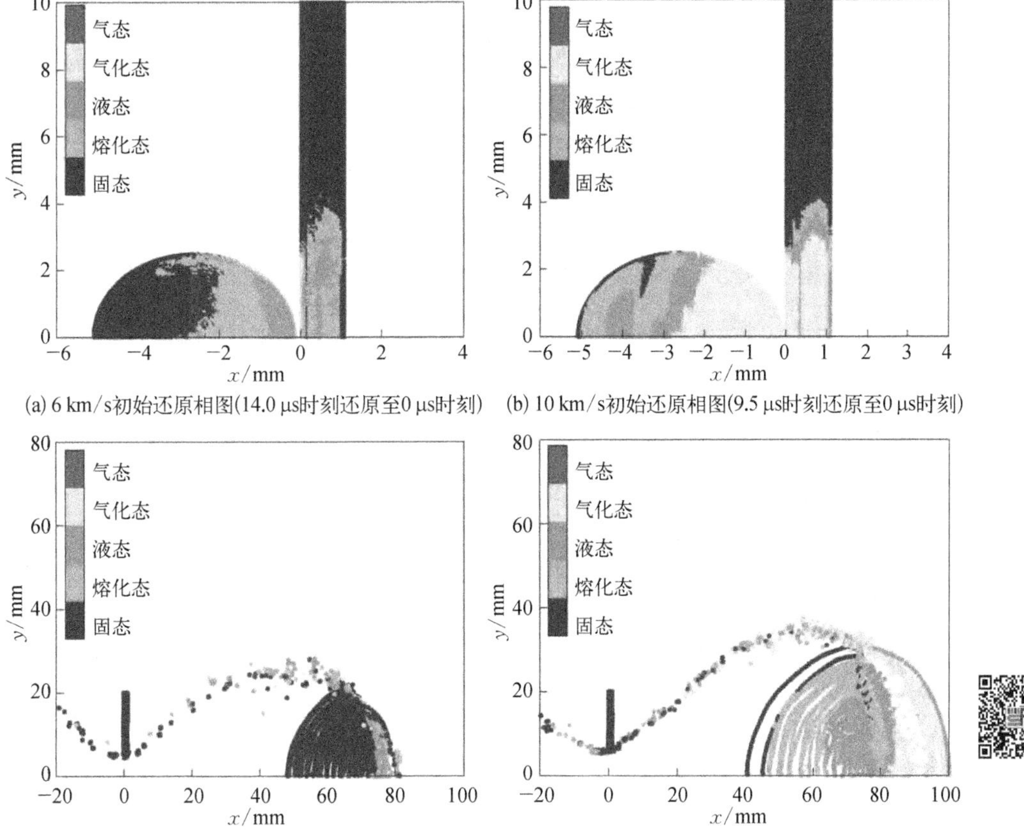

(a) 6 km/s初始还原相图(14.0 μs时刻还原至0 μs时刻)　(b) 10 km/s初始还原相图(9.5 μs时刻还原至0 μs时刻)

(c) 6 km/s相图(14.0 μs时刻)　(d) 10 km/s相图(9.5 μs时刻)

图 6－14　铝球 6 km/s 和 10 km/s 撞击波阻抗梯度材料板时形成碎片云的相态分布[16]

空间碎片超高速撞击还常伴有等离子体的产生，撞击等离子体将对飞行器电磁设备造成一定干扰。已有地面试验进行撞击等离子体的测量，但试验重复性较差，同时等离子体生成机理的分析仍较为缺乏。与撞击相变研究类似，数值仿真也是撞击等离子体研究的重要手段。有学者基于 SPH 方法，同时考虑材料的弹塑性响应、相变、等离子体生成和非理想等离子体物理等效应，采用多物理场数值仿真的方式研究了撞击产生等离子体的现象[17]，感兴趣的读者可参阅相关文献。

6.3　航天器解体数值仿真

航天器解体(spacecraft breakup)通常是指轨道载荷、火箭箭体或结构的破坏性碎裂[18]。航天器解体可能是意外发生的,例如推进系统故障导致的解体;也有可能是故意的,如太空试验导致的解体。航天器的解体往往产生大量的轨道碎片,是地球轨道碎片的主要来源,日益增多的空间碎片使在轨运行的航天器处于被轨道碎片超高速撞击的风险之中。对空间碎片潜在威胁的认识,导致了世界各航天大国纷纷投入大量人力财力对空间碎片的观测、跟踪、建模进行研究,以期对空间碎片的现状、未来发展趋势以及对空间飞行的影响有一个全面、系统的认知[19]。在此基础上,空间碎片环境模型应运而生。空间碎片环境模型提供了碎片的分布、运动、通量和物理特征等性质的数学描述[20]。空间碎片环境模型的作用,一是评估当前的空间碎片环境;二是预示未来的空间碎片环境发展趋势;三是评估未来空间发射、运行对空间环境的影响;四是为空间碎片减缓提供依据[21]。因此,用于描述和预测解体碎片数量、尺寸、质量和速度分布的航天器解体模型自然成为空间碎片环境模型中的重要子模型。

6.3.1 航天器解体模型概述

理论上,航天器解体模型应该对解体事件产生碎片的尺寸、面积-质量比以及碎片喷溅速度等作出定量的描述。然而,对于所有的碎片来说,这些物理参数并不一致,因此,解体模型采用分布函数来描述,也就是说解体模型是一种统计模型,必须依赖样本数据的支撑。

美国从 20 世纪 60 年代开始建模研究,发展了多个解体模型,包括 Aerospace Corp. 建立的 IMPACT 解体模型、Kamman ScienceCorp. 建立的 FAST 解体模型和 NASA 建立的 EVOLVE 解体模型等。其中,应用最广泛的是 EVOLVE 解体模型,也被称为 NASA 标准解体模型。欧洲空间局(ESA)在 1995 年发布了空间碎片环境模型 MASTER95,其中的解体子模型为 Battell 模型。MSATER 模型自发布之后,经过多次改进升级,有 MASTER97、MASTER99、MASTER2001 和 MASTER2005 等版本,从 MASTER2001 版本开始,ESA 就全面引入 NASA 标准解体模型代替 Battelle 解体模型。日本与 NASA 约翰逊空间中心合作,对 NASA 标准解体模型进行了试验和改进,将其扩展到低速碰撞范围。印度也发展了一个名为 ASSEMBLE 的航天器解体模型。

建立航天器解体模型的数据来源主要包括:在轨航天器碰撞解体事件、地面试验和数值仿真。其中,在轨航天器撞击事件数量少,只能通过地面的雷达或望远镜对碰撞碎片进行观测;地面试验是主要的数据来源,包括简单板壳结构的超高速碰撞试验、模拟卫星结构的超高速碰撞试验和真实卫星的超高速碰撞试验,其中后两种试验周期长,成本高。美国为建立解体模型开展了大量地面试验,其中 SOCIT 系列试验采用的是真实卫星。CARDC 超高速所开展了模拟卫星的超高速碰撞试验,其中模拟卫星主要包括了舱室结构、电子盒、承力结构;相比前两种数据来源,数值仿真成本低,易于获取数据。

CARDC 超高速所基于大量模拟卫星的碰撞解体试验和数值仿真研究工作[22-32],建立了 CSBM 解体模型。CSBM 解体由解体程度模型、碎片数量——质量分布模型、碎片面质比分布模型、碎片面积——尺寸关系、碎片速度分布模型五个模型组成,可用于快速生成碰撞碎片,为航天器解体事件提供快速分析和预测手段。本节将主要介绍数值仿真在航天器解体模型研究中的应用。

6.3.2 航天器碰撞解体数值仿真

无网格方法能够较好地反映材料断裂和破碎现象,因此,在解体模型的数值仿真研究中主要依赖无网格方法,如 SPH 方法和物质点法。碰撞解体模型研究的对象一般为卫星等在轨航天器,这些航天器通常具有复杂的舱室结构,需要建立相应的大规模复杂几何模型进行仿真,通常仿真所需粒子数达到千万量级以上,这就要求采用大规模并行仿真算法来提高仿真规模和减少计算时间。

CARDC 采用 PTS 软件开展球形弹丸撞击卫星解体仿真,采用 Mie-Grüneisen 物态方程和 Johnson-Cook 强度模型。不显示考虑材料失效,利用无网格方法中粒子间距超过影响域范围后不再有相互作用从而在一定程度上自动模拟材料失效。将卫星内部结构简化为由隔板组成的简单舱室结构,图 6-15 所示是一种极为简化的卫星模型结构。通过改变卫星尺寸,隔板数量、分布及结构样式来模拟不同卫星结构。

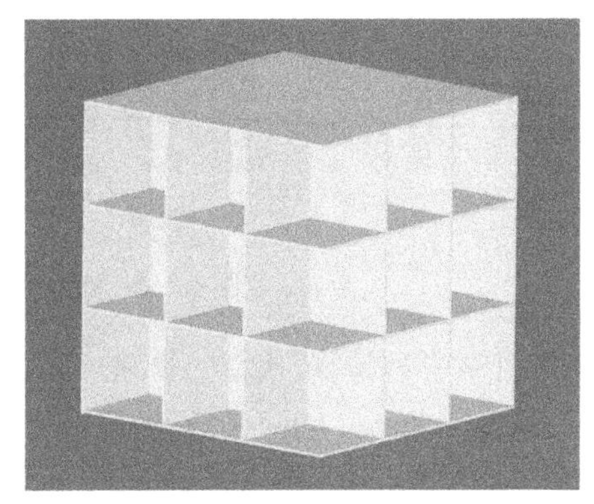

图 6-15 简化卫星模型结构

图 6-16 是典型状态数值仿真结果剖面图,其中弹丸为半径 32 mm 的铝合金球体,卫星材料也是铝合金,边长为 1 m,重约 159 kg,粒子总数为 1 280 万,采用

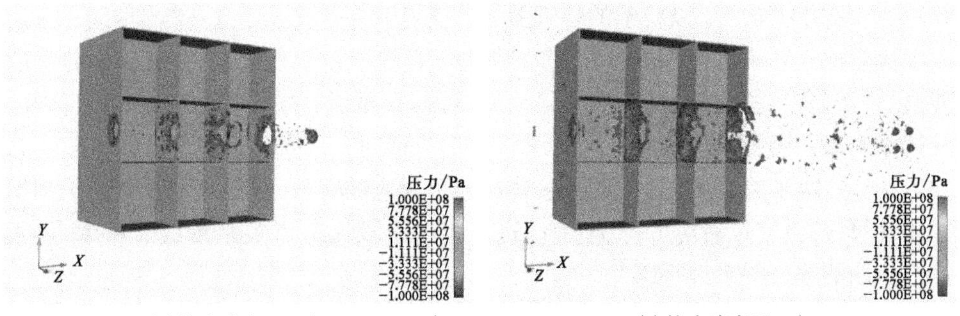

(a) 撞击速度2 km/s　　(b) 撞击速度4 km/s

(c) 撞击速度6 km/s

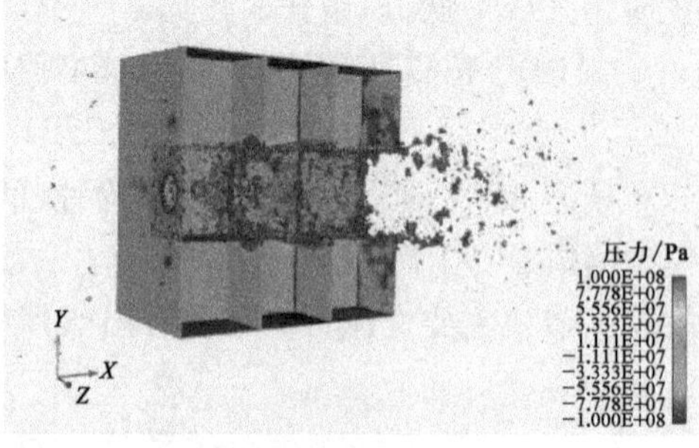

(d) 撞击速度8 km/s

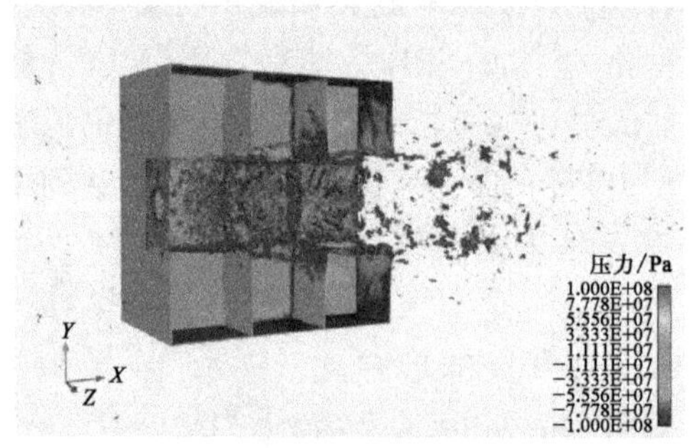

(e) 撞击速度10 km/s

图 6-16 卫星碰撞解体典型算例仿真结果

192 个核并行计算，模拟的物理时间为 1 ms，耗时为 15~18 h。图中显示了弹丸以 2 km/s、4 km/s、6 km/s、8 km/s 和 10 km/s 初始速度撞击简化卫星模型后的解体状态。随着撞击速度增大，卫星破碎显著增加，碎片数量和碎片扩散范围也随之增大。

6.3.3 碎片识别与提取方法

解体碎片的质量、尺寸、速度分布规律是解体模型的基础。因此，需要基于数值仿真结果进行碎片统计分析。在无网格方法中，碎片均由离散的空间点组成，这就给碎片的识别和统计带来困难。徐金中等采用一种"近邻的近邻"方法来识别碎片[33]，其方法如下：以粒子的邻近关系作为连通关系，从任意一粒子着手，采用深度优先搜索算法搜索邻近粒子，直到所有邻近粒子搜索完成，则完成一个碎片的搜索，再按照上述方法进行下一个碎片的搜索，直至所有粒子都已搜索完成，则碎片搜索结束。张晓天等采用有限元法(finite element method, FEM)与 SPH 相结合的方法[34]，即在初始状态下，建立与 SPH 粒子对应的有限元网格，仿真时采用 SPH 方法计算，仿真完成后对 SPH 粒子位置对应的有限元节点关系形成二值图，再根据二值图的连通关系进行碎片识别。

CARDC 梁世昌等发展了一种基于粒子距离的碎片识别算法，并基于凸包算法计算碎片特征长度[27]。基于粒子距离的碎片识别方法如下。

首先设定数据点隶属同一块碎片的判据，即：若两个数据点之间的距离不大于某个阈值，则视其在同一块碎片中。在不考虑粒子变形时，阈值为数值仿真时粒子之间的初始间距；粒子变形时，阈值为乘上形变系数后的粒子间距。

将所有的碎片数据点集视为一个图，如图 6 - 17 所示。数据点之间的距离不大于 l_0 时视为连通，每个连通图即为单个碎片，连通图的数量即为碎片数量，连通图中包含的点集即为该碎片包含的粒子，从而碎片识别的问题变为求解图中的连通图数量问题。

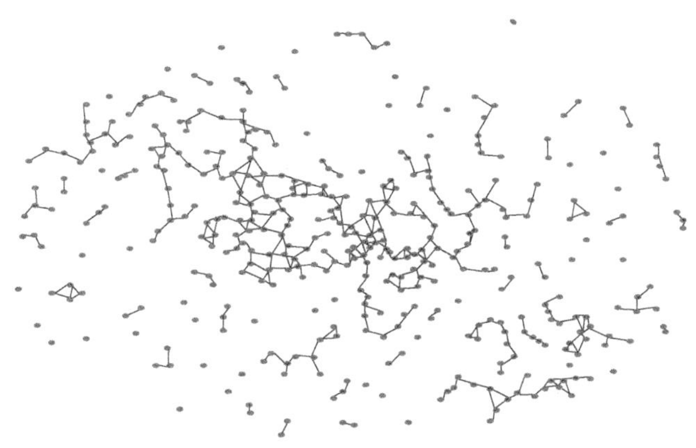

图 6 - 17　无网格方法数值仿真数据点集的连通图

连通图采用以下方法构建：首先，将点集按空间划分（网格尺寸在每个维度上均不小于 l_0），如图 6 - 18 所示，对每个网格中的数据点，将它们与网格元中的其他

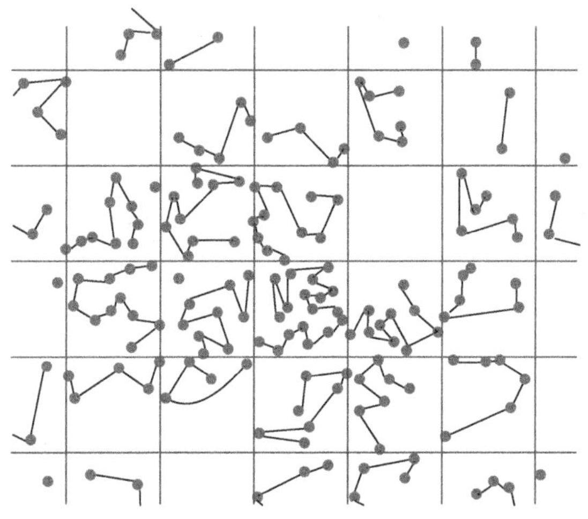

图 6 - 18　网格元中的数据点分别连成链表

数据点连成一个链表。以图中任意一点为起点,采用广度优先搜索算法,依次搜索当前网格链表、相邻网格链表中满足距离判据的点,每次搜索完成后即获得一个碎片,重复采用上述方法对未搜索的点进行搜索即可完成所有碎片的识别。

碎片质量、碎片速度分量、碎片质心坐标等标量可通过数据点相应的物理量累计求和得到。在计算中避免"小数"与"大数"的相加引起的累计误差扩散。

碎片尺寸的获取相对复杂。以碎片特征长度为例,在由众多粒子组成的碎片粒子点集凸包中,碎片特征长度即为距离最远的两个点之间的距离。其中碎片粒子点集的凸包可以定义为包含该点集的最小凸集,是数据点集的自然极限边界,为包含所有数据点的最小凸多面体(三维)或凸多边形(二维),把多面体(多边形)的任何一个面(边)无限伸展,点集的其他数据点都在这个伸展面(边)的同一侧[35]。由凸包的定义可知,碎片特征长度必为碎片包含点集凸包上的顶点的最大间距。

一种基于极值点构造初始凸包-扩展凸包的循环方法的凸包求解方法如下。

首先,以点集中的极值点为顶点构建初始四面体凸包 *MNOP*,如图 6－19 所示。

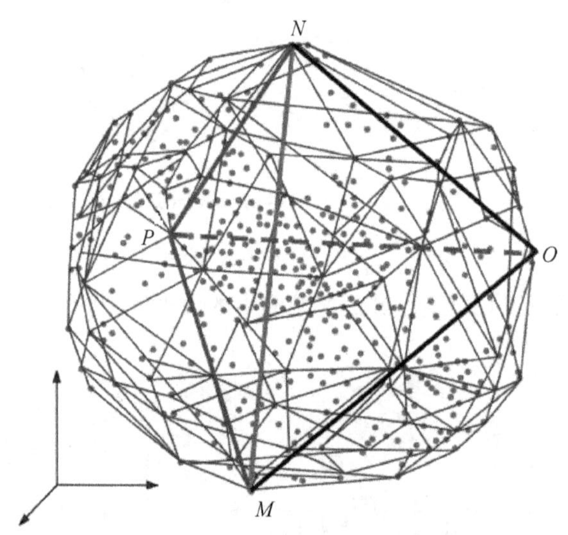

图 6－19　以点集中的极值点为顶点构建初始四面体凸包 *MNOP*

初始凸包将点集分为凸包内部点、凸包外部点和凸包上的点。删除内部点,依次考察外部点,将距离面元最远的点 Q 加入凸包顶点中,并与凸包上的棱边扩展初始凸包,如图 6－20 所示。在扩展凸包的过程中,将新增的点依次与上一步扩展凸包中的棱边构成面,并用上一步扩展凸包中的顶点判断该面是否应加入新的扩展凸包中,这样就可以找到所有应加入新扩展凸包中的面。再验证原扩展凸包中的面,排除不满足新扩展凸包的面元。每拓展一次凸包,将新的凸包内部点删除,当考察完毕所有外部点时就可以得到最终所要求得凸包的点集。最终所获得的凸包的顶点必定为碎片的边界点，且凸包顶点数量规模已经足够小，可方便地求解碎片的特征尺寸。

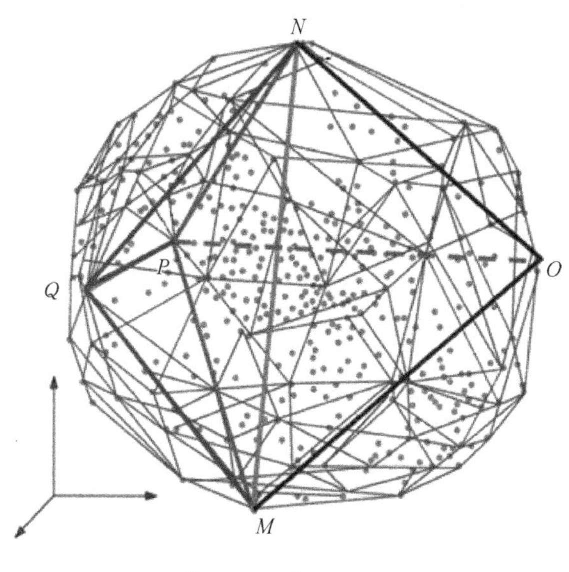

图 6-20　拓展凸包

采用上述方法即可针对碰撞解体仿真结果进行碎片识别与提取，从而获得碎片的分布规律。CARDC 对卫星解体进行了大量数值仿真，并利用上述方法提取碎片特征。典型卫星解体碎片质量分布规律如图 6-21 所示，横轴为碎片质量，纵轴

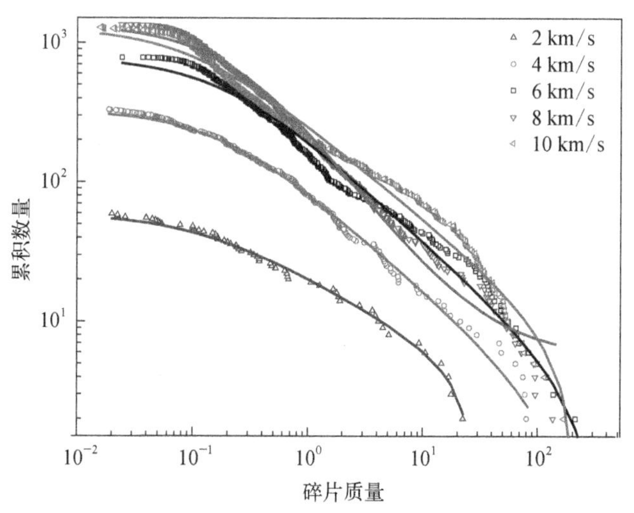

图 6-21　数值仿真典型卫星解体碎片质量分布规律

为累积数量。质量分布曲线大致可以分为三段：第一段为极小碎片区，质量分布曲线变平缓。这点很容易理解，产生的碎片总数应该是有限的，曲线开始变平的拐点是存在的；第二段为近似直线段；第三段为大碎片区。

面质比为碎片的横截面积与质量之比，它是衡量低轨道碎片杀伤力很重要的参量，如果面质比大，则碎片在飞散时所受大气阻力大，减速更快。碎片面质比与碎片特征尺寸的关系如图 6－22 所示，横轴为碎片尺寸的对数，纵轴为碎片面质比的对数。图中红色折线是 NASA 卫星解体模型中小尺寸碎片面质比的均值，蓝色折线是均值基础上正负 3 倍标准差。仿真计算结果大部分都在这个范围内，除了部分特征尺寸小于 3 mm 的碎片。

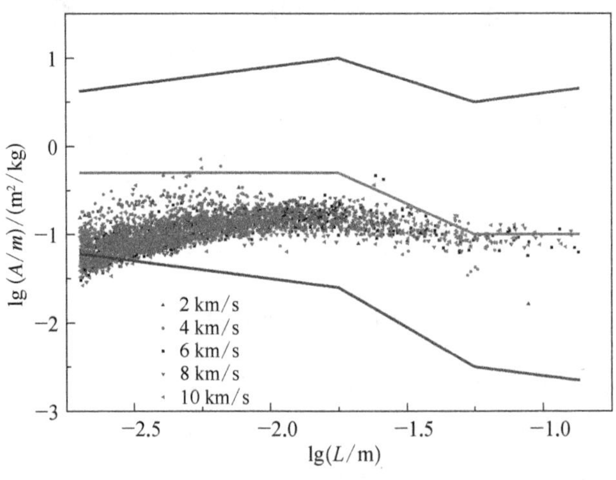

图 6－22　数值仿真卫星解体碎片面质比与尺寸分布

关于碎片速度分布，可以采用 NASA 解体模型的速度增量概念：解体发生后碎片获得的相对于碎片云团质心的速度。图 6－23 为碎片面质比和碎片速度增量的关系。随撞击条件变化碎片速度增量几乎不发生变化，且其值一般不超过 3 100 m/s。采用 NASA 模型的正态分布来比较，红线为均值 $\mu = 0.9\chi + 2.9$，浅蓝色直线是均值基础上偏差 3 倍标准差（$\sigma = 0.4$）。仿真结果显示大部分速度分布符合 NASA 解体模型，但仍还有部分数据位于 $\mu + 3\sigma$ 之外，密集分布的数据点主要占据 $[\mu, \mu + 3\sigma]$ 区域。

由于卫星等航天器解体的复杂性，仅依靠地面超高速撞击试验获取的解体碎片数据难以完全支撑相关研究。数值仿真的大量数据，包括不同撞击条件下和不同航天器结构的解体数据，为航天器解体模型的建立和新增碎片的研究工作提供了极大支撑。

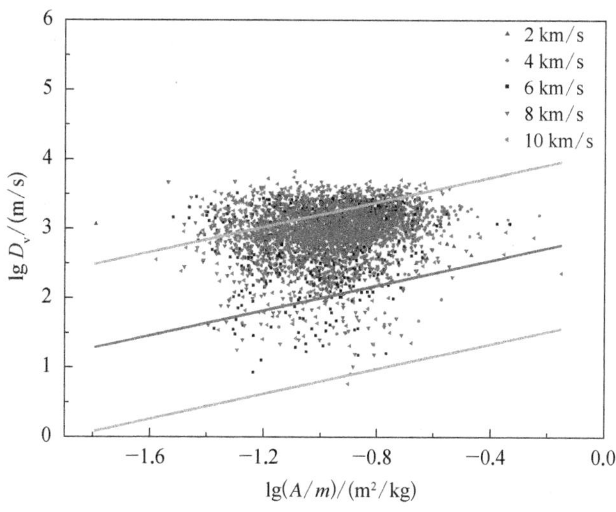

图 6-23　数值仿真卫星解体碎片速度增量与面质比分布

6.4　空间碎片对压力容器的超高速撞击仿真

航天器上的压力容器主要用于储存航天器上所需的液体和高压气体，是航天器的重要部件。压力容器通常设置在航天器的外部或主结构附近，暴露在空间环境中，受空间碎片撞击风险较高。压力容器受撞击后，可能出现成坑、表面剥落、变形、穿孔和爆裂等各种损伤现象，不仅影响航天器的姿态控制，其产生的工质泄漏或二次碎片还可能会对压力容器周围的易损设备、结构件造成严重损伤，导致航天器故障。

数值仿真也被用来进行压力容器受空间碎片撞击的相关研究。IADC 防护手册第五版[36]给出了一个典型的空间碎片超高速撞击气瓶的算例，直径 5.0 mm 的球形铝弹丸以 5.2 km/s 的速度正撞击由铝材料制成的壁厚 1.5 mm、直径 150 mm 的圆柱形充气压力容器的封头中心，压力容器内充气体为氮气，数值仿真结果与试验结果的比较如图 6-24 所示。数值仿真采用 AUTODYN-2D 软件，铝材料用 Johnson-Cook 强度模型和 Tilloston 物态方程描述，气体用理想气体状态方程描述。

图中两组试验图对应压力容器为内压分别为 10 kPa 和 1.05 MPa，数值仿真中压力容器内压为 1.05 MPa。在内压为 10 kPa 时，撞击产生的碎片云与简单的薄板撞击碎片云类似。在内压为 1.05 MPa 时，碎片云内较大的碎片减速较少，在碎片云前端形成钉状突刺。图示的数值仿真结果内压也为 1.05 MPa，计算结果与试验结果非常吻合。碎片云前端同样存在钉状突刺，碎片云外有清晰可见的气体冲击波。

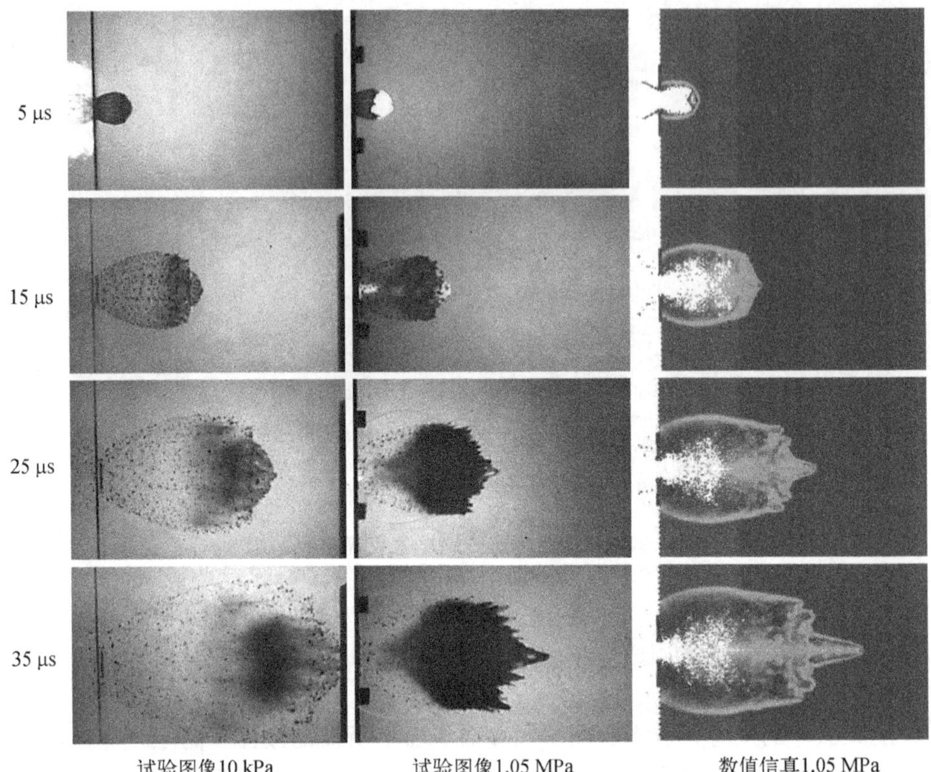

图 6-24　以 5.2 km/s 撞击气瓶试验与数值仿真结果[36]

盖芳芳等系统研究了压力容器在空间碎片超高速撞击条件下的破损预报问题[37]。容器为 Al 5754 圆柱形压力容器,壁厚为 1.0 mm,直径为 150 mm。球形铝弹丸直径 2.97 mm,撞击速度 7.1 km/s,容器的内充介质为氮气,气体压力 1.91 MPa。数值仿真结果与试验结果的比较如图 6-25 所示,图中显示了压力容器前壁的穿孔形状和穿孔大小。由图可见,数值仿真结果和试验结果吻合很好。

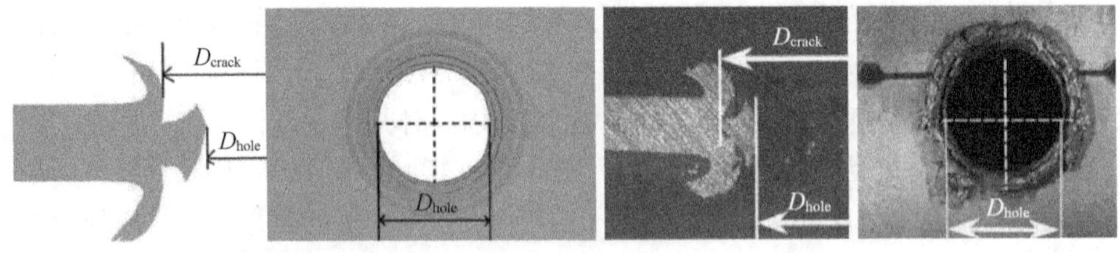

图 6-25　压力容器前壁穿孔数值仿真结果与试验结果比较[37]

盖芳芳等还利用数值仿真对比了空载容器和有内压容器中碎片运动过程的差别[37],结果表明:当容器空载时,二次碎片形状在运动过程中保持相似性;但是,当容器有内充气体时,二次碎片形状不再保持相似性,而是由于气压作用在运动过程中发生减速现象,如图 6－26 所示。

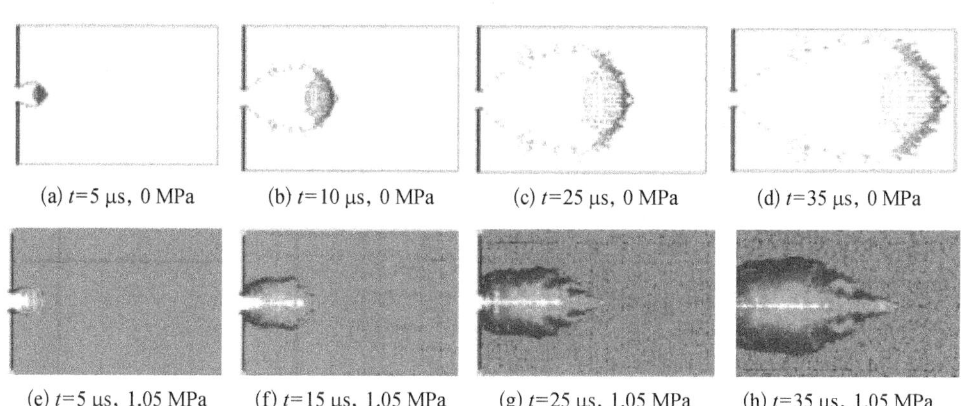

图 6－26　气体压力对碎片形态的影响[37]

最后简要介绍一下数值仿真的误差。为了使数值仿真结果与物理试验结果一致,一般考虑如下三种误差: ① 物理系统与数学模型之间的误差。物理系统非常复杂,为了简化问题,一般通过忽略次要影响因素、合理地假设与简化,最后用一个抽象的数学模型来描述真实的物理系统。如不可压缩流体模型忽略了流体的可压缩性,欧拉流体模型忽略了流体的黏性,线弹性模型将应力应变关系简化为线性等。数学模型是一个封闭的系统,一般包括守恒方程、初边值条件以及材料模型。② 数学模型和离散数值模型之间的误差。对于一个封闭的数学模型,可以通过有限差分、有限体积、有限元以及无网格方法等数值方法近似求解。此时的误差称为离散误差,一般关注离散格式的空间精度和时间精度(如一阶精度二阶精度等)、收敛性以及稳定性等。③ 实际计算结果与离散数值模型之间的误差。这部分误差称为舍入误差,受计算机字长限制,一般可以忽略。

对于第一种误差,主要是选择合理的材料模型与材料参数。对于后两种误差,可以通过与解析解或者高精度解对比来充分验证。有些简单问题,如击波管问题、平板撞击中的冲击波传播、泊肃叶流(Poiseuille flow)等,具有解析解,可以用于验证离散数值模型的精度。在某些简单条件下,偏微分方程虽然没有解析解,但是可以简化为常微分方程。而常微分方程可以采用差分方法得到高精度解,同样可以用于对数值模型的基本验证。以上两种方法一般都限于简单初边值条件,范围比较窄,而制造解方法(method of manufactured solutions, MMS)的应用范围更加广泛。其基本思想是人为设定一个解析解,然后根据设定的解析解构造对应的数学模型,最后对数学模型离散求解并且与设定的解析解对比。

数值仿真被广泛运用于空间碎片超高速撞击的研究中。除了本章介绍的碎片云形成机理、碎片云特性仿真、航天器解体数值仿真和压力容器超高速撞击仿真外，数值仿真还可以被用来研究防护结构的弹道极限、航天器受空间碎片和微流星体撞击概论，还可结合多物理场仿真研究撞击等离子体现象等，为空间碎片防护和超高速撞击现象的研究提供参考。

参考文献

[1] Wen K, Chen X W, Di D N. Modeling on the shock wave in spheres hypervelocity impact on flat plates[J]. Defence Technology, 2019, 15(4): 457-466.

[2] Liu M L, Wang Q, Zhang Q M, et al. Characterizing hypervelocity (>2.5 km/s) impact-engendered damage in shielding structures using in-situ acoustic emission: Simulation and experiment[J]. International Journal of Impact Engineering, 2018, 111: 273-284.

[3] Wen K, Chen X W. Failure evolution in hypervelocity impact of Al spheres onto thin Al plates [J]. International Journal of Impact Engineering, 2021, 147: 103727.

[4] Piekutowski A J. Formation and description of debris clouds produced by hypervelocity impact [R]. Huntsville: National Aeronautics and Space Administration, Marshall Space Flight Center, 1996.

[5] Ma Z X, Huang J, Liang S C, et al. The Technology of Modeling Debris Cloud Produced by Hypervelocity Impact[C]. Darmstadt: 6th European Conference on Space Debris, 2013.

[6] Huang J, Ma Z X, Ren L S, et al. A new engineering model of debris cloud produced by hypervelocity impact[J]. International Journal of Impact Engineering, 2013, 56: 32-39.

[7] Liu S, Li Y, Huang J, et al. Hypervelocity impact test results of Whipple shield for the validation of numerical simulation[J]. Journal of Astronautics, 2005, 26(4): 505-508.

[8] 宋光明, 武强, 李明, 等. 超高速撞击下空间碎片形状效应研究进展[J]. 航天器环境工程, 2020, 17(3): 45-52.

[9] Zhang C B, Di D N, Chen X W, et al. Characteristics structure analysis on debris cloud in the hypervelocity impact of disk projectile on thin plate[J]. Defence Technology, 2020, 16(2): 299-307.

[10] 徐坤博, 龚自正, 侯明强, 等. 超高速撞击中的弹丸形状效应数值模拟研究[J]. 航天器环境工程, 2010, 27(5): 570-575.

[11] Wang Q T, Zhang Q M, Huang F L, et al. An analytical model for the motion of debris clouds induced by hypervelocity impact projectiles with different shapes on multi-plate structures[J]. International Journal of Impact Engineering, 2014, 74: 157-164.

[12] Ren S Y, Zhang Q M, Wu Q, et al. A debris cloud model for hypervelocity impact of the spherical projectile on reactive material bumper composed of polytetrafluoroethylene and aluminum[J]. International Journal of Impact Engineering, 2019, 130: 124-137.

[13] Chen H, Francesconi A, Liu S, et al. Effect of honeycomb core under hypervelocity impact: numerical simulation and engineering model[J]. Procedia Engineering, 2017, 204: 83-91.

[14] Wen X Z, Huang J, Li Y, et al. Preliminary study on shielding performance of wood stuffed shield[J]. International Journal of Impact Engineering, 2016, 91: 94-101.

[15] 唐蜜, 刘仓理, 李平, 等. 超高速撞击产生碎片云相分布数值模拟[J]. 强激光与粒子

東, 2012, 24(9): 2203 - 2206.

[16] 郑克勤, 张庆明, 龙仁荣, 等. 超高速撞击波阻抗梯度材料形成的碎片云相变特性[J]. 兵工学报, 2021, 42(4): 773 - 780.

[17] Fletcher A, Close S, Mathias D. Simulating plasma production from hypervelocity impacts[J]. Physics of Plasmas, 2015, 22(9): 093504.

[18] Johnson N L, Stansbery E, Whitlock D O, et al. History of on-orbit satellite fragmentations [R]. NASA/TM - 2008 - 214779, 2008.

[19] 魏龙涛. 空间碎片模型比较与减缓策略分析[D]. 哈尔滨: 哈尔滨工业大学, 2006.

[20] United Nations. Technical Report on Space Debris[R]. New York, 1999.

[21] Johnson N L. Space debris modeling at NASA[R]. ESASP - 473 - 259J, 2001.

[22] 兰胜威, 柳森, 任磊生, 等. 航天器碰撞解体碎片分析软件 SFA2.0 及其应用[J]. 航天器环境工程, 2016(5): 463 - 469.

[23] 兰胜威, 柳森, 李毅, 等. 航天器解体模型研究的新进展[J]. 实验流体力学, 2014, 28(2): 73 - 79.

[24] 李毅, 黄洁, 马兆侠, 等. 一种新的卫星超高速撞击解体阈值模型研究[J]. 宇航学报, 2012(8): 1158 - 1163.

[25] 柳森, 兰胜威, 马兆侠, 等. 卫星超高速撞击解体碎片特性的试验研究[J]. 宇航学报, 2012(9): 1347 - 1353.

[26] 柳森, 兰胜威, 李毅, 等. 航天器解体模型研究综述[J]. 宇航学报, 2010(1): 14 - 23.

[27] Liang S C, Li Y, Chen H, et al. Research on the technique of identifying debris and obtaining characteristic parameters of large-scale 3D point set [J]. International Journal of Impact Engineering. 2013(56), 27 - 31.

[28] Liang S, Li Y, Chen H, et al. Research on the technique of identifying debris and obtaining characteristic parameters of large-scale 3D point set[C]. Baltimove: 12th Hypervelocity impact symposium, 2012.

[29] Huang J, Ma Z X, Ren L S, et al. A new engineering model of debris cloud produced by hypervelocity impact[C]. Baltimore: 12th Hypervelocity impact symposium, 2012.

[30] Li Y, Huang J, Ma Z, et al. A new breakup threshold model of satellite depicting breakup degree under hypervelocity impact [C]. Baltimore: 12th Hypervelocity impact symposium, 2012.

[31] Liu S, Lan S W, Li Y, et al. A model to describe the size distribution of satellite breakup debris[C]. Naples: 63rd International Astronautical Congress, 2012.

[32] Lan S W, Li Y, Huang J, et al. Fragment characteristic of simulated spacecraft under hypervelociy impact[C]. Cape Town: 62nd International Astronautical Congress, 2011.

[33] 徐金中, 汤文辉, 徐志宏. 超高速碰撞碎片云特征的 SPH 方法数值分析[J]. 高压物理学报, 2008, 22(4): 377 - 383.

[34] Zhang X T, Jia G H, Huang H. Fragment identification and statistics method of hypervelocity impact SPH simulation[J]. Chinese Journal of Aeronautics, 2011, 24(1): 18 - 24.

[35] 周培德. 计算几何——算法设计与分析[M]. 第3版. 北京: 清华大学出版社, 2008.

[36] IADC. Protection Manul[R]. IADC - 04 - 03, Version 5.0, 2012.

[37] 盖芳芳. 空间碎片超高速撞击下充气压力容器破损预报[D]. 哈尔滨: 哈尔滨工业大学, 2011.

第 7 章
结 束 语

虽然空间碎片清除技术已经引起大家的高度重视，阻力帆、气球、电动力系绳、鱼叉渔网拖离、激光等诸多技术正在蓬勃发展，但是鉴于技术成熟度和成本等原因，大规模实用化空间碎片清除技术的广泛应用仍有待时日。在可以预见的将来，空间碎片数量还会持续增长，航天器空间碎片防护仍将是空间技术的一个重要研究领域，空间碎片的超高速撞击试验与计算技术还将进一步发展。

7.1 更高炮口速度的超高速发射技术

如前所述，目前以二级轻气炮为主的超高速发射器的可用速度还远不能复现自然环境中的空间碎片撞击速度。三级轻气炮等技术已经可以得到 12 km/s 的撞击速度，但是弹丸形状尺寸方面的约束限制了该技术的广泛运用。如果能实现 15 km/s 速度，则可以模拟实现空间碎片撞击的绝大部分现象，但是这意味着目前 8 km/s 的发射能力需要翻番，而这确实并非易事。

目前世界各国广泛用于空间碎片超高速撞击试验，可发射球形、柱形，甚至立方体弹丸的发射器主要是小口径二级轻气炮，炮口初速一般在 8 km/s 以下。为得到更高的速度，人们一直没有放弃对二级轻气炮的改进，包括更科学的内弹道参数匹配、更抗烧蚀的高压段和发射管材料等。NASA Ames 中心和 JSC 的小口径二级轻气炮最高发射速度可达到 8~9 km/s。CARDC 超高速所的 16 mm 口径二级轻气炮在不出现明显炮管烧蚀的情况下，发射铝合金球形弹丸的速度可达到 8.8 km/s。但是，以目前的技术水平看来，要想使用二级轻气炮发射球形、柱形弹丸至 9 km/s 以上，且炮管不发生明显烧蚀，还有许多技术问题有待克服。

在继续优化提高二级轻气炮乃至三级轻气炮炮口速度的同时，其他几个超高速发射技术也在发展之中，例如 20 世纪 60 年代美国物理国际公司（Physics International Company，PI）Moore 和 Crosby 等在 NASA 资助下开始探索[1-2]、加拿大麦吉尔大学 Higgins 教授持续研究的内爆发射器，利用外部装药爆轰快速压缩储气管中的推进气体，所产生的高温高压气体推动弹丸加速，达到高于二级轻气炮的炮口速度。在近期 CARDC 超高速所与 Higgins 的联合研究中，已经实现的 10～11 km/s 的圆柱弹丸发射，获得了最高 11.47 km/s 的镁弹丸撞击半无限铝靶的 HVI 结果。虽然目前内爆发射技术已经取得很大进展，但是装药爆轰与推进气体性能的匹配，峰值载荷控制与弹丸的抗过载能力，外部装药、气体组分、几何构型的精心设计等，都是这项技术走向实用之前需要解决的关键问题。

磁飞片加速技术：在研究片状碎片的超高速撞击效应和材料状态方程所需的超高速平面冲击加载方面，磁飞片技术仍将继续向前发展。

电磁发射技术：经过几十年的发展，虽然电磁发射已经取得重大突破，但是百克至公斤级弹丸一般没有超过 4 km/s。相比线圈炮，轨道炮在小质量、超高速发射方面更具优势，但是目前的技术水平距离空间碎片超高速撞击的速度还有相当大的差距。难点在于超高速（如 4 km/s 以上）的电枢与导轨之间刨蚀。随着材料技术和脉冲功率技术的发展，上述超高速刨蚀问题能否得到有效解决、进而实现常态化的 7 km/s 电磁发射，仍值得尝试努力。

逆向发射：使用两门二级轻气炮分别发射弹丸和试验靶材逆向飞行，可以实现更高的撞击速度（弹丸和靶材速度叠加）。20 世纪 90 年代起，美国空军 AEDC 开展了这项技术的研究，并在其 G 靶上成功进行了试验。弹丸和靶材的飞行速度分别为 8.5 km/s 和 2～7 km/s，球形弹丸撞击空心圆柱靶材试件的最高速度超过 12 km/s[3]。近年来这项技术鲜有报道，但是仍不失为利用成熟二级轻气炮技术获得 10 km/s 以上撞击速度的有效途径。其中的难点和关键是靶材试件的完好回收、轴向撞击位置与测量系统的精确同步技术。对于同时拥有大型和小型二级轻气炮的实验室，逆向发射仍是值得尝试并有望得到极高撞击速度的一个途径。

7.2　更精细全面的测量诊断技术

超高速撞击试验已经从十多年前的主要是测量防护屏穿孔数据、构建弹道极限参数和弹道极限方程，逐步拓展到研究航天器关键部件在空间碎片撞击下的损伤过程和易损性。相应地，测量诊断的内容也从主要是防护屏和验证板穿孔参数、碎片云形貌、冲击振动等，拓展到坑深、冲击应力、冲击动量、光辐射、电磁辐射，以及碎片云中各单个碎片的形状尺寸。

冲击应力、冲击动量测量：超高速撞击试验对象从以往的防护屏拓展到航天器的主要部件结构，甚至整星，未来不仅关心撞击点附近的防护屏或舱壁的撞击穿孔问题，还关心撞击部位形成的冲击波在航天器结构内部的传播特性，关键连接部件、部位在强冲击波作用下的失效，动量交换对整星速度和姿态的影响等。结构件内部的冲击应力测量和动量传递测量技术是下一步发展的重点。

光辐射、电磁辐射测量：作为超高速撞击过程的重要特征，光辐射和电磁辐射在撞击毁伤效应研究中一直很受重视。近年来,作为航天器空间碎片撞击事件在轨感知技术的一个可能途径,不少学者也开展了空间碎片撞击航天器过程中光辐射和电磁辐射的研究。虽然辐射的建模仿真技术已经取得了很大进展,但是由于物理过程的高度复杂性,这方面的主要研究手段还是试验测量。目前,光辐射测量主要集中在可见光和红外波段,电磁辐射测量主要集中在微波波段。敏感波长的研究与确定,特定波长下辐射强度与撞击速度、材料、尺寸等撞击参数的关联建模是今后重点研究内容。

航天器解体特性测量:大尺寸空间碎片的撞击将导致航天器灾难性解体,产生尺寸各异、数量巨大的碎片,进而影响空间碎片环境。NASA 自 2009 年开始实施,2014 年在 AEDC 的 G 靶上完成了超高速撞击试验的碎片星(DebriSat)计划[4],旨在对典型近地轨道卫星撞击解体产生的碎片数量、尺寸、速度进行更准确的测量和建模,进而改进原有的航天器撞击解体模型(其灾难性解体的能量阈值为 40 J/g)。G 靶试验后的测量和数据分析工作量巨大,目前已陆续公布结果。在航天器撞击解体的试验研究中,将来需要解决的关键测量问题有:针对数以百万计碎片的快捷高效的尺寸、重量准确测量,撞击过程中碎片速度的准确测量,甚至典型材料和几何形状碎片光散射以及电磁散射特性测量与标定等。

7.3 更高的计算精度

虽然数值仿真已经广泛应用于空间碎片的超高速撞击问题研究中,但是仍然存在大量需要改进的地方,例如计算精度不够的问题。精度问题主要表现在两个方面。

一是数值离散精度较低。针对空间碎片的超高速撞击数值计算仿真主要采用无网格方法,相比有限元、有限体积等方法,无网格方法发展历史较短,仍然存在较多局限性。首要的不足是空间离散精度较低。如 SPH 形函数在离散条件下甚至达不到零阶精度,需要归一化才能达到零阶精度;SPH 方法中的边界或临近边界粒子的支持域会被问题域截断,边界 SPH 粒子只受到内部粒子的影响,导致求解结果存在较大误差,需要采用特殊方法进行处理。MPM 中的形函数虽然具有一阶精度,但是从质点向节点插值时只有零阶精度。

二是材料模型的适用性亟待提高。目前已有的材料模型主要适用于金属材料,而先进在轨航天器则还包含了越来越多的复合材料、玻璃、陶瓷等材料,越来越多的高性能新材料也被应用于航天器。这些材料的强度模型、损伤模型和状态方程十分复杂,目前已有的材料模型应用效果不佳,适用于各型材料的模型及参数是开展精准仿真的关键。其中复合材料的各向异性、脆性材料的裂纹生成与扩展,仍然是建立材料模型的困难所在。

为提高数值仿真的计算精度,将来的工作也将主要包括两个方面。

在提高数值离散精度方面,一是继续发展新型无网格方法,如将有限元方法中的成熟技术直接应用到OTM方法中,扩大OTM方法的适用范围。将离散元方法向超高速碰撞领域拓展,利用离散元方法模拟超高速碰撞碎片云和卫星碰撞解体。二是对现有主流无网格方法的缺陷进行改进,如通过人工应力法、应力点法、修正光滑算法和守恒光滑算法来改善SPH仿真中的拉伸不稳定性,通过增加虚拟的边界粒子来模拟SPH仿真中的固壁边界和对称边界。三是将无网格方法与有限元方法相结合,从而综合各自的优点。例如将SPH方法与有限元方法相结合,可根据单元受力情况自动将有限元单元转化为SPH粒子,也可以直接将碰撞区域用SPH粒子建模。利用OTM方法与有限元方法的相似性,实现OTM方法与有限元方法的直接耦合。

在完善材料模型方面,原子模拟方法已经成为空间碎片超高速撞击数值仿真的一种支撑手段。可以采用原子模拟方法分析材料的裂纹产生、扩展的机制,从而建立合理的损伤模型,也可以采用多尺度仿真方法,将原子模拟结果直接映射到宏观材料状态上,实现更准确的仿真。

7.4 更高的计算效率

持续提高数值仿真的计算效率,一直是学界孜孜以求的目标。

一方面,粒子搜索复杂耗时。常用的SPH方法中粒子间的邻近关系是根据当前粒子位置决定,需要耗费大量的计算时间进行邻近粒子查找,从而在整个问题域内建立每个粒子的邻近列表;MPM方法依赖背景网格,随着粒子的运动不断变化需要反复生成背景网格,同时粒子分布的不均匀性会导致网格规模增大;OTM方法不仅需要搜索近邻粒子,还需要迭代求解局部最大熵形函数,这些因素导致无网格算法效率低下。

另一方面,随着计算机和CAD技术的发展,数值仿真在空间碎片领域的应用对象已经从早期简单的防护屏逐步拓展到航天器部件甚至整星,计算仿真规模越来越大,由此产生了海量的计算仿真结果数据。传统的后处理分析方法不仅十分耗时,还难以发现或发掘海量仿真结果中隐藏的复杂数据关系、规律、特征。

今后,为提高无网格方法的计算效率,应对规模日益增大的计算仿真问题,高效的空间离散方法和大规模高效并行算法将成为数值仿真的研究重点。例如,发展有限元与SPH耦合算法,在不同物理特征区域采用不同的空间离散方法,减少粒子搜索负担。动态区域分解、众核加速、GPU加速技术等,已成为数值仿真大规模并行算法的重要研究内容。为高效处理大规模数值仿真产生的海量数据,仿真结果的自动化分析处理技术已成为人们关注的重点,大数据技术和深度学习技术已经在仿真结果处理方面得到了初步应用,预计还将取得较大发展。

本书作者认为,在超高速撞击地面试验方面,经过优化的二级轻气炮技术有望在五年内形成 8~9 km/s 常态化试验能力;在解决了内弹道优化和一次性发射器成本问题后,内爆发射器有望在大于 10 km/s 的空间碎片超高速撞击试验中得到有效应用。撞击过程的光辐射和电磁辐射测量将得到快速发展,并成为航天器空间碎片撞击试验的重要内容;以动量传递和解体参数为核心的航天器整星冲击损伤测量技术将更加准确高效,在此基础上建立的航天器解体模型将更加可靠。

在计算模拟仿真方面,以 SPH 及其变种为代表的无网格流体代码仍将是空间碎片超高速撞击数值计算仿真的主流方法,但是在进一步提升计算精度方面还会开展大量的工作,包括改进现有方法中的空间离散与边界处理,发展粒子方法与有限元的高效耦合技术,研究建立航天器常用复合材料、陶瓷材料的状态方程和本构模型等。未来五年左右,基于计算机硬件能力和计算效率的大幅提升,航天器整星级或大型复杂部件的超高速撞击数值仿真或将成为常态,大数据技术有望在超高速撞击数值仿真的海量数据处理分析中得到有效应用。

参考文献

[1] Moore J E T. Explosive hypervelocity launchers[R]. No. PIFR-051, 1968.

[2] Wenzel A B. A review of explosive accelerators for hypervelocity impact[J]. International Journal of Impact Engineering, 1987, 5: 681-692.

[3] Raymond P, Young Jr, Smith M E. Comparison of counter-fire impact data obtained at 12 km/s with CTH and empirical predictions[R]. AIAA-95-3689, 1995.

[4] Liou J C, Cowardin H. NASA orbital debris program office and the debrisat project[R]. Florida, 2018.